美即典型

——蔡仪美学文选

蔡 仪 著

山东文艺出版社

出版说明

"中国现代美学大家文库"共收入王国维、蔡元培、朱光潜、宗白华、蔡仪、李泽厚、汝信、蒋孔阳、刘纲纪、胡经之、周来祥、叶秀山、杨春时、朱立元、曾繁仁等15位美学大家的著作。这些大家分别为中国现代美学开创奠基时期、建设发展时期与当代反思超越时期的代表性学者。所选文章均为他们的代表性作品,且有部分是未发表的新作。作为现代著名美学家主要成果的汇集,本文库旨在对一百多年中国美学辉煌而曲折的发展历程进行梳理与回顾,全面立体地展示现代美学大家的主要学术成果,给美学研究者与普通读者提供经典、全面、权威的美学文本,从而推动新时代中国美学研究向纵深发展。

在编选过程中,对于王国维、蔡元培、朱光潜、宗白华、蔡仪等开创奠基时期美学大家的作品,为了保存历史的真实,依据其原始版本,除对文字明显讹误进行订正外,其余不做较大修改。对于其他美学大家的作品也尽量保持初次发表时的原貌。其中疏漏,尚祈读者指正。

山东文艺出版社
2019年12月

总序

中国百年美学辉煌而曲折的创新之路

尽管审美作为一种艺术的生存方式在中国五千多年悠久文化中有着极为丰富的呈现,中国自有独具特色的东方形态的美学,但现代美学学科却由西方创立并于20世纪初传入中国,迄今已有一百多年的历史。一百多年来,美学领域一代又一代学人在中国传统文化的基础上,历经艰难曲折,辛勤耕耘,不断创新,出现众多著名学者,涌现一批又一批丰硕成果。本丛书作为现代著名美学家主要成果的汇集,旨在回顾这一百多年中国美学辉煌而曲折的发展历程。同时,今年正值新中国成立70周年,中国美学发展的一百多年占据主要时间域的是党所领导的新中国成立后的70年,特别是改革开放40年。因此,本丛书从某种意义上来说,也是新中国成立70年的一份献礼。回顾历史是为了在新时代推动中国美学走向更加辉煌的未来。

众所周知,"美学"一词由德国学者鲍姆加登于1735年首次提出,其原文实为"感性学"之意,日本学人中江肇民用汉语"美学"一词翻译,传入中国后王国维使"美学"成为定译并被中国学人普遍接受。尽管"美学"一词来自外国,美学学科也是近代以来才出现的,但审美作为一种艺术的生存方式却早就存在于中国悠久的历史之中,美学也随着中国五千年的文明史而存在。现代以来伴随着中华民族坎坷曲折的发展历史,美学也在中国不断地发展,而且呈现空前兴盛的状态,这在世界美学史上是罕见的。美学为现代以来中国的人文教育贡献了自己的力量,也在诸多学人的努力与中西古今的冲撞影响中逐步形成现代中国特有的美学精神,值得我们为之书写与发扬。为此,山东文艺出版社特地出版本丛书,共收入15位现代美学家的文选。现代中国美学面临中与西、古与今、革命与学术三种发展境遇。首先是中西之间的关系,这是一种矛盾共存、吸收融合的关系。中西之间一直存在体用之争,长期以来中国美学走的是"以西释中"之路,但历史证明审美既然作为人的一种艺术的生存方式,那么中西之间就不存在先进与落后之别,而只有类型之不同。因此中国美学必须走出一条立足本土、吸收西方有益经验的美学建设之路。本丛书中的美学家的学术之路进一步证明了这一点,充分说明百年中国美学就是一条奋力探索中国美学话语之路,并取得显著成就,给我们以激励与启示,需要我们一代又一代美学工作者承前启后,继续前进,以创新性发展与创造性转化向中国和世界提供愈来愈有价值的美学理论。而马克思主义是放之四海而皆准的真理,马克思主义特别是中国化的马克思主义,对于现代中国美学的指导作用已经被历史事实充分证明。其次是古今关系问题,现代以来中国美学发展面临的主题是中国古代美学资源的现代转化问题。因为中国古代美学资源虽有着与现代美学相异的面貌，但有着巨大的价值，无论从民族立场还是从美学自身建设来说，都需要利用这一宝贵的资源，以便建设具有中国气派与中国面貌的现代美学形态。百年来中国美学界同仁为此付出艰辛努力，本丛书15位美学家的奋斗史也呈现了这种为中国美学民族资源现代转换而奋斗的现实状况。中国现代美学发展还面临着学术与革命的二重变奏，此前被认为是启蒙与救亡的二重变奏，有"救亡压倒启蒙"之说。但笔者倒认为，无论是启蒙与救亡，或者是学术与革命，都是历史的宿命，可以说不是美学工作者自己所能选择的，而且两者之间不仅是一种矛盾，也呈现一种互补。正是在民族救亡的抗日战争硝烟烽火之中，才出现了中国现代"为人民"与"为人生"的美学，才涌现了充满民族情怀的文艺作品，成为中华民族史的辉煌篇章。新中国成立后发生在中国的两次美学大讨论，面临着美学自身学术的发展与批判唯心论革命任务的二重变奏，使得唯物与唯心成为衡量正误的标准，这当然有限制学术发展的局限，但也促使美学界同仁钻研马克思主义，特别是马克思的《1844年经济学哲学手稿》，使得我国现代美学的马克思主义水平有了明显提高，这也是一种重要的学术收获。

本丛书收入的15位美学家其历史跨越幅度较大，基本上可分为中国现代美学开创奠基时期、建设发展时期与当代反思超越时期等三个时期。我们分别按照不同时期对于15位美学家做一个基本介绍。

首先是从20世纪初期开始直至新中国建立前的开创奠基时期，众所周知，包括美学在内的诸多人文学科的现代开创奠基之功首先归于王国维与蔡元培，现代形态的美学与美育就是他们率先引进并加以初步构建的。前已说到"美学"一词就是由王国维认可而从日本引进的。王国维还在1903年《论教育之宗旨》一文中首倡"美育"，并将之界定为"心育"，并提出了美育的"无用之用"的重要作用。当然，王国维还在著名的《人间词话》中提出了"审美的境界"论，继承古代"意境"之说，吸收西方理念之论，成为20世纪中西交融美学之重要成果。

蔡元培也是中国现代美学的重要奠基者之一，他以中西交融的学术修养和崇高的政治学术地位对现代美学，特别是美育的发展与传播做出了杰出的贡献。首先是以其担任教育总长与北大校长的便利，将美育首次纳入教育方针，并力倡"以美育代宗教"之说，强调了美育的科学与民主精神。蔡氏还在美学与美育的学科建设与课程建设上进行了开创性的探索。

朱光潜、宗白华与蔡仪则是继他们之后中国现代美学的开创者与奠基者。朱光潜在20世纪20年代后期即开始在中国倡导美学，并在美学基本知识、文艺心理学、悲剧美学、西方美学与中西比较美学等诸多方面最早进行研究介绍，出版《谈美》《悲剧心理学》《文艺心理学》《诗论》等论著，产生了重大影响，成为现代中国美学史上用力最多最专、影响最广的美学家之一。朱光潜对我国西方美学研究领域有开拓之功，他在新中国成立前的两本心理学论著就是以西方文献为主，并于1948年出版《克罗齐哲学述评》，其中对克罗齐直觉论美学的评述，使其成为我国研究西方美学的领跑者。特别是1963年出版的《西方美学史》，奠定了我国西方美学学科的发展基础，成为该领域的经典。朱光潜倾其毕生精力于西方美学论著的翻译，译介了柏拉图《文艺对话集》、黑格尔《美学》与维科《新科学》等名著，为我们提供了集信、达、雅于一体的西方美学经典译本，惠及一代又一代学人。朱光潜也是我国主客观统一的"创造论美学"的奠基者。在1957年开始的那场美学大讨论之中，朱光潜作为被批判者一方面努力学习马克思主义论著，一方面积极应对论争。他根据马克思主义基本观点明确表示不同意当时占据话语统治地位的"认识论"美学，因为"依照马克思主义把文艺作为生产实践来看，美学就不能只是一种认识论了，就要包括艺术创造过程的研究了"。朱光潜认为艺术创造是以主客观统一为前提的，他的创造论美学是我国美学大讨论的重要理论收获之一。朱光潜还是我国中西美学比较研究的开创者之一，他早期写作的《诗论》，应用文艺心理学原理，采用中西比较方法，对中国传统诗学与美学进行了认真的梳理，是我国现代中西比较美学研究的重要成果。朱光潜晚年潜心钻研马克思主义基本理论，特别是《1844年经济学哲学手稿》，写作了《谈美书简》和《美学拾穗集》，力图以马克思主义为指导研究美与美感、形象思维、现实主义与浪漫主义等基本问题，成为马克思主义美学中国化的可贵探索。朱光潜为我国美学事业奋斗了一生，被称为"美学老人",其作品和思想在国内外具有广泛深远的影响。

宗白华是我国古代美学研究的重要开创者与奠基者。宗白华有深厚的西方学术功底,曾经留学欧洲,翻译了多种西方美学经典,特别是他所翻译的康德《判断力批判》上卷,表现了对于康德美学的深刻理解,成为该论著的翻译经典,至今仍有重要价值。但宗白华却将自己的研究视角聚焦于中国古代美学,在中西结合的广阔视域中提出"气本论生命美学",为立足本土创建具有中国特色的美学理论奠定了基础,做出了示范。宗白华于20世纪80年代出版的《美学散步》与《艺境》,成为现代中国美学研究的经典读本和当代研究古代美学的必备之书,被广泛地引用与研究。宗白华于1928年前后写作《形上学——中西哲学之比较》,又于1979年发表《中国美学史中重要问题的初步探索》等文,为中国古代美学研究奠定了哲学的基础。在前文之中,宗白华明确将西方哲学(包括美学)基础表述为抽象时空之几何哲学,中国乃"四时自成岁之历律哲学",划分了西方美学之科学主义与中国美学之天人合一人文主义之区别。后文乃第一次将《周易》作为我国最重要的古代美学经典之一,指出"《易经》是儒家经典,包含了宝贵的美学思想。如《易经》有六个字:'刚健、笃实、辉光',就代表了我们民族一种很健全的美学思想"。这就为后人的中国美学研究奠定了扎实的理论基础。宗白华首次提出中国古代美学研究应以传统艺术与艺术创作为中心,由此开辟了中国传统美学独特的研究路径。他说，"在西方，美学是大哲学家思想体系的一部分，属于哲学史的内容……在中国，美学思想却更是总结了艺术实践，回过头来又影响艺术的发展"；因此，他主张"研究中国美学史的人应当打破过去的一些成见，而从中国极为丰富的艺术成就和艺人的思想里，去考察中国美学思想的特点"。他本人正是这样实践的，总结了绘画、戏剧、建筑、音乐、诗歌之中的美学思想，别开生面，使人耳目一新。宗白华还以中西比较的视野建构了中国传统美学研究的特殊内涵。首先是他对中国传统美学"意境"的理论进行了全新的研究与阐释，将意境阐释为"有节奏的生命"或"生命的节奏"；同时，宗白华还深入研究了中国传统美学之中的时间与空间关系，提出中国传统美学化空间于时间的重要艺术论题，对中国传统美学的虚实相生进行了独特的研究。宗白华还阐发了中国传统美学的其他有关范畴，例如国画的"气韵生动"、书法的"筋血骨肉"、建筑的"飞动之美"、戏曲的"以动代静"、舞蹈的"生命玄冥的肉身化之美"、音乐的"声情并茂的胜妙之美"和诗歌的"情景交融的意境之美"等等。可以说，宗白华的成果尽管字数不多，却是浓缩的精华，可谓字字千金。

蔡仪是中国现代唯物主义美学的开创者与积极推动者。他于20世纪40年代白色恐怖的历史语境下，排除重重障碍写作出版了著名的《新艺术论》和《新美学》两本专著，以大无畏的理论勇气力批当时盛行的唯心主义哲学与美学理论，系统而有力地创立了富有理论特色的唯物主义美学与艺术思想体系。他在《新美学》开头第一句话就指出：旧美学已完全暴露了它的矛盾，而他的新美学是以新的方法建立新的体系。他在这两本著作之中明确提出"美在客观事物"与"美在典型"等崭新的美学理论观点，被称为"中国现代第一个依据自己的思考去表述自己的有系统的美学思想的学者"。新中国成立后，蔡仪继续以其对马克思主义的信仰与对真理的追求，带领他的团队为创立中国特色的马克思主义的唯物论美学而奋斗，进行了科研、学生培养与文献译介等一系列富有成效的学术工作。特别是以其坚持真理、矢志不渝的精神投入第一、二次美学大讨论之中，树起了"客观派"的美学大旗，深入阐释了他所坚持的马克思主义唯物主义美学原理，积极参与学术论辩，建构具有鲜明特色的中国式的马克思主义唯物主义美学体系。该体系包括"美在客观存在""美的认识""美是典型"等紧密相关的美学范畴。蔡仪旗帜鲜明地提出："美的本质是什么呢？我们认为美是客观，不是主观。"他又说："美的事物就是典型的事物，就是种类的普遍性、必然性的显现者。"后来蔡仪又引入了马克思《1844年经济学哲学手稿》中有关"美的规律"的论述，认为美的客观性与典型性表现为按照美的规律来造形。蔡仪还提出了"自然美""社会美""具象概念"与"美的观念"等美学范畴，具有创造性的学术价值。他所主编的《文学概论》教材为推动我国高校美学与文艺学教学起到重大作用。

我国美学发展的第二个时期是新中国成立之后，在马克思主义与毛泽东思想的指导下美学有了新的发展，具有显著的中国特色。这一时期最重要的美学学术事件就是两次美学大讨论，使得美学出现了从未有过的兴盛，尤其改革开放后的第二次美学大讨论更是兴起了一股美学热，为世界美学史所罕见。新中国成立后的美学发展交织着革命与学术的二重变奏，所谓"革命"是指第一次美学大讨论起源于对唯心主义美学观之批判，目的是进一步普及马克思主义的唯物论，政治的指向性非常明显，大讨论中的政治色彩也非常浓厚；所谓"学术"是指这次美学大讨论是以"百家争鸣，百花齐放"的方式展开的，也就是说大讨论的过程中对于所谓唯心主义观点一般当作"学术问题"处理，而其结果也的确在一定程度上起到了普及马克思主义唯物论的作用，产生了以李泽厚为代表的"实践论"美学，其具有科学性与理论的自洽性，极大地影响到中国很长一段时期内美学学科的发展及其面貌。本丛书涉及的李泽厚、汝信、蒋孔阳、刘纲纪、胡经之、周来祥与叶秀山就是这一时期的代表人物。

李泽厚是新中国成立后我国美学研究领域的标志性人物，是社会论实践美学的创立者与两次美学大讨论的重要推动者，也是少有的具有重要国际影响的中国现代美学家。他是巴黎国际哲学院院士、美国科罗拉多学院荣誉人文学博士，其《美学四讲》入选著名的《诺顿文学理论与批评选集》。李泽厚在哲学基本理论、中国思想史、美学与伦理学领域均有重要建树。在美学领域，他成为第一次美学大讨论社会学派的领军人物，在这次美学大讨论中起到实际的主导作用。在20世纪80年代的第二次美学大讨论中他力倡的"主体性"理论成为改革开放后思想解放运动的代表性思潮。他更加明确地提出"实践论美学",以马克思关于物质生产实践是人类一切活动之基础的理论为指导,提出"人化自然""实践本体""情本体"与"积淀说"等一系列具有独创性的美学观点。他出版了《批判哲学的批判》《美的历程》《华夏美学》与《美学四讲》等经典美学论著。晚年,李泽厚深入研究中国传统文化,探索"以儒学代宗教"的"天地境界论",提出"中国审美主义的感情以深植历史性为'本体'"的"以美育代宗教"之说。李泽厚强调的"美是合规律性与合目的性的统一""救亡压倒启蒙"与"中国文化的儒道互补"等观念对中国现代美学的发展产生了重要影响。

汝信是这一时期西方美学学科的重要开拓者,他早在20世纪50年代就开始了西方哲学与美学的研究,并于1958年在《哲学研究》上发表《论车尔尼雪夫斯基对黑格尔美学的批判》。1963年又出版了《西方美学史论丛》,是国内第一本以西方美学为主题的综合研究著作,与同年出版的朱光潜的《西方美学史》一起,标志着在我国西方美学已经成为一门独立的学科。1983年汝信又出版了《西方美学史论丛续编》。汝信坚持马克思主义指导西方美学研究,特别坚持马克思主义唯物史观的指导。他从宇宙观、认识论、伦理观与政治思想等方面全面地、认真地研究柏拉图的美学思想,对新柏拉图主义的重要代表普罗提诺进行了深入剖析,填补了这一方面的研究空白。他的《黑格尔的悲剧论》深刻剖析了黑格尔悲剧论广阔的历史感与社会文化视野，成为西方美学研究的范本。汝信还对俄国别林斯基、车尔尼雪夫斯基与普列汉诺夫等人的美学思想进行了深入的研究，均有开拓的价值。汝信用具有说服力的材料批驳了当时苏联哲学界流行的将德国古典哲学说成是德国贵族对于法国大革命的一种反动的错误判断，论证了青年黑格尔是当时德国新兴资产阶级的思想代表，黑格尔的辩证法反映了资产阶级上升时期的愿望和要求。汝信对黑格尔的劳动和异化理论的开拓性研究填补了国内研究的空白。此外，他在现代西方美学研究方面有许多新的拓展。20世纪80年代，汝信到美国哈佛大学访学之时即逐步将美学研究的注意力转向黑格尔以后发展起来的另一条相反的思想线索，即以个人为特征的由克尔凯郭尔和尼采所代表的社会思潮。此时汝信逐步转向现代西方哲学与美学研究，他率先并引领学生发表了有关文章，出版了专著，在国内学术界开风气之先，影响深远。汝信不仅在西方美学理论研究方面辛勤耕耘，还直接从西方艺术作品与古迹中去找寻美，并于1992年出版了《美的找寻》一书，成为西方美学审美意识研究的重要范本。他担任主编，历时九年写作出版了四卷本《西方美学史》，以其资料的原初性与理论创新性为特点，成为进入西方美学研究的"钥匙"。1998年，汝信担任中华美学学会第三任会长，以其谦虚、开放与睿智的人格与扎实学风富有成效地引领中国美学学科由20世纪进入21世纪。

蒋孔阳是我国现代美学建设发展时期最重要的代表人物之一，他的美学贡献是多方面的。首先，他是我国现代西方美学研究的奠基者之一，1980年《德国古典美学》出版，该书是蒋孔阳的代表作，也是我国第一部断代的西方美学专著，在国内外均产生了重大影响。该书以整体研究的方法，坚持唯物史观的指导，对德国古典美学的产生、发展与内涵进行了深入的研究与阐发，具有独到的见解。蒋孔阳还与朱立元一起主编了七卷本《西方美学通史》，是迄今为止我国最全的一部西方美学通史，对西方美学研究起到了重要推动作用。蒋孔阳是中国古代音乐美学研究的奠基者之一，他于1986年出版的《先秦音乐美学思想论稿》一书，引起广泛影响，至今仍然是音乐美学领域的经典论著之一。蒋孔阳首先确定了中国古代音乐美学的重要地位，认为公元前2世纪的《乐记》完全可以与古希腊亚里士多德的《诗学》相媲美。他以唯物史观为指导，从经济社会的广阔背景上研究了先秦音乐产生的社会文化根源。蒋孔阳以扎实稳妥的文献考订为基础，探索了中国先秦时期音乐思想的特殊范畴及丰富内涵。他还采取整体研究方法，将先秦时期诸多学派的音乐思想作为一个整体来审视。蒋孔阳是我国美学大讨论的主将，也是实践派美学的重要参与者与创新者之一。特别是1993年出版的《美学新论》，是他一生美学研究的总结，也是新时期我国美学研究的重要成果与收获。他突破了实践美学"美先于美感"的基本判断，提出美与美感同生同在的观点。美与美感到底谁先谁后呢？他说，"从生活和历史的实践来说，我们很难确定先有那么一个形而上学的、与人的主体无关的美的存在，然后再由人去感受和欣赏它，再由美产生出美感来",事实上,美与美感,像"火与光一样,同时诞生,同时存在"。这实际上是对实践美学的重大突破,并从实践美学的人生本体走向审美关系论美学,因此蒋孔阳的"新美学"可以概括为"审美关系论美学"。他提出了审美关系的四重属性:感性基础、自由属性、整体属性与情感属性。蒋孔阳突破了实践美学将实践局限于物质生产的理论界定,而是将精神生产甚至是审美活动也看作一种实践。蒋孔阳还在《美学新论》中突出了审美的"创造性"特色,提出独树一帜的"多层累的突创说"。总之,蒋孔阳的审美关系论美学是新中国成立以来直至20世纪90年代我国美学研究的一个总结。

刘纲纪是我国美学建设发展时期的重要推动者,他在美学基本理论、中国古代美学与书画美学方面取得一系列具有突破性的重要成就。刘纲纪是我国两次美学大讨论的重要参与者,也是实践美学的重要开创者之一。他在20世纪80年代出版的《艺术哲学》已经成为实践美学的经典论著之一。刘纲纪从研究马克思《1844年经济学哲学手稿》出发,提出"社会实践本体论"的重要观点,认为马克思的本体论在本质上是实践本体论,并认为物质生产实践是艺术、美感与美的本源,认为劳动对美的创造还与人类生活实践创造紧密结合。刘纲纪构建了一个实践美学理论框架,这个框架以实践本体论为哲学基础,以创造为主体性活动,最后以自由为人的根本诉求,可概括为"实践—创造—自由"相统一的美学体系。刘纲纪继承宗白华美学传统并加以发展,成为中国美学领域的重要开拓者之一。20

世纪80年代，刘纲纪与李泽厚共同主编《中国美学史》，特别是由刘纲纪独立执笔撰写的第一、二卷被认为是中国美学史的开山之作。该著作提出了中国美学史的对象、任务、特征与分期等问题，以及儒、道、释、禅四大主干的重要观点和中国美学史的六大特征，为中国美学史的进一步发展奠定了基础。刘纲纪于20世纪90年代初出版的《周易美学》是对宗白华周易美学研究的拓展，成为中国周易美学研究的经典之作。刘纲纪准确地提出将《周易》作为中国古代美学研究的切入点，挖掘其生命论美学内涵，为中国古代美学进一步健康发展找到了一条较佳路线。刘纲纪结合中国美学特别是周易美学特点提出，中国美学常常在没有"美"字的地方包含着美的内涵，从而揭示了中国美学的特殊性所在。他还具体揭示了《周易》之"元亨利贞"与"阳刚阴柔"所包含的美学内涵。刘纲纪还从中西比较视野深入阐释了《周易》之生命论美学相异于西方的特殊价值意义，《周易美学》是中华美学走向世界与走向现代的有益尝试。刘纲纪还是著名书画家，在书画美学领域建树颇多。

胡经之教授是我国文艺美学学科的重要倡导者。1980年在昆明召开的全国首届美学会上，胡经之在发言中指出，高等学校的美学教学不能只停留在讲美学原理的层面，还应开拓和发展文艺美学。这实际上是在改革开放背景下贯彻"解放思想，实事求是"思想路线的结果，试图突破以政治代艺术的错误思潮，加强对文艺内部规律的研究。胡经之又于1982年1月在北京大学出版社出版的《美学向导》一书中发表《文艺美学及其他》一文，第一次从独立学科的角度论述了文艺美学。他还于1989年在北京大学出版社出版的《文艺美学》学术专著中，全面论述了文艺美学的对象、方法与内涵。胡经之教授还主编了与文艺美学有关的《中国古典美学丛编》《中国现代美学丛编》《西方文艺理论名著教程》等书，为中国文艺美学的进一步发展奠定了文献基础。正是在胡经之等学者的不懈努力下，文艺美学正式进入被教育部认可的学科体系，成为中国语言文学学科的二级学科文艺学的重要学科方向之一，进而培养了数量众多的研究人才。

周来祥是我国美学建设发展时期的重要参与者与积极推动者。他从事美学研究60多年，涉及领域广泛，在美学基本理论、文艺美学、中国古典美学、中西比较美学与审美文化史等方面均有特殊贡献，尤其是他倾其毕生精力创立并发展了"和谐美学学派"，影响深远。他于1984年就出版了《论美是和谐》，此后又出版了《再论美是和谐》《三论美是和谐》与《古代的美 近代的美 现代的美》等论著，全面阐释了"美是和谐"的基本命题。周来祥是中国两次美学大讨论的积极参与者和实践派美学的重要推动者。他以社会实践为哲学前提，而其学术指向则是"和谐"，即"人与自然、人与社会、人与自身的和谐"，和谐既是美学追求的最高目标，也是人生最高的审美境界。他以马克思主义为指导论述了古代素朴的和谐美、近代的崇高美以及社会主义的新型的辩证的和谐美，构建了自己的"文艺美学"体系，被称为"和谐论文艺美学"。周来祥还以"和谐美学"为指导对中西美学进行了深入的比较研究,撰写了《中西古典美理论比较研究》等专著,他认为中西美学都以古典和谐美为理想,既有共同规律又有各自特点。周来祥还以"和谐美学"为指导主编了大型的六卷本《中华审美文化通史》,在中国审美文化研究方面多有建树。

在我国美学的建设发展时期,还必须提到叶朗教授对于中国传统美学研究发展所做出的重要贡献,他的《中国小说美学》《中国美学史大纲》与《美在意象》成为我国新时期传统美学研究的代表性成果。

叶秀山是我国著名哲学家与美学家,中国社科院学部委员。他的主要成就在于西方哲学研究上的诸多创新,但叶秀山对于美学也有着浓厚的兴趣,并积极参与,著作甚多,影响深远。他曾经参与了王朝闻主编的《美学概论》的编写,历时四年,做出了自己的贡献。在美学理论上,他于1988年出版著名的《思·史·诗》,成为我国最重要的现象学哲学与美学论著之一。该书深入地论述了现象学领域中哲思、历史与诗歌的关系,以及后现代理论家对此的解构与超越,给我国当代美学建设诸多启发。他于1991年出版《美的哲学》一书,该书并没有局限于美学学科内部研究范式,探讨"美"的本质与现象,而是从哲学的高度进行高屋建瓴式的阐发。叶秀山通过剖析人与世界的关系和人的生存状态,将艺术视为一种基本的生活经验和基本的文化形式、一种历史的"见证",在独特的哲学视角下阐释了自己的美学观与艺术观,呼吁让生活充满美和诗意。叶秀山对京剧与书法有着特殊的兴趣并进行了深入的研究。20世纪60年代开始,他出版了《京剧流派欣赏》与《古中国的歌——京剧演唱艺术赏析》等书,深入阐发了作为世界三大戏剧流派之一的京剧载歌载舞的艺术特征。他酷爱中国书法,曾经在20世纪70年代特殊时期偷偷研究书法艺术并练字。1987年他出版《书法美学引论》,提出"西方文化重语言,重说;而中国文化重文字,重写"的观点,开启了从这一特殊视角进行中西对话的新领域;并在该书中提出,中国书法"是一种活动的线条的舞蹈,那么,很自然地就会以草书作为它的范本",从美学的角度阐述了书法重节奏和韵律的美学特点,深化了我国书法美学研究。

20世纪90年代以来,中国改革开放进一步深化,工业化的弊端逐步显露。加上西方后现代文化的影响,中国文化领域逐步步入具有后现代色彩的反思与超越阶段。在美学领域,表现为对于两次美学大讨论,特别是对于"实践美学"的反思与超越,反思其固有的认识论理论根基、主客二分的思维模式与"人化自然"的理论局限,于是出现"后实践美学"。

首先是杨春时在1993年北京美学年会上提出了"超越实践美学,建立超越美学"的新见解,成为新时期当代中国美学的新气象。由此,出现"实践美学"与"后实践美学"的争论,这实际上是对实践美学的反思与超越,对于推进和活跃中国美学研究具有重要意义。杨春时也在批判以认识论为基础的实践美学的基础上建立了自己的生存论美学体系,用

"审美是自由的生存方式与超越解释方式"取代"美是人的本质力量的对象化"的定义，树立起自己的后实践美学的大旗。"生存"是其超越美学的逻辑起点，他认为，"生存"既不是"物的存在"，也不是"动物的存在"，而是"人的存在"，是一种"自我的存在""有意义的存在"。"生存"与"实践"的区别在于它有超越性的本质，以理想超越现实，以感性超越理性，以精神超越物质，以个性超越社会性。2002年之后，他从生存论走向存在论，从主体性走向主体间性，逐步建立起自己的以"存在"为本体的"主体间性"超越美学的理论体系。由此说明，中国美学发展终于开始与世界美学的发展相同步。

1900年，胡塞尔即提出"现象学"方法，"悬搁"工具理性时代流行的主客二分对立，后来又发展到"相互主体性"，即"主体间性"，欧陆现象学以及由之产生的存在论哲学与美学逐步成为哲学与美学的主潮。与之相应，英美分析哲学与美学日渐发展，以"分析"解构了各种理性主义的本质主义。中国新时期的"后实践美学"就是试图以这种现象学与分析哲学的武器，突破传统美学，建设当代新的美学形态。朱立元就是从实践美学阵营中脱颖而出的当代美学家。他是继朱光潜、汝信与蒋孔阳之后我国西方美学研究方面的代表人物。他先是协助蒋孔阳主编了七卷本的《西方美学通史》，本人也著有多本西方美学论著，具有广泛的影响。朱立元长期继承发展蒋孔阳的实践美学思想，并持此观点参加当代学术界有关实践美学的讨论。但从20世纪90年代中期以后，朱立元开始反思实践美学认识本体论的局限。他从哲学范畴"本体"即"存在"的视角思考突破实践美学认识本体论的理论框架，逐步形成自己的"实践存在论美学"理论。2004年，朱立元发表论文正式提出自己的美学思想"以实践论与存在论的结合为哲学基础"。2008年，朱立元主编的《实践存在论美学丛书》五卷本出版，将实践存在论美学以较为完整的理论形态呈现于学术界。朱立元的"实践存在论美学"的基本特点是将马克思的"实践"概念赋予"实践存在论"的崭新含义，实际上是对传统实践美学的突破与发展。他指出，马克思在《1844年经济学哲学手稿》中多次提到"存在论的"（ontologisch）一词，"有力地证明了马克思存在论思想和维度的客观存在"。他以马克思的"实践存在论"为出发点，突破传统的"美的本质"的美学研究逻辑起点，认为"审美活动是美学问题的起点"，因为审美活动是人的实践存在方式之一，而审美活动正是审美关系的具体展开。为此，朱立元突破传统的"美、美感与艺术"的三元美学研究逻辑框架，提出"审美活动—审美形态—审美经验—艺术审美—审美教育"的美学研究逻辑框架。朱立元的探索是对传统实践论美学的突破，也是对马克思美学思想的新理解与新阐释，具有重要的学术意义。

　　承蒙山东文艺出版社的抬爱，将笔者作品也收入本丛书。笔者是从20世纪80年代初期由于教学工作的需要参与美学研究的，主要在西方美学、审美教育与生态美学方面用力较多。西方美学方面出版《西方美学简论》《西方美学论纲》与《西方美学范畴研究》等论著，审美教育方面曾出版《美育十讲》与《美育十五讲》等论著。收入本丛书的是生态美学方面的论文。生态美学是20世纪90年代中期在反思与超越的基础上产生的一种美学形态,笔者第一篇生态美学文章《生态美学:后现代语境下崭新的生态存在论美学观》发表于2002年,此后出版《生态存在论美学论稿》《生态美学导论》《生态美学基本问题研究》与《中西对话中的生态美学》等论著。生态美学产生于反思我国严重的环境污染、人类中心论的蔓延与美学领域实践美学的"人本体""工具本体"与"自然人化"等美学观点,在哲学基础上由传统认识论过渡到实践存在论,并由人类中心论过渡到生态整体论;在美学研究对象上突破"美学是艺术哲学"的观点,而将人与自然的审美关系包含在审美对象之中;在哲学方法上,突破传统美学主客二分的认识论方法,运用生态现象学方法;在自然审美上突破传统的"人化自然"的观点,认为没有实体性的自然美,自然美是审美对象的审美属性与人的审美能力交互产生的人与自然的审美关系;在审美属性上,否定静观美学,倡导"参与美学";在美学范式上突破传统的以如画为主的形式美学,倡导一种生态存在论美学,将诗意的栖居、家园意识与场所意识等引入生态美学;在传统文化上,认为中国传统社会以农为本的特点决定了中国传统美学本身就是一种生态的美学与艺术,是一种生生美学,应当发扬光大。生态美学是一种正在建设发展中的美学形态,需要更好地结合生活与文化的现实,在中西比较对话中加以完善,有望成为与欧陆现象学生态美学、英美分析哲学环境美学鼎足而立的中国特色生态美学。

回顾历史是为了更好地推动中国美学发展,当前我国进入中国特色社会主义建设的新时代,在"两个一百年"奋斗目标中,国家将"美丽中国"建设写到社会主义宏伟蓝图之上,为我国美学学科的未来发展开辟了更加广阔的天地。相信更多的青年学者会在美学学科中大展宏图,书写更加辉煌的美学篇章。

注:本文写作过程中参阅了科学出版社出版的《20世纪中国知名科学家学术成就概览》(哲学卷)等文献。

曾繁仁2018年9月29日写,2019年3月21日改定

目录

序 / 001

美的本质 / 001

论美的规律 / 011

美学方法论 / 043

 第一节 美学的途径 / 045

 第二节 美学的领域 / 061

 第三节 美学的性格 / 069

现实美总论 / 080

 第一节 否认自然美诸说批判（略）/ 081

 第二节 美在于现实事物属性条件的统一关系上 / 081

 第三节 现实事物的美的规律与典型的规律 / 089

美的认识初步 / 100

 第一节 美的认识与一般认识同异浅说 / 101

 第二节 美的认识初步的感性认识 / 107

第三节　美的智性认识初步的具象概念 / 114

形象思维论 / 126

第一节　形象思维的历史渊源和当前的问题 / 127

第二节　形象思维的活动过程及表现形态 / 145

第三节　形象思维的逻辑规律 / 166

美的观念论 / 182

第一节　由具象概念到意象的形成 / 183

第二节　意象的典型化 / 196

第三节　美的观念 / 208

美感性质论 / 220

第一节　美感中的认识因素和感情因素 / 221

第二节　美感的实际情况 / 229

第三节　美感的性质及其特点 / 238

美　育 / 246

第一节　美的意义 / 246

第二节　美育的内容和方法 / 249

美感教育 / 255

第一节　美感教育作用 / 257

第二节　美感教育的特点 / 278

第三节　美感教育的意义 / 292

附录　蔡仪学术年表 / 307

序

蔡仪是20世纪著名美学家、文艺理论家。蔡仪也是我国首位以马克思主义理论系统研究美学，形成独特新美学体系的美学家。作为20世纪中国美学研究的本土资源，蔡仪美学研究对于当前美学研究者具有几个方面的续承价值，本书选编文章也是围绕这些方面：其一，蔡仪美学是20世纪最具有科学路向的美学，研究蔡仪美学可推动中国的科学的美学的发展；其二，蔡仪的自然美论可成为当代生态美学的研究资源；其三，蔡仪的美育思想对当代美育研究有着重要借鉴意义。所以，我们认为，蔡仪美学思想不仅在中国现当代美学史上具有举足轻重的意义，在今天美学环境中仍然可以焕发出新的生命力，熠熠生辉。其中，蔡仪的科学的美学思想是当代美学大家中最为独树一帜的，具有鲜明的科学性，下面编者将侧重概括出来，这也是本书选编的重点之处，期冀蔡仪美学思想能够推动当下中国的科学路向的美学发展。正如1981年蔡仪在《自传》中所述心愿:"推动科学的美学的发展,为科学的美学的发展能尽点力量,是我最大的愿望。"

21世纪的中国当代美学要获得学科研究的深化,就要化观念为方法,用科学主义的方法来深化人文主义的美学,把抽象、思辨的观念研究和科学实证的方法相结合,走一条科学性的审美研究道路。要做到这一步,除了我们要借鉴和运用西方美学资源,包括西方现当代美学的实验美学、科学美学乃至神经认知心理美学等科学主义美学诸流派,我们如果还要从20世纪现代中国美学的精神遗产中,寻找类似的学术价值因子的话,那么与科学性的审美研究最为接近的美学流派,毋庸置疑一定是蔡仪所开创的唯物认识论美学了,两者的基本精神是类似的。

从美学本身发展来看,蔡仪的美本质观的提出,使得美学研究更为重视客观对象,从而深入研究美的客观事物,使得美学研究不再停留在美感经验分析、主观审美心理这个方面,而是拓展到客观对象,即考察美的客观事物具有的特质等方面。相对集中的对象研究与分析,正是科学主义美学研究的基本因素。蔡仪对于美在于客观事物的坚持也是20世纪中国美学研究的一条最具特色的路径,他始终把对客体对象的研究作为出发点。

蔡仪相信正因为美的客体对象本身具有某些规定性,它才可以引发欣赏者的美感。对于这种规定性,蔡仪试图用典型性来进行概括和回答。而且蔡仪在其美学研究后期,对"美是典型"的提法也进行了修改,指出美在于客观事物属性条件的统一,以克服前期人们认为蔡仪所说的美就是对象的物的属性或某一自然属性，但蔡仪对于美的典型性中关于现象与本质、个别性与种类性的统一的规定和论点仍是相同的。也就是说，这种典型性的内涵和实质仍是相同的，只是在说法和表达上进行了一些修正和完善。

蔡仪不仅以唯物论的纯客观态度对待审美研究对象，而且还以认识论的框架来解释人的审美活动，将美本质的研究延伸到美的认识、美的创造研究。对于客观事物的美的规律，蔡仪提出"美是典型"的理论，这种典型的内涵即共性和个性的统一，正是人类科学认知活动的主要任务，因为人类的知识产生即对于世界、事物的认识，正是现象与本质的统一。所以蔡仪将审美同于认知，将美看作典型，正是体现了一种科学主义的美学的思路。

蔡仪以马克思主义认识论为基础，阐释了美感和认识的关系，即美感的真理性问题，并从美学角度总结了真善美的关系。蔡仪坚持强调美感是人的意识对于客观的美的认识，美的认识是美感心理活动的首要基础，他并不是要取消或否定美感中的感情活动和美感的感情特点。他也强调感情的活动是美感的一个显著和突出的特点，认为美感是由于对外物的美的认识而引起的心理上的愉悦反应，这种心理上的反应主要就是感情上的感动。从而把美感中的美的认识和感情的感动有机地结合起来，也把以马克思主义认识论作为美感论的基础和从心理学的角度研究美感论有机地统一起来。蔡仪从心理活动的角度，从感觉、知觉、表象、思维等方面来研究一般认识以及美的认识过程。

蔡仪在研究美的认识过程中，创立了美的观念说。美的观念是蔡仪马克思主义美学的美感论中一个核心概念，是从美的认识到美感形成中的一个关键环节。形象思维是一种艺术的认识方式、思维方式，它的认识结果即艺术形象并非都是美的，而要达到美的程度，还需使形象思维的艺术认识能够典型化，形成美的观念。美的观念的形成过程是复杂的，蔡仪剖析美的观念形成的主要思维过程是这样的：主要是经过形象思维活动，由具象概念发展而形成意象，再由意象经过形象思维的作用而发展为典型化的意象，进而成为美的观念。

美的观念论，充分地解释了对客观的美的认识和反映的从感性认识到理性认识的整个思维过程，也突出体现了美感产生中的主体的能动作用，从而反驳了把美感论看作是直观的机械的唯物主义反映论的观点，也体现了蔡仪运用辩证唯物主义的方法来研究美学理论、美感理论所取得的成就。当然其中蔡仪在研究过程中也运用了心理学、哲学、文艺理论的科学方法和已有成果。

综上，蔡仪的唯物认识论美学是从审美对象的自身性质出发来解释和研究人类或个人的审美现象，并注重审美过程中美感的复杂反映，包括形象思维、意象和美的观念等，这是人类最基本的审美观照之一。蔡仪的唯物认识论美学的逻辑出口，是可以通向科学主义美学的唯物认识论美学的合理发展，将是宏观的、思辨的哲学立场和观念与细致的、科学的、实证的审美对象及审美过程研究的统一。唯物认识论美学虽不可以完全解决"美是什么"的美本质问题，但顺着这条道路，是可以解决人类或个人如何审美、怎样审美的问题。我们对于唯物认识论的误解，恰在于用唯物认识论美学来解决人类审美价值的根源，即美的本源问题，所以当我们抛开美本质之类的哲学思维，我们会发现唯物认识论美学是一种具体地、现实地认识美和美的形态的研究道路。我们的当代美学研究需要继承蔡仪唯物主义、客观主义研究思路中所体现的科学精神，融合哲学认识论、认知神经学、认知心理学、脑科学、社会学等学科，同时也采用多元的研究方法，包括经验的、实证的、实验的、思辨的、逻辑的、社会调查统计的方法等，从而将蔡仪的唯物认识论美学研究深化为一种科学路向的美学研究。

胡　俊

美的本质

美的本质是什么呢？我们认为美是客观的，不是主观的；美的事物之所以美，是在于这事物本身，不在于我们的意识作用。但是客观的美是可以为我们的意识所反映，是可以引起我们的美感。而正确的美感的根源正是在于客观事物的美。没有客观的美为根据而发生的美感是不正确的，是虚伪的，乃至是病态的。

然而究竟怎样的客观事物才是美的客观事物呢？美的客观事物须具备怎样的本质的属性条件呢？或者说美的本质是什么呢？

我们认为美的东西就是典型的东西，就是个别之中显现着一般的东西；美的本质就是事物的典型性，就是个别之中显现着种类的一般。于是美不能如过去许多美学家所说的那样是主观的东西，而是客观的东西，便很显然可以明白了。

孟德斯鸠（Montesquieu）有一段话说："毕非尔神父说，美就是最普遍的东西集合在一块所成的。这个定义如果解释起来，实是至理名言。他举例说，美的眼睛就是大多数眼睛都像它那副模样的，口鼻等也是如此。这并非说丑的鼻子不比美的鼻子更普遍，但是丑的种类繁多，每种丑的鼻子却比美的鼻子为数较少。这正像一百人之中，如果有十人穿绿衣，其余九十人的衣服颜色都彼此不同，则绿衣终于最占势力一样。"在他这一段话里，说美就是最普遍的东西集合在一块所成的。并举实例说，美的眼睛就是大多数眼睛都像它那副模样的，叫我们更能明了所谓美的就是典型的，典型就是美。

再引宋玉《登徒子好色赋》来说："天下之佳人莫若楚国，楚国之丽者莫若臣里，臣里之美者莫若臣东家之子。东家之子，增之一分则太长，减之一分则太短，著粉则太白，施朱则太赤"。在这里很显然的，这位美人的形态颜色，一切都是最标准的，也就是概括了"臣里""楚国"，天下的女人的最普遍的东西了。由此可知她的美就是在于她是典型的。

这样的美是典型的意见，其实也并不是过去的美学家、哲学家完全没有触到过。还是因为他们的整个的思想系统陷于观念论，即他们的对于美和美感的混合不分，以至他们的正确的解答，都是片断地或弯曲地提出来了。

亚里士多德《诗学》的暗示　首先我们还是不得不说及亚里士多德。他虽然曾说美是调和、对称或变化的统一；但是他在所著《诗学》一书里论诗时，认为诗固然摹写自然，但不是徒事抄袭自然。而是从自然的特殊的现象之中，概括其普遍的东西。他认为诗和历史的不同，不在于用韵不用韵，而在于历史只是记载已有的个别的事实，诗则描写可能有的普遍的事实。他说："诗较之历史是更为哲学的，品格亦较高。盖诗发扬普遍，而历史记载特殊。所谓普遍，意思是说，某种人，处某种情况之下，则依或然律或必然律，当如是言，或如是行；而此种普遍性，即诗之目的所在，特借其所附丽于人物之名以表出之而已。"这种思想，无论怎样朴素或不充分，但是最先也最正确地突入了美学上的中心问题，即所谓美的本质的问题。

因为一切的艺术——当然诗也包括在内，都是创造美的，这是不用怀疑的。而亚里士多德在这里认为诗发扬普遍，或者换句话说，是概括客观的个别事物之中的普遍的东西，那么他的所谓普遍的东西便和美有密切的联系。试看他的所谓普遍，并不是单纯的空洞的普遍；比之历史的事实来说，还得通过某种人，还得通过这种人在某种情况之下的某种言行，也就是得通过具体的个别的东西。不过这些具体的个别的东西，不是当作单纯个别的东西而存在，而是为着发扬普遍，也就是为着显现一般的东西而存在，而获得它的意义。所以亚里士多德的意思就是说，诗是通过特殊的个别的东西以具现普遍的一般的东西的。在这时候，个别的特殊的东西是为着具现普遍的一般的东西的，所以个别的特殊的东西是次要的，从属的，而普遍的一般的东西是根本的，决定的。于是全体说来，诗所要描写的就是我们的所谓典型，所以他的意思，简言之就是，诗是描写典型，或者创造典型。我们可以知道，典型的东西就是美的东西，典型便是美，事物的典型性便是美的本质。

我们对于亚里士多德的诗的理论这样地解释，不会是牵强附会的吧！当然，他在《诗学》中的讨论原是片断的，而今所存的《诗学》又是残本，我们很难究其整个体系，但这里所述的无论如何是《诗学》里的第一个要点。

康德的美论的一面　其次，我们便要就康德的美学思想来看。康德的美学思想固然和他的整个哲学思想一致，全体说来是偏于观念论的。他的批判哲学原是从主观的认识出发，而又不能通过主观的认识达到客观的存在，所以称为"懦怯的不可知论"。因此客观的美，在他也是不可知的。不过在他的美学思想中也有非常珍贵的对于客观事物的美的本质的暗示，犹如他的观念论的哲学体系中有唯物论的要素一样。

他认为美不是由悟性去把握，而是"想象力和悟性是自由的""心意状态"之下，引起的愉快的感情。他认为这是纯粹的美，称之为自由美。但是他又曾认为在对象被观察时，要以种类的概念为前提，要以种类的概念来补足，然后才能作美的判断，引起愉快的感情。这也是一种美，这种美是从属于种类的概念的，不是自由美，他称之为从属美。

在这里我们可以看出康德的美学思想，一方面因为他哲学思想的陷于观念论，和他美学思想的从美感考察出发，所以他的美学思想体系是混乱而错误的；另一方面是他还没有完全抹杀美的事实，虽然是由美感去规定美，却还透露着关于美的本质的暗示。关于前者和他对于美感的考察，我们在这里不必详及；而关于后者，正是我们现在要讨论的。

要讨论康德的关于美的本质的暗示，我们还须从康德的所谓概念入手。原来他的所谓概念在本质上是纯粹主观的东西。但是在我们看来，概念是客观事物的普遍性在意识上的反映，是有客观基础的。所以种类的概念，也就是有客观的基础的，是客观的种类的事物之普遍的属性条件的综合的反映。于是康德的所谓从属美，即对象被观察时要以种类的概念为前提而引起愉快的感情的那种美，若是不和康德一样只是从主观的美感方面来考察，而从客观的对象方面来考察，就是客观的事物显著地具备着种类的属性条件。也就是说，客观的个别的事物明显地表现着它的种类的属性条件，这个别的事物便是美的。

梅林（Mehring）在所著《美学概论》中曾介绍康德的美学思想说："美有美的效果是从属于种类的概念。种族愈多地表现于个人之中，个人便愈美。"这便是说，种族的属性条件，愈丰富地表现于某一个人身上，这样的人愈是美的。这几句话正和我们所说的一样。个人的美是由于这个人丰富地具备了种族的普遍性。同样，其他的个别的事物的美也可以说，就是由于它丰富地具备了它种类的普遍性。

个别之中丰富地显著地具现着一般,就是典型,因此也就是说,典型的东西是美的东西,美的本质就是典型的典型性。

然而我们不能疏忽,这里所说的美,却是康德的所谓不纯粹的美,所谓从属美。除此之外,康德认为还有一种纯粹的美,即所谓自由美。那种自由美是"没有概念"的,也就是不由悟性把握的。在这里正包含着康德的认识论上的一个罅隙,也表现着他的由美感去考察美的一点混乱。因为美感并不就是快感,没有只通过感性而不通过悟性的。在美的鉴赏时,虽有因为不自觉的美的观念突然的满足而获得愉快,但决不会有不通过悟性而获得的美感。也就是说,如康德所谓没有概念而给予普遍的愉快的美,实际上是没有的,不丰富地具备着种类的普遍性的美,实际上是没有的。

我们也不能疏忽,这里说没有康德的所谓自由美,而康德却以为自然美就是自由美。可是关于这点,上面所引的例子便能为我们答复。人原是一方面和自然对立,一方面又是自然的一部分。当作社会的人虽不是自然的,而当作种族成员的人却是自然的。上面所说"种族愈多地表现于个人之中,个人便愈美",这里所说的个人的美,就正是一种自然美。自然美原来就是种属的普遍性所决定的,这个人的美也就是在于愈多地表现了种族的普遍性。所以自然美也不是如康德所说,是"没有概念"的。

康德认为"各种艺术作品,是按我们观察上现有的一个概念而创作的,否则我们对于那艺术作品不能作美的判断",故艺术美是从属美,不是自由美。自由美不存于艺术之中,只存于自然之中。同时他又认为自由美较从属美是纯粹的,也就是自然美较之艺术美是高级的。这里不正是显然暴露了康德的所论和事实的不符吗?因为事实是艺术美高于自然美,不是自然美高于艺术美呢!

总之康德的美学思想体系是错误的,但是在他的美学思想中也包含着美的本质的宝贵的意见。即他认为对象被观察时要以种类的概念为前提而引起愉快的感情的是美。从他的这种意见之中，我们可以知道他的这种美，就是我们所说的典型。

黑格尔美论的背面　同样，在黑格尔的美学思想中，也包含着关于美的天才的卓见。

黑格尔的美学是被称为"具象理念论"的。他的美学思想，不用说也是和他的整个哲学思想是一致的，是以其所谓理念为基础的。他说："理念从感官所接触的事物中照耀出来了是有美"，"无限的理念显现于有限的感觉境界里便有美"。他的哲学思想正如前人所说是头脚倒竖的，他的所谓理念其实并不是如他所说的一样是渊源于绝对理念、绝对精神，而是和一般所谓概念一样是渊源于客观事物的。也就是说，这是客观事物的普遍性在意识上反映。于是他的所谓美就是有限的感觉境界中显现着理念，照我们的话说就是个别中具现着普遍，也就是说，美就是典型。

他又曾说："理念本身虽属平等，而所显现的事物则常有差别；事物个性的差别愈著，则所表现的理念愈显明。"在这里他的话看来似乎和上面所说的矛盾，但是他的所谓个性的差别愈著，原不是说和种类的一般的属性条件不同的个别的属性条件非常显著，而是说，因属性条件不同或属性条件构成形态不同而生的个体性，和其他的事物的差别愈著。这样的个性和其他事物的差别愈著，也就是表现着种类的一般的东西愈著，也就是他的所谓"表现的理念愈显明"。当然这样的东西是典型的东西，也就是美的东西。

因此从黑格尔的美学思想中也可以看出，美就是个别之中显现着一般的典型。

而且黑格尔的美学思想中尚有一个宝贵的意见，就是他的所谓理念原是辩证地发展的，所以他的所谓以理念为基础的美也是辩证地发展的，这看他的艺术史论很可以明白。只是关于这点，我们这里只能这样简单地提及，待以后的机会再详说。

  美的本质与美的条件　如上所述，美的事物就是典型的事物，就是显现着种类普遍性的个别事物。美的本质就是事物的典型性，就是这个别事物中所显现的种类的普遍性。但是种类的普遍性显现于个别事物之中，必得通过这个别事物的特殊性，而不能在个别事物之中显现着单纯的种类的普遍性。只是显现着单纯的普遍性，事实上便不能是客观存在的个别事物，而是一个空洞的抽象的架子，或者如现在一般人所说的类型。这样类型的东西，只能是经过我们意识的抽象作用而得的一个抽象概念，如几何学上的无长短宽窄厚薄的点一样。也就是说，在客观事物之中单纯的种类的普遍性本身也是没有的。

  因此所谓普遍性和特殊性之间原没有什么不可超越的鸿沟，如一般形而上学的哲学家所想的那样。也就是说，普遍性和特殊性原是互相渗透的，互相推移。也就是说，所谓普遍之中有最普遍的和次普遍的，所谓特殊之中也有次特殊的和最特殊的，对最普遍的普遍性来说，次普遍的普遍性已有相对的特殊性的要素，而对最特殊的特殊性来说，次特殊的特殊性也有相对的普遍性的要素。于是所谓普遍性通过特殊性而显现出来，详细地说，就是最普遍的通过次普遍的，次普遍的通过次特殊的，次特殊的通过最特殊的，这样普遍性才能通过特殊性而显现出来，其间的过程是无限的，也就是其间通过的条件是无限的。

  由此我们说，美的本质就是个别事物中显现着的种类的普遍性，美的事物就是种类的普遍性显现于其中的个别事物。也就是说，美就是美的本质表现于事物的特殊的现象之中。于是美的本质表现于事物的特殊的现象，也就得通过许多美的条件。那么我们现在便得考察，我们曾说的那些为形而上学的美学者所提出的美的条件，和这里所说的美的本质，两者的关系究竟是怎样。

首先还是说到变化的统一和秩序。关于这两者，我们认为不是美的条件，只是一般事物的属性条件。

既是一般事物的属性条件，当然也就是美的事物的一般的属性条件。既是美的事物的一般的属性条件也就和美的本质不能没有关系。

变化的统一和秩序对于美的本质是有关系的，但其间的关系是和一般的美的条件对于美的本质的关系不同。因为它们是对于一切事物的规定，也就是对于美的事物的规定，于是就全体事物来说，它们是本质的，而事物的典型性却是条件的。于是它们是规定美的本质的，而不是美的本质规定它们。不过形而上学的美学思想往往是偏于形式的，所以它们对于美的本质——典型性的规定，并不是全体的规定，而是形式方面的规定。这就是说，单从形式方面来看，我们所谓个别中显现着一般，已是包含有变化的统一。但是所谓个别中显现着一般，是以一般为优势的、主要的，而所谓变化的统一，却没有明白指出变化与统一的对比关系。同样，我们所谓个别中显现一般，是有秩序的；但只是说秩序，也不能明白个别性和一般性的关系。所以变化的统一和秩序，不是美的本质所规定的，所以它们不是美的条件。

其次我想说到比例和调和。关于这两点，我们认为是单纯现象的美的条件，而不是个体事物的美的条件。也就是说它们主要的是对于形式的规定，不是美的实体和关联的规定。但是它们的所以能成为单纯现象的美的条件，却正是因为在它们之中显现着单纯现象的普遍性，大至宇宙构造，小至原子电子，只从形式上当作单纯现象来看，都是有比例或调和的。

譬如黄金分割率的线段是美的，为什么是美的呢？因为包含有比例。为什么包含有这种比例是美的呢？我们借莱辛自己的话来说吧，"天地间茫茫星海里各大行星的距离，小至人身百体，以至一草一木，几乎全是照着这样的比例构成其天然的美观"。但是我认为不是这些事物照着这样的比例构成天然的美观，而是这些事物之间都有这样的比例；这样的比例是它们的普遍性，于是包含有这样的比例的是美的，表示这样比例的线段，即黄金分割率的线段也是美的。同样霍嘉兹的波状线的所以是美的线条，原因也在于它是宇宙中许多事物的形式的最一般的东西。英国艺术批评家罗斯金（Ruskin）曾说："凡是美的线形，都是从自然中最常见的线形抄袭来的。"这句话也正可以作我们一个最好的注脚。至于调和的音响，调和的颜色，也正是因为这些音响的配合，颜色的配合，是宇宙间最常有的，是宇宙现象中普遍的东西。所以比例和调和，是单纯现象的美的条件，正是因为它们之中包含着美的本质——单纯现象的普遍性。

最后我们说到均衡和对称。我们认为均衡和对称，对于事物的形体的美是有相当的规定性，是事物形体美的一个条件。而它们的所以成为事物形体美的条件，则又是因为它们是最大多数事物的形体的普遍性。我们在上节曾说，一切生物的常态几乎都是均衡的，其中尤以一切动物的常态几乎都是对称的。而且天体、地球、行星等都是均衡乃至对称的。因此均衡和对称原是事物形体的普遍性，形体是均衡或对称的，单就其形体说是美的。至于画家的以偃卧的古松、欹斜的弱柳入画，虽然不能表现生物形体上的普遍性，却能表现着它们枝叶向荣的不屈不挠的欣欣生意，就是表现了生物的最主要的普遍性了。动物的最主要的属性可以说是表现它生命的活泼的活动，但从正面绝不容易表现这一点，所以画家多是画侧面，这样才容易表现这动物的动态。因此形体上的普遍性的均衡和对称，是可以被忽视的。

总之，比例和调和、均衡和对称，它们的成为单纯现象的美的条件，或事物形式上的美的条件，正是因为它们表现着种类的普遍性，表现着美的本质。

美是客观事物显现其本质真理的典型　任何客观的个别事物，一方面是当作个别的事物而存在，另一方面又是当作种类的具现者而存在。因为离开了个别便没有种类，而不属于任何种类的个别事物也是没有的。也就是说任何客观的个别事物之中，固然有它个别的东西，同时又有它所属的种类的东西，换句话说，任何个别事物是个别的东西和种类的东西的统一。而美的事物则不仅是个别的东西和种类的东西的统一，而是个别的东西显现着种类的东西。所谓显现不用说是显著地表现，这句话是站在我们鉴赏者的立场来说的，而站在客观事物本身来说，便是个别的东西之中完全地丰富地具备着种类的属性条件。它的个别的属性条件，是以种类的属性条件为基础的，是决定于种类的属性条件的，于是个别的属性条件和种类的属性条件一致而毫无矛盾。而就这事物的属性条件全体来说，也就是纯粹而不杂驳的。这时候个别的属性条件是为种类的属性条件而有的，是从属于种类的属性条件的；这时候种类的属性条件才不是空洞的抽象的，是渗透于个别的属性条件而表现的；这时候个别事物才丰富地完全地而且纯粹地具备着种类的普遍性于个别性之中。就这一点来说，孟子所谓"充实之谓美"，是非常正确的，而荀子所谓"不全不粹之不足以谓美"，也是很有道理。

总之美的事物就是典型的事物，就是种类的普遍性、必然性的显现者。在典型的事物中更显著地表现着客观现实的本质、真理，因此我们说美是客观事物的本质、真理的一种形态，对原理原则那样抽象的东西来说，它是具体的。

此文是《新美学》（上海群益出版社1946年）的第二章第三节《美的本质》。

论美的规律

我们在上一篇文章里,已经谈过苏联的美学专家们,对于马克思的一些言论,主要是关于劳动生产和实践的言论,加以歪曲篡改,并利用来宣传他们的唯心主义美学思想。这是一种情况。还有另一种情况,即他们对于马克思论到客观事物的美及美的规律等的言论,往往不予理会,或者偶有所论,也是同样地歪曲篡改,并借以宣传他们的唯心主义美学。他们的这种作风,在我国也不是毫无影响。因此我们就要在这篇文章里,试行对马克思的这些言论谈点粗浅体会,同时对他们的歪曲篡改等恶劣表现,也予以初步的批评。

为了能够正确阐述马克思的美学思想,我们就更应该特别重视马克思的关于客观事物的美的言论,关于艺术的美的言论,尤其是关于美的规律的论点,必须认真学习,仔细探讨,深入理解。务期在这篇文章中所谈的体会,即使是非常粗浅的,却是基本上符合原意的,至少是不违反马克思主义的根本原则的。"高山仰止,景行行止,虽不能至,而心向往之。"

自然,我们在这里的错误,同样欢迎严正的批评。

一、关于客观事物的美

美学上的根本问题,从来就是,现在仍然是:美在于欣赏对象的客观事物本身,还是在于欣赏者的主观意识?或者说,美在于客观事物,还是在于主观精神?简单说来,即美在于物,抑在于心?这三个说法是一个意思。

凡是承认美在于客观事物本身的,即承认艺术的美在于艺术品本身,承认社会事物的美在于社会事物本身,同样承认自然界事物的美也在于自然界事物本身。承认艺术的美在于艺术品本身,这并不是否认艺术的美和作者的创造有关系;承认社会事物的美在于社会事物本身,也不是否认它的美和人、社会关系或社会的人的主观精神有关系。而承认自然界事物的美在于自然界事物本身,却是要否认自然界事物的美在于所谓该事物的社会性或在于人的主观精神。

美学上的这个根本问题的提法,和哲学上的根本问题,即物质和精神,何者是第一性的那个问题的提法是一致的,是两相对应的,因此美学上也就有唯物主义和唯心主义的区别。这种区别则是思想原则上的,或者说是美学方法上的根本区别。关于这点,我们在上篇文章中已经谈到过,现在又在这里重说一遍,是想表明我们要从这个思想原则上来领会马克思的关于客观事物的美的言论。

马克思有这种关于客观事物的美的言论吗?有的。他正有关于自然界事物的美的言论。

马克思究竟是怎样论述自然界事物的美的呢?难道他会认为自然界事物的美就在于自然界事物本身吗?是的,我们看来他正是认为自然界事物的美就在于自然界事物本身。

我们在上篇文章里曾经谈到马克思在《政治经济学批判》里

论金银的审美性质的一段话,就是这样的一个很好的例子。苏联美学家对于马克思的这一段话,都对它漠视,不大理会。如涅多希文在"关于马克思主义美学对象的讨论"会上的报告中,万斯洛夫在《客观上存在着美吗?》一文中,虽是尽量多引马克思的话,却都不曾提到它;而斯特洛维奇在《论现实的审美特性》一文中,则是附带提到马克思所说金子的"天然的光芒"这点,而在论述中则是反对金子的审美特性和它是"天然的光芒"有什么关系。我们认为这实际上就是反对马克思关于金银的美就在于它的天然光芒色彩的论断的。现在我们再次引用马克思的这一段话来看吧。

> 金银不只是消极意义上的剩余的、即没有也可以过得去的东西,而且它们的美学属性使它们成为满足奢侈、装饰、华丽、炫耀等需要的天然材料,总之,成为剩余和财富的积极形式。它们可以说表现为从地下世界发掘出来的天然的光芒,银反射出一切光线的自然的混合,金则专门反射出最强的色彩红色。而色彩的感受是一般美感中最大众化的形式。①

在上篇文章中,我们就曾说明,根据马克思在这段话里所论,金银的"美学属性"原来是它们作为货币的先行条件之一。这时的金银还不是货币,还不是社会事物,只是自然界的矿物;因此它们还没有什么社会性质,只是自然性质。即使说它们能够"满足奢侈、装饰、华丽、炫耀等需要",却仍然说它们是"天然材料",而且马克思的话说得很明白:所谓金银的美学属性,就是金银的天然光

---

① 《马克思恩格斯全集》第13卷第145页,"审美性质"或"美学属性",这样的词是同一原文的不同译文,意义是一样的。

芒色彩；若用我们一般的通俗说法，金银的美的属性就是它们本身所固有的自然属性，并不是别的什么外加给它们的东西。

不仅如此，马克思还进一步更具体地说明金银的天然光芒色彩为什么是它们的美的属性，是由于它们又各自具有它们的特点："银反射出一切光线的自然的混合，金则专门反射出最强的色彩红色。"这就是说，金银的光芒色彩又由于它们作为光芒色彩的特点，使它们成为金银的美的属性。也就是说，金银的光芒色彩的所以是美的属性，又是由于它们本身的自然特点，而不是由于别的什么外加的东西。

而且正因为金银本身具有它们的美的属性，所以引起人们的美感，可以成为人们的欣赏对象或审美对象，也即可以"满足奢侈、装饰、华丽、炫耀等需要"，而这也是它们可以成为货币的先行条件之一。这就是说，金银的美的属性，虽然还是它们本身所固有的自然属性；正因为它们这种自然性质是美的，能引起人们的美感，于是才能有社会作用，有社会意义，有社会性质等，而不是相反的。不是金银先有什么社会作用、社会意义、社会性质，然后它们才有美的属性，它们才是美的。

由上所说，我们认为马克思在这段话里所表现的美学观点可以概括于下：一、客观事物的美是在于客观事物本身，自然界事物的美是在于自然界事物本身。二、客观事物的美的性质是它本身所固有的客观性质，是具有作为美的性质的特点；自然界事物的美的性质是它本身所固有的自然性质，也具有它作为美的性质的特点。三、作为欣赏对象的客观事物的美，不是由欣赏者的主观意识所外加的；自然界事物的美也不是由什么人的或社会的关系所外加给它的。

马克思论自然界事物的美的话，除了上述关于金银的美那段话之外，还有一段话也论到自然界矿物的美。这两段话的说法虽然不同,根本意思则是一样,而且可以互相发明,互相补充。这就是在《经济学—哲学手稿》中,在"私有制的扬弃是一切人的感受和属性的完全的解放"这个主题之下,论到人的感觉的发展和"五官感觉的形成"后,接着就有一段话说:

那被束缚在粗陋的实践的欲望下面的感觉还只有一个局限的意义。对于饿极的人们并不现存着食物的人的形式,只不过现存着它作为食物的抽象的定在而已;这就是说,食物也可以在最粗陋的形式或存在着,并且并不能说因此这种营养活动可以和动物的营养活动区别开。非常操心的穷困的人对最美好的戏剧没有感觉;矿物贩卖者只看到商业的价值,但不看矿物的美丽和特有的本性;他没有矿物学的感觉……①

在这一段话里,马克思谈到的其他问题我们且不管它。我们在这里只谈关于矿物的那句话。他在这句话里究竟是怎样谈矿物的美的呢?

首先我们看到这里所说的矿物是矿物贩卖者手里的矿物,也是矿物贩卖者眼里的矿物,这种矿物,对他来说已是商品了,是有价值了,即是社会事物了,因而它是有社会关系、有社会意义、有社会性质的了。如果按照万斯洛夫、斯特洛维奇等人的理论来说,正是在矿物的这种社会性质和社会意义之下,就能有矿物的美吧。然而马克思在这里说的则是完全相反。他说:"矿物贩卖者只看到商业的价值,但不看矿物的美丽。"这就是说,矿物贩卖者看到了矿物的商业的价值,也就是看到了作为商品的矿物的社会性质、社会意

---

① 《经济学—哲学手稿》第89页。

义,还不是就看到了矿物的美。那么,这是不是说,矿物的美和矿物的商业价值不是一回事呢?或者说,矿物的美和矿物的作为商品的社会意义、社会性质是无关的呢?我们认为,按马克思的话是可以这样理解的。

马克思的话里还有一个要点就是:矿物贩卖者"不看矿物的美丽和特有的本性;他没有矿物学的感觉"。在这里他首先是把矿物的美和它的特性联系起来说的。那是不是表示矿物的美和它的特性是有关系的呢?我们认为马克思的话是有这样的意思。如上所说,马克思在论金银的美在于金银的天然光芒色彩时,也曾指出金银这种自然属性的特点。现在论到矿物的美时,同时也指出矿物的特性,这也正表明两者是有一定的关系的。

至于马克思所说的矿物贩卖者"他没有矿物学的感觉",我们必须联系前面两点一同考察可能好理解些。因为矿物本来是自然界的事物,它所固有的属性本来是自然属性,它的现实形态也就是它的自然形态。而矿物的这种自然形态是具体现象的,因而是和矿物的美有关系的。但是矿物作为商品的价值,是看不见摸不着的抽象的东西,也不表现为它的具体现象,因而是和矿物的美没有关系的。于是矿物贩卖者,为他的粗陋的实践的欲望所束缚,只注意买卖的赢利,只看到商品的价值,即使把自然的矿物放在他的手里,摆在他的眼下,他也不会看到它的美和特性,就是金银这种矿物,他也不会感觉到它们的天然光芒的色彩。所以说,"他没有矿物学的感觉"。

也许以为马克思在论货币时,曾引用过莎士比亚剧本《雅典人台满》中主人公对金子的议论,可以说明他看到了金子作为货币的无比的力量,也看到了金子的"闪亮"的光芒。又如巴尔扎克在小说《高老头》中所描写的高老头对银子的欣赏到了灵魂陶醉的地步,不能说他只看到了银子的社会价值,没有看到银子的美。马克思虽然没有在著作中谈到这点，但是他和恩格斯却称赞过巴尔扎克描写的真实性，因此并不能说，金银的美和金银的社会价值是无关系的。然而马克思在《经济学—哲学手稿》中所引雅典人台满的话，虽然提到金子的"闪亮"，却并没有论及金子的美，相反的，倒是在诅咒它的罪恶作用。至于巴尔扎克所描写的高老头对银子的欣赏以至于灵魂陶醉，我们也认为这种描写有它的真实性。然而高老头的欣赏完全是由于他的主观幻想，只能说明他迷恋于银子的社会价值，不能说明他真能欣赏银子的美。正如认识有根本错误的一样，美感也有完全虚伪的。

由上所说，我们认为马克思在这段话里所表现的美学观点，和前一段话根本是一样的。首先是认为自然界事物的美在于自然界事物本身，而且和它所固有的自然形态是有关系的，和它所固有的自然现象是有关系的。其次，即使自然界事物在特定的情况下具有某种社会意义或社会性质，如果该事物的现实形态仍然是它所固有的自然形态，即它的社会性质或社会意义不表现在它的具体现象上，而是抽象的东西，这种社会意义或社会性质，决不能认为和该事物的美是有关系的。因此如苏联美学家所谓自然界事物本身不可能是美的，只有在它具有一定的社会性才可能是美的。这种说法是非常荒谬的，是和马克思的上述的自然美论根本相反的。

现在我们再看马克思关于人的美是怎样说的吧。人，不用说，是社会的。然而却也是动物，如亚里士多德曾说是"政治的动物"。也就是说，人本是社会的主体，人的本质在其现实性上是一切社会关系的总和。而从生理上、从身体方面来说，根本是自然的。马克思固然没有什么专文论及人的美的多方面，也和其他有关言论一样，只在论经济问题时偶然提到一两句，即使不是全面的，我们认为也是很有意义的。

如在《经济学—哲学手稿》第一个手稿《疏远化了的劳动》部分，有几句话说："劳动替富者生产了惊人作品（奇迹），然而，劳动替劳动者生产了赤贫。劳动生产了宫殿，但是替劳动者生产了洞窟。劳动生产了美，但是给劳动者生产了畸形。"①在这些话里，同我们所论问题有关系的是最后两句。前一句谈到了美，但没有确指什么的美。后一句说的是劳动者的畸形，和前一句对照来看，可以认为这所谓"畸形"就相当于说是"不美"。本来畸形，无论是断手缺腿，或者是歪嘴瞎眼，都可以说是不美的。那么，人的美与不美，也是可以从人的生理方面、从人的身体方面来说的。自然，人主要是社会的；人的思想、感情、性格、品质等等，都是社会生活、阶级地位形成的，也就都是社会的。因而人的美当然主要是表现于言行风度等的性格和品质的美，主要是社会的美。但是人的身体、容貌等的美，根本是由生物的、生理的规律所支配的，根本是自然的美。

也许以为上面所引马克思的话，并不是直接论到人的身体的美的。上面所论人的身体的美不美都是我们的所论，是未必可信的。因为人总是社会的，人的本质是社会的，人的身体也不能是和社会无关的，因而人的美只能是社会的美。而认为人也有自然的美，这显然是机械唯物主义的表现罢了。那么我们在下面再引马克思的一段话来看吧。马克思在《资本论》第一章论述"商品拜物教"时有段话说：

> 现在，让我们听听经济学家是怎样说出商品内心的话的："价值〈交换价值〉是物的属性，财富〈使用价值〉是人的属

---

① 马克思：《经济学—哲学手稿》，第54页。

性。从这个意义上说,价值必然包含交换,财富则不然。""财富〈使用价值〉是人的属性,价值是商品的属性。人或共同体是富的;珍珠或金刚石是有价值的……"

直到现在,还没有一个化学家在珍珠或金刚石中发现交换价值。可是那些自命有深刻的批判力、发现了这种化学物质的经济学家,却发现物的使用价值同它们的物质属性无关,而它们的价值倒是它们作为物所具有的。在这里为他们作证的是这样一种奇怪的情况:物的使用价值对于人来说没有交换就能实现,就是说,在物和人的直接关系中就能实现;相反,物的价值则只能在交换中实现,就是说,只能在一种社会的过程中实现。在这里,我们不禁想起善良的道勃雷,他教导巡丁西可尔说:"一个人长得漂亮是环境造成的,会写字念书才是天生的本领。"①

马克思这段话的意思主要是说,庸俗的经济学家认为财富(使用价值)是人的属性,而价值(交换价值)是物的属性,犹如道勃雷认为人的漂亮是社会形成的,而会写字念书的功夫则是天生成的,这同样是颠倒事实的说法。很显然的,马克思认为:价值是社会关系形成的,是人的属性;而财富则是物本身所有的,是物的属性。和这同样,会写字念书的功夫是社会造成的,是社会属性;而人的美貌是天生的,是自然属性。事实不正是如此吗?美貌不是天生的,难道可以由社会地位和财产取得吗?假若如此,"贫贱江头自浣沙"的西施一定是丑的,而宰相女儿做皇后的贾南风②当是最美

---

① 《马克思恩格斯全集》第23卷,第100、101页。
② 晋惠帝后,是一个奇丑、擅权而淫暴的女人。

的了。虽然社会生活对于人的身体也有影响，对于人的容貌也有影响，但是事实证明是相反的，美貌根本是天生成的。人的容貌、体态的美根本是自然的美，当是无容置疑的。

我们在这里阐述马克思关于自然界事物及人的身体、容貌的美的言论，并不是认为马克思只承认自然界事物及人的身体、容貌的美，不是这样的。我们只是想说明，在当前美学界成问题的首先是，也主要是关于自然美。有些人号称马克思主义的美学家，根本否认自然美，否认自然界事物的美在于它本身，当然也要否认人的美貌是天生成的。这种美学理论，在我们看来，大约不外如马克思所说，是莎士比亚喜剧中的角色善良的道勃雷向巡丁西可尔的说教一样的笑料罢了。

二、关于艺术的美

从美学的根本问题来说，艺术的美也和客观事物的美一样，首先要问美是在于它本身呢，还是在于欣赏者的主观意识？任何艺术作品，无论是看的或听的，对于欣赏者来说，都是在它的意识之外的客观事物。那么艺术的美，对于欣赏者来说，也就是客观事物的美。因此我们认为艺术的美在于艺术品本身，不在于欣赏者的主观意识，不是由欣赏者的主观意识产生的，也不是由欣赏者的主观意识决定的。

因为美感究竟是主观意识的一种活动，一般地说，它总是客观事物的美的反映或反应。固然，美感也可能是虚伪的，即是由主观幻想所引起的，但从根本上看，没有客观事物的美就没有正当的美感，这是无可怀疑的。也就是说，美感是根源于美的，正当的美感以客观事物的美为前提的。反之，如果没有美感的反映或反应，是否就可以断言没有美呢？不是的，客观事物的美固然可以引起主观的美感的反映或反应，即使没有美感的反映或反应，也不影响客观事物的美。因此美是客观的，是不决定于美感的。

关于艺术的美和欣赏者的美感的关系，在马克思的著作中虽然没有正式论到过，而附带提到这点的言论，也是我们应该很好地考虑的。如他在《经济学—哲学手稿》中，在上面所引论矿物的美那段话之前，就有两句话说："如同音乐才唤醒人的音乐的感觉一样，如同最优美的音乐对于非音乐的耳朵没有意义、不是对象一样"；"非常操心的穷困的人对最美好的戏剧没有感觉"。①

我们知道，马克思在这些话的前后文里所论的是：人的感觉，因为私有制，特别是因此而生活穷困的人，为"粗陋的实践的欲望"所束缚，感性不能得到正当的发展，因而对某些应该感觉得到的东西也不能感觉。于是马克思这些话的主要意思就是说，对于因生活苦难的人，就是最美的艺术，也没有意义，引不起美感。然而我们对于马克思的这些话，究竟应该怎样来理解呢？是不是可以认为这就是说，既然对于非音乐的耳朵，就是最美的音乐也没有意义，不是对象，那么，这音乐也就无所谓美了呢？同样，对于非常操心的穷困的人，就是最美的戏剧也没有感觉，那么，这戏剧也就无所谓美了呢？是不是说，既然对于有些人就是最美的艺术也不引起美感，那么，这些艺术也就不能说有什么美了呢？

我们认为：根据马克思的话的本意是不能这样说的。因为马克思的话明明白白说的是，这音乐即使对于非音乐的耳朵不是对象，而它还是"最优美的音乐"。也就是说，这音乐的美，并不因为有人对它不发生美感就不美了。戏剧也是如此。这戏剧，即使对于非常

---

① 马克思：《经济学—哲学手稿》，第89页。

操心的穷困的人不引起感觉，但它还是"最美好的戏剧"。也就是说，这戏剧的美，也不因为有人对它不引起美感就不是美的。这从原则上来看，艺术的美就在于艺术品本身，即使人们不感觉它美，也不能因此就断言它是不美的，或它不是美的，也就是说，艺术品的美不美，不是由欣赏者的美感决定的。

然而关于艺术的美还有它的特别的问题，还得进一步来考虑。因为艺术究竟和一般客观事物不同，它是人有意创造的，是人的主观意识所产生的，也可以说是人的思想、感情、理想等的表现。因此，艺术的美，似乎应该说，是人的主观意识的所产，或者说，是以人的美感为根据的。然而这种说法，立论的根据既很片面，论点也必然不可能没有错误。

固然，艺术是人所创造的。但是单只这样说是不够的，还应该说，艺术是现实生活的反映，现实生活是艺术的源泉，而且是唯一的源泉。不仅是说的作品的题材、有关的人物、情节、场景等是来自现实生活，就是在作品中所体现的思想、感情、理想等，实际上也是来自现实生活的。因此现实生活是艺术的唯一源泉，此外不可能有第二个源泉。那么艺术的美不也正是来源于现实生活吗？

马克思关于艺术的评论，是非常正确而深刻的。虽然不是直接论述艺术的美这问题的，但是有的话对于我们理解艺术的美还是大有启发。现在我们就引他一段话来看吧。

> 现代英国的一派出色的小说家，以他们那明白晓畅和令人感动的描写，向世界揭示了政治的和社会的真理，比起政治家、政论家和道德家合起来所作的还多；他们描写了资产阶级的各个阶层：从那把各种"事务"轻蔑地看作某种庸俗事情的

"极可尊敬的"食利者和公债持有者,一直到小铺老板和诉讼代理人。①

这一段话,是马克思对于当时英国作家狄更斯等人的小说的评论,主要包括三点:第一点是"明白晓畅而令人感动的描写",这是一种适合于作品内容要求的、优美的艺术表现形式。第二点是"揭示了政治和社会的真理"。第三点是"描写了资产阶级的各个阶层"的人物。后两点都是关于作品所反映的现实的社会生活即关于艺术的客观内容的。第二点是"政治和社会的真理",当然包含着多方面的社会生活的情景和现象,而主要的是社会关系,特别是阶级和阶级斗争的关系。第三点是"资产阶级的各个阶层"的人物,则是具体地体现社会关系、阶级关系的"资产阶级的各个阶层"的人物形象,使政治和社会的真理呈现为具体的、生动的、辉煌灿烂的画面。马克思所说的这三点,不用说,正是对于这种优秀的艺术作品的正确而深刻的评论,我们认为正可以看作是对于这种作品的艺术的美的分析。

也许以为马克思在这里只说到这种小说的描写是"令人感动的",我们在上面也说这种描写是优美的表现形式。由此看来,这种小说的艺术的美主要就是它的表现形式,而和它的内容是无关的。无论所说的第二点也好,或第三点也好,从这些内容本身来看,既不能说是美的,而从马克思的话来看,也没有说到这些内容是美的。那么,所谓艺术的美,应该说并不在于它的内容,而在于它的形式了。然而我们认为关于艺术美的这种看法是片面的,不妥的。

艺术的表现形式,无论是用文字语言的表现也好,或色彩、声

---

① 《马克思恩格斯论艺术》第二卷,第402页。

音的表现也好，可以说有美与不美的问题。但这时所谓美与不美，只是关于表现技巧的说法，并不是对于整个作品的评价。关于艺术的表现形式或表现技巧是有美与不美的问题，应该说，在艺术史上重视艺术表现的技巧，追求艺术形式的美，已有长时期的历史了，也积累了相当多的经验，如语文方面的修辞学、绘画方面的色彩学等，就是关于艺术表现技巧的学科，也是关于艺术形式的美的科学。不看到艺术表现技巧的重要性，不承认艺术形式的美，显然是错误的。马克思在这里所说的那些小说家的"明白晓畅而令人感动的描写"，可以说，主要是肯定它的艺术表现形式的美。

我们在这里还想附带说到，不仅艺术的形式有美与不美的问题，客观事物的现象也有美与不美的问题。我们在上面曾引马克思关于金银的美的话说，金银的审美性质即美的属性就是它们的天然光芒色彩。因为它们的天然光芒色彩是美的，因而金银是美的。光芒色彩是不是事物的现象呢？按一般的说法是应该肯定的。然而关于光芒色彩这种事物的现象也有美，恐怕是许多人不敢承认的。承认艺术形式的美，而且还承认事物现象的美，这不是形式主义的美学思想吗？这不是康德、席勒等的唯心主义在美学上的表现吗？这不是反马克思主义的吗？不是的。我们以为根据马克思的话是可以这样承认的，应该这样承认，这样承认正是符合马克思的美学思想的。

当然客观现实事物不只是有现象的美，艺术品也不只是有形式的美，这是很显然的。而且我们在这里所要论述的艺术的美，主要不是指它的表现形式的美，而是整个艺术作品的美，即它的内容和形式的统一的美。在这个统一中，艺术的内容是根本的、主要的，而艺术的形式则是从属的，第二义的。因为艺术表现形式的根本要求，就在于恰好表现艺术的内容，若以小说戏剧等文学作品或大型构图的美术作品来说，只有具体、准确、鲜明、生动而有力地描写那种体现历史实质、社会关系和阶级斗争的生活情景与人物形象，形成艺术的美，才有一定的吸引人、感动人、启发人的魅力。

以上，我们根据所引马克思的有关言论，从艺术的欣赏方面，又从艺术的创作方面，考察了艺术的美。认为艺术的美在于艺术品本身，不是欣赏者的主观意识所产生的，或欣赏者的主观美感所决定的；而且艺术的美根本在于艺术的客观内容，也是根源于现实生活，根源于客观世界的。不能简单地认为是作者的主观意识的所产，或是作者的思想、感情、理想的表现。因此艺术的美或美的艺术，虽然它要受作者的主观性、阶级性及其时代性的制约，但是它不随作者的死亡而死亡，不随作者的阶级的消灭而必然消灭，也不随它所产生的历史时代的奔逝而必然一同奔逝。所谓"人生是短暂的，艺术是永远的"，古往今来，曾使不少诗人惊叹过。只是关于艺术的美或美的艺术的这种特性，它作为社会意识形态的这个特点，也是从来的艺术理论家和美学家费了许多思索的。可是至今还是一个重要问题，一直没有得到妥善的解答。我们认为从马克思的有关言论中是能够得到一些启发的。

马克思是非常喜欢希腊艺术的，在他的著作中，许多地方谈到了希腊艺术。虽然主要是从历史的角度去谈的，但也在有些地方明显地表现了他的美学思想，表现了他的艺术美的观点。现在我们就引用他在《〈政治经济学批判〉导言》中的一段话来看吧。这段话的前文本来也是在论历史发展的，是在论历史上的物质生产的发展同艺术生产的不平衡关系时，论到希腊艺术的某种样式，如史诗，创造出了在世界史上划时代的古典形式；接着又论到了希腊艺术与希腊神话的关系，然后又论到希腊艺术的特殊意义。他说：

> 困难不在于理解希腊艺术和史诗同一定社会发展形式结合

在一起。困难的是，它们何以仍然能够给我们以艺术享受，而且就某方面说还是一种规范和高不可及的范本。

　　……为什么历史上的人类童年时代，在它发展得最完美的地方，不该作为永不复返的阶段而显示出不朽的魅力呢？有粗野的儿童，有早熟的儿童。古代民族中有许多是属于这一类的。希腊人是正常的儿童。他们的艺术对我们所产生的魅力，同它在其中生长的那个不发达的社会阶段并不矛盾。它倒是这个社会阶段的结果，并且是同它在其中产生而且只能在其中产生的那些未成熟的社会条件永远不能复返这一点分不开的。①

　　在这一段话里，包含着许多历史的、哲学的、美学的真理，我们对它不是都能理解，也不能理解得都对，因而许多别的问题我们也不能谈。在这里只想从艺术的美这个问题谈几点粗浅的想法。

　　首先且说点文字上的问题。因为在马克思的话里，从字面上看没有说到艺术的美，但是其中所说的"艺术享受"和"艺术对我们所产生的魅力"等，不能不认为是和艺术的美有关系的，不能不说是间接地谈到了艺术的美。而按一般的说法，所谓"艺术享受"，即可以理解为艺术美所给予我们的美感享受；所谓"艺术对我们所产生的魅力"，可以理解为艺术美对我们所产生的魅力。因此马克思这里的话，我们认为是肯定希腊艺术的美的。

　　而且马克思还说到希腊艺术，"就某方面说还是一种规范和高不可及的范本"。我们认为，这就是说，希腊艺术不仅是美的，而且在某些方面在相同样式的艺术中是最美的。例如史诗，是别的民族也曾有的，却没有如希腊史诗那样的美。所以它能够给予两三千年后

---

　　① 《马克思恩格斯全集》第十二卷，第762页。

不是希腊民族的我们以美感享受。这表明如希腊艺术那么的美，既可以突破时代的界限，也可以突破民族的界限，具有更广泛的、更久远的美的吸引力。

至于希腊艺术为什么具有这么高级的美呢？这也正是从希腊人的现实生活来的。马克思说，当时希腊人在其中生长的社会阶段，是历史上的人类童年时代。然而作为儿童来说，"希腊人是正常的儿童"，而且是"在它发展得最完美的地方"。发展得最完美，发育得很正常，这既是就它们的实际生活来说的，也是从他们的身体来说的，更是从他们的精神来说的。试看自《雅典女神》以至《掷铁饼者》那些人物的容貌、体态的美；《伊利亚特》的英雄们的机智、勇敢、为国家、为友谊而奋不顾身的精神美，正很好地反映了他们的现实生活的美。诚然，他们还只是人类的儿童，但是"在它发展得最完美的地方"，发育得很"正常的儿童"的天真，充分表现在他们的神话上，也充分表现在他们的艺术上，形成那么无与伦比的艺术美，能为数千年后全世界的人们所欣赏而感到它的魅力。

要之，根据马克思关于艺术的言论，艺术的美既不是决定于欣赏者的主观意识，也不是根源于作者的主观意识，而是根源于现实生活。正因为艺术的美是客观的，因而美的艺术总有一定的普遍性和永久性，更美的艺术有更大的普遍性和永久性。

三、关于美的规律

以上我们只是说明了美是客观的，客观事物的美不决定于欣赏者的主观美感，艺术的美也不根源于作者的主观思想，但是最重要的问题是：美究竟是什么？

也许以为我们在上面曾说，客观事物有美的属性，或者说，美在于客观事物的属性,这是不是认为美是事物的属性呢?固然,事物可能有美的属性,或者说,事物的属性可能是美的,如金银的天然光芒色彩就是金银的美的属性;而金银因为有这种天然光芒色彩,金银就是美的自然矿物。但是承认客观事物有美的属性,和主张美是事物的属性,两者的意思显然不是一样的。

过去我曾说过,美就是物的属性,是指事物的典型性。但是这一说法,当时在理论上既没有讲清楚,而对一般人又容易引起误解。因而我曾说明,所谓美是物的属性是不妥当的。在一般人看来,所谓物的属性,大约不外是自然属性或社会属性,除此之外,还能有什么特殊的美的属性吗?又因为我主张自然事物也有美,自然事物的美也在于自然事物本身,于是就有人认为我主张美就是自然属性,是所谓物理的、化学的或生物的属性云云。其实这是不符合我的说法,也不符合我的意思的,如果不是一种曲解,也是一种误解。

关于美是什么这个问题,是不是从马克思的言论中能够得到科学的解答呢?

我认为只要认真学习,深入钻研,仔细探索,有可能得到一种适当的理解吧。马克思有一段关于美的重要的言论,意见精辟而内容丰富,是值得我们深思的。这就是在《经济学—哲学手稿》第一个手稿《疏远化了的劳动》部分里,在论人类与动物的区别时,有一段话说:

> 动物只依照它所属的物种的尺度和需要来造形,但人类能够依照任何物种的尺度来生产并且能够到处适用内在的尺度到对象上去;所以人类也依照美的规律来造形。①

---

① 《经济学—哲学手稿》,第59页。

在这段话里最重要的是马克思提出了"美的规律"这个论点。美的规律曾译为美的法则，两者的意思是一样的。

首先，所谓美的规律应该怎样的理解呢？一般所说的事物的规律不外是指属于该事物的规律。这所谓的事物是实际的、具体的事物。而所谓规律则是该事物的现象间或属性条件间的本质的必然的关系。如经济的规律是属于经济现象的，或植物生长的规律是属于植物生长现象的。但是我们这里所说的美的规律却有不同。美不是具体的、实际的。固然客观上有美的事物，而美的规律和美的事物的关系，应该说，美的规律是规定这事物之所以美的。

原来美的规律之所以说是美的规律，首先就有这样的意义：任何事物，无论是自然界事物或社会事物，也无论是人所创造的艺术品，凡是符合美的规律的东西就是美的事物。反之，如果是不符合于美的规律的东西，就不是美的事物。或者换过来说，凡是美的事物就是符合美的规律的，而不美的事物就是不符合于美的规律的。那也就是说，事物的美不美，都决定于它是否符合于美的规律。那么美的规律就是美的事物的本质，或者说是美的事物所以美的本质。这是美的规律这个论点的应有的基本意义之一，这是我们应该理解的第一点。

其次，既然美的规律就是事物所以美的本质，即可以说，事物的美就是由于它具有这样规律。而事物的不美就是由于它不具有这种规律。从这样的论断来看，所谓美就是这样一种规律。那么，美是什么呢？美不就是这样一种规律还能说是别的什么吗？简单地说，美就是一种规律，是事物所以美的规律。这是美的规律这个论点应有的又一点基本意义，是我们必须理解的第二点。

最后，既然美是一种规律，而规律都是客观的，那么，美是客观的，就得到了进一步的论证了。自然界事物的美是客观的，社会事物的美是客观的，就是人所创造的艺术的美也是客观的，这是无可怀疑的了。从这一点说，马克思的美的规律这个论点，既可以堵塞了通向主观的美论这种唯心主义的漏洞，同时也杜绝了导致美是自然属性或社会属性这种机械论的途径。因此美的规律这个论点，在唯物主义美论的发展史上是由狄德罗的美的关系论更进一步的崭新的论点，是美学史上划时代的一个标志。这是美的规律这个论点的另一点重要意义，也是我们必须理解的。

然而苏联美学家大部分都是忽视美的规律这个论点的。如我们在前文所举的几个有代表性的美学家的重要文章中，只有万斯洛夫的《客观上存在着美吗？》一文中引了这段话。但也只是在引文之前有句话说："人们不是按照自己主观的专断，而是根据客观规律性来创造物质价值和艺术作品的。"①而在引文之后就没有再说一个字了。由此可见，虽比之涅多希文或斯特洛维奇的完全不理会这点差胜一着，但对它的态度也还是很冷漠的，实际上也是既不理解也不重视的。

但美的规律的具体内容究竟如何？它所指的究竟是美的事物的什么呢？这都是还要进一步理解的问题。如果不能正确理解它的具体内容，不知道它所指的是美的事物的什么，也就不能认识它的实际意义，于是它的重要性也自然是要落空的。

我们知道，所谓规律是事物间、事物现象间或事物的属性条件间的本质的必然的关系。而美的规律究竟应该如何具体地理解呢？我以为仔细地体会马克思的那段话的意义是可以得到启发的。马克思的原话说："人类能够依照任何物种的尺度来生产并且能够到处适用内在的尺度到对象上去；所以人类也依照美的规律来造形。"从整个原话的语气和语意来看，"美的规律"显然是和"物种的尺度"与

---

① 学习译丛编辑部：《美学与文艺问题论文集》，学习杂志社1957年版，第3页。

"内在的尺度"有关系的。

所谓"尺度",就它的原意说,本来是测定事物的标准;而在这里,若用普通的话来说,相当于"标志""特征"或"本质"。所谓"物种的尺度"则是该种事物的"普遍性"或"本质特征",而所谓"内在的尺度"也就是内部的"标志"或内在的"本质特征"。"物种的尺度"和"内在的尺度"无论从语义上看或从实际上看,并不是说的完全不同的两回事。物种的特征既有外表的也有内在的。而所以说到"内在的",不过是因为事物的内在的特征,比之外表的特征更难于掌握些。虽然如此,即使物种的内在的特征,内在的本质,人类也是能够掌握,并且能够到处适用于对象上去。

那么,按马克思的整个话来说,人类和动物不同,因为人类既然能够掌握任何物种的本质特征,即使物种的内在的本质特征也能够掌握,并且能够到处适用它到他所创造的劳动对象上去,"所以人类也依照美的规律来造形"。我们从语法结构上来看,由上文的适用物种的内在的尺度到对象上去和下面的"依照美的规律来造形"之间,用"所以"联结起来,可见两者是一脉相承的。也就是说,"美的规律"和"物种的尺度"乃至它的"内在的尺度"之间,是有逻辑关系,这是很显然的。

我们认为对马克思的话这样的理解,不仅是符合原话的意思,而且也有事实可以验证的。例如自然界生物的美,就和生物的本质特征的生机旺盛、活力充沛是有关系的。无产阶级战士的美,也和无产阶级战士的本质特征的大公无私、大勇无畏是有关系的。关于这些,应该说是比较好理解的。试看美的植物和美的动物,都可以明显地看到这一点。特别是回想到我们人民解放军的英雄人物雷锋、王杰、欧阳海等优美品质,更能够很好领会这一点的。因此事物的美显然和事物的物种本质特征、物种的普遍性是有关系的。这是所谓美的规律的一个方面。

然而事物的物种的本质,特别是它的内在的本质,怎么能够和事物的美有关系呢?因为事物的物种的内在的本质,如果不是直接表现在外表现象上,不是见之于形象上的东西,决不可能是美的,美决不可能是藏在事物内部的隐蔽的或抽象的东西。任何看不见、听不着、不成形象的东西,都不可能是美的。因此美的规律,除了物种的本质这一方面之外,必然要求另一方面,就是事物的外表的现象或形象,是物种的本质借以表现在外面的条件。如果没有这一方面,单是物种的本质,而又是隐蔽在事物内部的或抽象的东西,哪能是美的东西或和美有关的东西呢?如植物的生机旺盛、活力充沛,必然要表现为它的枝干坚强、绿叶葱茂、花色鲜艳等;而动物的本质也要表现它的羽毛光泽、色泽斑斓或体貌雄壮、筋力强健等。只有这样才可能是美的植物或美的动物。至于无产阶级的战士的本质也都要表现在他平生的言论和行为上,为了人民的幸福而自己甘受苦难,为了人民的安全而自己不惜牺牲,最后竟至于付出了自己的生命。因而这样的无产阶级战士是非常之美的。要之,事物的美显然和事物的现象、事物的形象是有关系的。这又是美的规律的一个方面。

以上我们根据马克思的话,认为美的规律和事物的物种的本质、普遍性有关系,这应该是不成问题的。又因为美决不可能是抽象的,美的事物的物种的本质不能不表现在事物的现象或形象上,这也是有事实根据的。但是按现在所说的情况来看,所谓事物的物种的本质要表现在它的现象上才可能是美的,这从一方面看是对的;但是从另一方面看,这仍然是一般事物都具有的普遍情况。因为事物的本质都要表现在现象上,而事物的现象都要表现它的本质。虽然不如此不能是美的,而仅仅如此却又未必是美的。因此虽说美的规律要有这两方面的因素,要有这两方面关系;但是单只有这两方面的因素，这两方面关系，仍然不能完全说明美的规律。也就是说，所谓美的规律，还要进一步说明这两方面的关系的具体情况，这两方面的因素的实际结合的特点。

自然，美的事物并不同于一般事物。既然一般事物的本质都表现在它的现象上，而一般事物的现象也表现着它的本质，那么，美的事物要求事物的本质和现象的关系，当然有它的特点。只是美的规律要求事物的本质和现象的关系，两者联系或结合的特点，又当是怎样的呢？无论从事实上或理论上来说，只有一个正确的解答，这就是以非常突出的现象充分地表现事物的本质，或者说，以非常鲜明、生动的形象有力地表现事物的普遍性。因为如上所说，事物的本质或普遍性，总是要表现在它的现象上，不表现也是不可能的。而表现得不充分、不突出都不可能是美的。如生物的现象不能充分表现出它的茁壮蓬勃的生意，无产阶级战士的言行不能突出地表现他的无私无畏的英勇精神，不能说是美的。相反的，那种以丰茂的枝叶、鲜艳的花朵充分地表现它的欣欣生意的植物是美的；那种以一不怕苦、二不怕死的英勇行为突出地表现他的一心为革命、一切为人民的无产阶级战士的本质，就是很美的。

然而，以非常突出的现象充分在表现事物的本质，以非常鲜明、生动的形象有力地表现事物的普遍性，这不就是我们在艺术理论中所说的典型的法则吗？是的，我认为美的规律就是典型的规律，美的法则就是典型的法则。我们关于美的规律的理解，是根据马克思的话的意思合乎逻辑地得出来的，再举了客观事物的例子来看也是合乎实际的。马克思所谓客观事物的美的例子，如金银的天然光芒的色彩之所以美，也可以说明这一点。

金银是自然界的事物，由于自然界事物的特性，它的美的表现形态是很不一样的。自然物的金银，我们从它们整个来说，金银是美的。但是金银的美不在于它的其他属性条件，而在于它的天然光芒的色彩。金银的天然光芒色彩则是一种现象，于是所谓金银的美实际上只是金银的天然光芒色彩的美，实际上就是金银的单纯现象的美。这是我们首先要说明的一点。

也许以为我们在上面既然说，美的规律就是事物以非常突出的现象充分表现了事物的本质，而现在却又说金银的美在于它的天然光芒的色彩，是金银的现象的美。这不等于说明金银的美就和金银的物种的本质并无关系吗？这不完全否定了美的规律的说法，连同也否定了美的规律即典型的规律的说法了吗？

既然在这里出现了问题，我们就花点时间且来谈谈这个问题吧。首先就要说明，我们在上文所谓"金银的美"，按马克思的原话是说"金银的美学性质"，这换作普通的话说，就是"金银的美的属性"。这种属性是指什么呢？就是指金银的天然光芒色彩。我们在上文也曾说，所谓金银的美就是它们的天然光芒色彩的美。而按常识的说法，光芒色彩是事物的现象，所以又说金银的天然光芒色彩的美是现象的美。那么，这种现象的美又有什么物种的本质呢？现在我们就来谈谈事物和现象与本质的关系问题吧。

我以为所谓事物、现象、本质等概念，在一般情况下，都有一定的内容，即有一定的意义，不能随意改变。这是应该的。但是在特殊情况下，所指的对象不同，即内容不同，意义也就随之而改变了。这是允许的，也是必要的。因此一般地说，这种概念的内容，即是一定的，也是相对的。如果在任何情况下都只能是一样的内容，一样的意义，这样的概念就可能流为僵化的，理论就难免陷于形而上学的。如说金银是自然界事物，金银的光芒色彩是它们的现象，这是一般常识的说法，是没有问题的。但是自然界的光芒色彩，如月光霞彩，是不是可以说也是自然界的事物呢？我想是可以的，在常识中也是不成问题的。那么，金银的光芒色彩也应该同样可说是自然界的事物。因而金银的光芒色彩也有它作为光芒色彩这种自然界事物的本质和现象，于是也就不能否定它的本质和现象可以有特定的关系，同样不能否定它作为光芒色彩这种自然物的美的规律、典型的规律了。

到这里，我们再回头来看前面留下的主要问题，即金银的天然光芒色彩为什么是美的这个问题。关于这个问题，我们还是根据马克思所说的金银光芒色彩的特点来考虑吧。马克思说："银反射出一切光线的自然的混合，金则专门反射出最强的色彩红色"。这两句话究竟说明金银的光芒色彩的特点又是怎样的呢？

首先我们且看"银反射出一切光线的自然的混合"这句话吧。我们地球上所有的光线色彩，都是太阳光的颜色，从来认为主要是赤橙黄绿青蓝紫七色，细分起来也可以说是无数的。从太阳发出照到地面上来时，都是一切光线的自然的混合的白色；在没有阻隔它的物体时，看来是透明无色的；经地面物体反射出来，成为各种各样的颜色。银反射出一切光线的自然的混合，本来是照射到地面的光线的基本形态，也有银反射出来的特点，形成柔和、微茫而淡淡的辉耀的银白色，是合乎美的规律的，因而它的光芒色彩是美的。和银子的光芒色彩根本上相同的，就是月光。或者可以说，明月的银白色，比银子的光辉更光辉些，比银子的美更美些，所以明月的美，是千古诗人热情歌颂至今不绝的对象，又使我们得到无数优美的诗歌。

所谓"金则专门反射出最强的色彩红色"又应该怎样理解呢？本来太阳照射到大地上的日光，是给大地以光明和温暖，因而也给万物以生命的。而最强的红色光线，在光线色彩中是更为光明、更为温暖，更有代表性的。金子在自然混合的光线色彩中专门反射出红色这种最强的色彩，也就是以足赤的金色更好地表现出照射到地面的日光的光明和温暖的特征,是合乎美的规律的,也就是美的。我们由金子的美容易想到红花的美、红霞的美,这些自然事物的美也和金子的美一样是合乎美的规律的,而且这些自然事物的美也是千古诗人所不断歌颂,而为我们留下了无数优美的诗歌。

写到这里,我的心情不禁沸腾起来了。这些自然界的事物是多么美丽啊!我真愿意向那些否认自然美的人们诚恳地呼吁:请求你们睁开眼睛看看这些自然界事物的美吧!即使你不相信我的理论,你总该相信你是美学家,那你也该看看这些自然界事物的美究竟是怎么回事吧。或者即使你不愿意听从我的呼吁,你却愿意做个马克思主义的美学家吧,那你也该思考思考马克思的这些话,不该仍然置之不理吧。

美是典型的说法,就我自己来说,是在《新艺术论》里首先提出来的。《新艺术论》是想试用马克思主义观点来论艺术,其中主要之点是学习恩格斯关于现实主义理论的一点体会,认为艺术创作的中心任务在于塑造典型;而艺术的塑造典型就是揭示形象的真,也就是创造艺术的美。恩格斯的现实主义定义说:"现实主义的意思是,除细节的真实外,还要真实地再现典型环境中的典型人物。"这样的作品,既有了艺术的真,也就有了艺术的美。经过简单的分析、比较和论证,于是断言:艺术的典型形象是美的,艺术的美就在于艺术的典型。由此再进而在《新美学》里就更多方面地论述了美是典型的论点,总的提出"美是典型种类中的典型个别",简单地说"美即典型"。

我在《新艺术论》中的说明虽然基本上是符合于艺术的普遍情况的,但是现实事物的美、现实事物的典型则是远为复杂的。我在《新美学》中的所论既不周到,且有错误,因此在新中国成立以后不久,我就和出版社商量,不用把《新美学》再印行了。可是自后所受到的批评却主要是针对着客观的美论和典型论的,也就是完全否定它的根本论点了。现在我又根据马克思的关于美的言论,再次提出客观的美论和典型论,自然不得不回顾那些否定的论据,并在这里辨明一两点:

曾经有人批评说,美是典型的理论是从黑格尔的美学中抄来的,是唯心主义的。然而我说,黑格尔的美论不是典型论,而是观念论;即使是谈文学创作,黑格尔也是强调描写个性,根本没有主张典型,这是有书为证的。车尔尼雪夫斯基所批评的美论,也不是典型论,而是观念论。在《生活与美学》中有两三处说到"典型",倒是认为在同一种家畜或人物中有不同的"典型"就应该有不同的美。①这所谓的"典型"就和我们现在所说的意思不是一样的。西文如英文的Type或Typical一词,原来的意思就是"型",也即"类型"。《生活与美学》中的"典型"的意思就是如此,这也是有书为证的。虽然黑格尔的美论,如果得到唯物主义改造,将它颠倒了的世界关系再颠倒过来,使它立脚在现实事物的基石上,是可以得出典型的理论来的。

我们现在的所谓典型,既要是代表类型的,又要是特定的个性,这样的意思,主要是根据恩格斯的有关言论。如恩格斯在给敏娜·考茨基的信中有句话说:"每个人都是典型,但同时又是一定的单个人,正如老黑格尔所说的,是一个'这个',而且应当是如此。"这里所说的"典型",单看本词,还是原来的意思;然而就全句来看,就明显地提出了典型要和个性结合,要有个性因素。本来现实事物中决没有什么抽象的类型,所谓典型的事物,既是代表类

---

① 参看[俄]车尔尼雪夫斯基:《生活与美学》,周扬译,人民文学出版社1957年版,第4—5页。

型的，就一定是有个性的。恩格斯所谓"典型环境中的典型人物"，这"典型人物"显然就不能是类型人物了。也正是根据恩格斯的这个论点，使我们今天的关于艺术典型的理论发展到一个崭新的阶段。

一般理论的用语或概念，都有它的历史发展的过程，典型这个概念也是如此。在文艺思想中，早在欧洲古典主义时期，就曾提出要描写某种"Typical"人物，如所谓风流浪子、守财奴、老实的或荒唐的等类人物。只是这时的所谓"Type"，重点是放在同种类人物的普遍性上，即要求有代表性的人物。无论在理论上或作品中的表现，实际上往往是一般人早就说过的"类型"，到十八世纪的启蒙运动时期，基本上还是这样的。而自十八世纪末到十九世纪初浪漫主义流行时期，无论在美学上、文艺理论上和文艺创作上，都是强调个性而否定类型；到十九世纪中期，在英国和法国又出现了新的文艺思潮现实主义，恩格斯则是联系现实主义提出了新的典型理论的。这不仅是现实主义创作经验的总结，也是历史上长时期文艺创作经验的总结。如果有人把现在的典型的理论，看作还是十七八世纪的那样只是说的类型，或者把它看作是和黑格尔的美论并无区别，显然是错误的。

至于有人提出所谓"典型的跳蚤""典型的地主分子"作为否定的论据，我在《吕荧对"新美学"美是典型之说是怎样批评的？》一文里，已作适当的答复，这里只想根据马克思的有关言论补充一点，马克思在论到"美的规律"之前，还论到人类不同于动物的特点有两句话说："他（按：指人类）并不仅仅和一个被规定性直接合流在一起。有意识的生活活动直接把人类和动物的生活活动区别着。"①这就是说，动物只是按照它的种类的"被规定性"，也就是

---

① 《经济学—哲学手稿》，第58页。

只能按照它的自然而必然的种类特性所规定的那样生活着。它的每一种类的个体都是一个模子塑造成的。也就是说，它们虽有个体，却无个性，更无所谓以突出的个性充分表现出种类的共性的典型。正如同一种类的玫瑰，大致每朵都是同样的，而同一种类的鸽子，也大致每个都是同样的。因此若说跳蚤的典型美不美，先且要问跳蚤的典型有没有？自然，关于美和典型的理论问题，还有不少需要大家共同努力研究的。

四、批判关于美的规律的谬论

美的规律论是马克思的美学思想的根本论点，苏联美学家大多数对它忽视，不予论述；也有人偶尔论及，也是歪曲得不像样子。前一种情况，我们在上面已经说到了，而后一种情况，就在下面举一两个例子来说明。

如捷林斯基在《论美》一文中，在谈到马克思的关于美的规律那段话时说："人善于对对象使用对象本身所固有的尺度，这句话怎样讲呢？如果不是朝向一定目的的组合这个逻辑观念的话，那么还有什么尺度是对象本身固有的呢？'人也是按照美的规律造成东西的'，这句话怎么讲呢？这美的规律是什么呢？显然，美的规律恰恰就是左右物质运动的那些规律，而物质则是由具有内在目的的东西组成的（或者如马克思所说有内在尺度）。"并且举例说，米开朗琪罗的用一块大理石雕刻大卫的像，就是根据大理石这一自然物本身所具有的朝向"一定目的的组合这个逻辑观念"而行动的，云云。

首先要指出，捷林斯基所引述的话，并不是马克思的原话，如所谓人"对对象使用对象本身所固有的尺度"就不是马克思的话，而且是不好理解的。马克思的话是说："人类能依照任何物种的尺度来生产，并且能够到处适用内在的尺度到对象上去。"两相比较一看，马克思的原话里很重要的"物种的尺度"一词没有了，却说成是"对象本身所固有的尺度"这样一个广泛的概念。不仅如此，而且把这个"对象本身所固有的尺度"又说成是"朝向一定目的的组合这个逻辑观念"，这究竟要把马克思的话歪曲篡改成什么样子呢？！关于美的规律，他说："恰恰就是左右物质运动的那些规律，而物质则是具有内在目的的东西组成的。"那么，前后两句话联系起来就是说：美的规律就是左右物质朝向一定目的的组合而运动的规律。

我们单就捷林斯基的关于美的规律的说法来看，不管他根据什么最新物理学的高妙理论，作为美学思想，他的观点是目的论。而目的论的观点，如恩格斯所说：是主张"整个自然界被创造出来是为了证明造物主的智慧"[①]。这就是说：目的论的观点，是赤裸裸的维护神权的唯心主义。而且所谓美的规律就是物质运动的规律，那么研究美的规律的美学就要和研究物质运动的物理学联成一家了。即以他所举的米开朗琪罗的用大理石雕刻大卫的像这个例子来说，所谓根据大理石这自然物本身所具有的朝向"一定目的的组合这个逻辑观念"而行动，却不是主要根据他自己所理解、所想象的大卫的形象而行动，那雕刻出来的会是什么样的东西呢？大约不外是大理石的什么"目的"或"逻辑观念"之类的图形吧，决不可能是大卫的像。因此这样的所谓美学理论，只能说是美的否定、美学的否定、艺术的否定而已。

然而却有一种反对捷林斯基所论的论调，它的荒谬程度并不下于捷林斯基，或者更有甚于捷林斯基的。俗话说，天下怪事，无独有偶，苏联美学家关于美的规律的理论，就是很好的证明。鲍列夫

[①]《马克思恩格斯选集》，第三卷，第449页。

在《美学的方法和体系》一文中，在引了捷林斯基上述谬论之后，不是驳斥他的根本观点的错误，而是顺着他的错误观点的方面更滑开去一大步。他说："离开社会，离开社会生产，大理石的任何一种朝向一定目的的进化，既不可能产生目的，也不可能产生尺度（借助这些目的和尺度，石头在艺术家手中可以变成雕像）。任何美的尺度本身，任何一种向对象提出的尺度都不是纯粹自然的尺度而是社会的尺度。这种尺度是由于石头的自然素质同人的社会要求而产生的，是揭示（在人掌握世界的过程中）对象这样或那样为人类服务的内部可能性的结果"。

由上所引鲍列夫的话，可以明白看出：他在引了捷林斯基的话之后，并不批判他的物质是"具有内在目的的东西"这种目的论，而是承袭了他的这种目的论；也不是批判他的美学的物理学化，而是在他的物理学化之后，加以补充调制，使它成为带有社会学味的杂烩。鲍列夫所谓"离开社会，离开社会生产，大理石的任何一种朝向一定目的的进化，既不可能产生目的，也不可能产生尺度"。这是不是说，大理石若是待在社会里，它的各种"朝向一定目的的进化"，就可能产生目的，也可能产生尺度呢？这哪里是什么美学理论！大约是什么神灵下降到乩坛的一种神谕吧！特别是所谓任何物质的"美的尺度本身"都是"社会的尺度"，大理石的"这种尺度是由于石头的自然素质同人的社会要求的相互关系而产生的"。在这里不是非常大胆地、公然完全地歪曲篡改马克思关于"物种的尺度"的概念吗？不仅如捷林斯基那样把尺度的意义歪曲篡改以适应他的目的论，而且还别出心裁把自然物种也"人化"了。据说大理石也把人的社会要求作为它的"美的尺度"。而且说："借助这些目的和尺度，石头在艺术家手中可以变成雕像。"这是多么神异的奇迹呀！然而同时也应该说：这是多么极端荒谬的昏话呀！

苏联美学家对于马克思的美的规律论点如此恶毒地歪曲篡改，还没有直接影响到我国美学界来。但是对它的漠视以至于抹煞的情况，在我国则是普遍的。而且在有人提到美的法则时就得受到歪曲和嘲弄。譬如有人批评我，说我认为自然对象的"均衡、对称"是美的法则，又说我"常常是把物体的某些属性如体积、形态、生长等等，从各种具体的物体中抽象出来，僵化起来，说这是美的法则"。并斥责这种说法是"相当荒唐的"云云。他究竟根据什么这样说呢？根据只有一点，就是我在文章里谈到过美的法则。而谈到美的法则，也许就够招来他的批评吧。

关于美的法则，我原来实在只是简单地谈到，只是间接地联系典型的理论来谈的。这次却可以说是大谈特谈，又是直接联系典型的理论来谈的，并且明白断言美的法则就是典型的法则，或者说，美的规律就是典型的规律。也就是坚持自己过去被批评的论点，也相信还会遭到许多批评吧。一切实事求是的批评，我愿意诚恳地接受，并且感谢。但是对于那种自称为马克思主义美学，而实际上肆意歪曲马克思的有关言论，对于马克思主义理论原则一窍不通，不管是什么劳动生产观点的美论也好，或是什么"人化的自然"的美论也好，乃至如捷林斯基那样或鲍列夫那样的歪曲美的规律的各种说法也好，在我看来都是借马克思主义的名字以宣传资产阶级唯心主义的美学观点，都是应该继续批评、彻底扫除干净的。

此文是发表在《美学论丛》第1辑（中国社会科学出版社1979年版）的《马克思究竟怎样论美？》的下篇《论美的规律》。

美学方法论

我们所谓马克思的基本观点,决不是如有些人所说的"实践精神"或"实践观点",也不是如有些人所说的"自然的人化"或"人的对象化"。这些说法,我们在上面也已揭露表明,那是对马克思言论的篡改歪曲,是一种不正当的作法。我们认为马克思的基本观点就是唯物主义观点,也就是由物质到思维或由自然界到精神的观点,而不是任何花样翻新的说法。

当前人们在论述学科的研究方法时,往往要和研究对象并提,似乎不确定对象无从谈论研究方法。但我以为如美学这样的学科要确定对象,还要先有正确的观点。试看从来美学研究对象的众说纷纭,大致都是由于论者的思想方法各不相同。只是这并不表明确定美学研究对象果然是那么困难,倒是相反的,实际上往往是由于人们觉得它很容易。不少的人,虽然对于美学还没有作过认真的考虑,但对于这个问题却满以为自己早已有了确定的看法。柏拉图的《大希庇阿斯篇》里的希庇阿斯,就是这样一个代表人物。希庇阿斯这样的人物,古代希腊已有,现在我们这里也有。譬如说,他们认为"美总是离不开人的",或"在人类社会之前决不会有什么美"。这种想法和说法,实在表示他们已有了一种关于美的观点和方法,这种观点和方法就是认为美在于人的认识,人认为它美它才是美的，没有人认为它美它也就无所谓美了。但是这样一种观点是美学史上早就有了的唯心主义观点，如果这种看法是正确的话，美学方法就应该早已不成问题了。而现在我们还要谈美学方法的问题，可见这种看法未必是对的。

然而现在有些人却又认为美在于人的创造，这同样是认为美是人的主观形成的，也就是当前在国际上和在国内也流行的那种所谓实践观点是同样的。对于这种看法，我们在上面已说过，这里不再说它也就够了吧。

那么我们应该怎样来考察美学方法问题呢？如上所说，我们认为首先要有唯物主义观点。因为美学总是对于美的认识问题，无论怎样都要有哲学基础。而正确的美学思想就要有唯物主义观点。只有在唯物主义观点下，美学方法才可能是正确的，美学思想才可能是正确的或基本上是正确的。反之，在唯心主义的观点下，美学方法根本是错误的，美学思想也难免是错误的。即使如黑格尔那样的大哲学家，某些具体论述虽然也有很正确的，而根本论点却是错误的。或如康德那样的大哲学家，有的个别论点也有正确性，而主要论点则是根本错误的。

但是有人否认美学和哲学的关系，也就是要否认美学有什么唯心主义和唯物主义的区别；他们只承认美学和心理学的关系，主张只要从心理学去研究美学。其实从心理学去研究美学的主张，也早已有一百多年的历史了，决不是什么新鲜的货色。在百多年前，昉徐纳就提倡心理学的美学，反对哲学的美学，继之而起者还有朗格和里蒲士等，形成现代美学史上一大派；但是这百多年来他们在美学史上的成就又如何呢？他们的美学终于不能不陷在唯心主义的泥坑里面。世界观的为唯心主义或唯物主义，是制约人们的言论、行动和思想的铁门坎，可能靠修养转变它，却不能盲目地无视它。正因为哲学观点对于美学方法的关系是如此密切,即使要否认它也否认不了。因而要掌握正确的美学方法,就要有正确的哲学观点,要对唯物主义的反映论和客观真理论有认真的学习和深入的理解。

关于美学方法,我们在肯定唯物主义观点的基础上,还要具体地结合着历史经验和现实情况,进一步考察三个主要问题。哪三个主要问题呢?一是美学的途径,二是美学的领域,三是美学的性格。我们想由对于这三个问题的解说,可以表明美学作为一门独立学科的特征和意义。下面就按这三者来分别说明吧。

第一节　美学的途径

所谓美学的途径,就是怎样去认识美的事物的所以美,怎样去掌握美的本质的问题。

世间有美的事物,不论这美的事物是属于自然界,是属于社会现实,还是属于人所创造的艺术,它既是美的事物,就有它的所以成为美的事物的本质。而美学要成为科学,总要说明美的事物的所以美,总要掌握美的本质。

怎样去掌握美的本质呢?这是美学方法中首先必须解答的问题,是直接回答美学研究从何着手的问题。对于这个问题,若照一般的说法,我们可以简单而爽快地答复,须透过美的现象去掌握美的本质。不过这样的说法,问题几乎还是原样,并没有得到真正的解答。所谓美的现象究竟是属于欣赏对象的客观事物的现象呢,还是属于欣赏者主观精神的现象呢?这在美学史上从来就是问题。有些哲学家和美学家认为美的现象是属于欣赏对象的客观事物的。因为我们看见的嫣红姹紫、明媚鲜妍,那显然是花的美。可是又有更多的哲学家和美学家,认为美的现象是属于欣赏者的主观精神的。

因为所谓花的美,只是我们看起来觉得它美,并不是它本身有所谓美。美的现象是属于客观事物抑属于主观精神既成了问题,于是怎样去掌握美的本质也便成了问题。认为美的现象是属于欣赏对象的客观事物的,便主张由欣赏对象的客观事物去掌握美的本质;而认为美的现象是属于欣赏者的主观精神的,便要由欣赏者的主观精神去掌握美的本质。对于美的现象既然认识不同,而掌握美的本质的途径也就根本分歧了。

关于由怎样的途径去掌握美的本质,我们为了说明的简便,可以按照曾经有过的一种说法,把过去的主要的美学思想分为三大派来看。这三大派之间的关系原是错综复杂的,有的基本倾向可以说是完全相同的;不过这原是已有的分法,大体上也有方法论上的不同之点,所以我们在这里也不妨沿用。

思辨哲学派美学的途径

第一是思辨哲学的美学派。所谓思辨哲学的美学,就是由于这种美学思想渊源于思辨哲学的思想。一切思辨哲学,都是脱离实际的单凭思辨的观念游戏,往往是或隐或显地认为认识的根源在于主观意识,实质上即认为宇宙的根源在于主观意识。于是思辨哲学的美学,自然也认为美的现象的根源在于主观意识。它的理论构成根本上是由那种哲学的根本观点演绎出来的,而不是根据客观事物或实际经验得出来的。若照昉徐纳的话说,这种思辨哲学的美学就是所谓"由上而下"的美学。在这里我们可以看出思辨哲学的美学在方法论上的特点,根本上就是由主观意识去掌握美的本质。

思辨哲学的美学家,大致都认为美的根源在于主观意识的特殊作用,只是又因为美学家的基本观念还有不同,而认为和美有关的那种特殊的主观作用也是不同的。有的认为在于感觉或直觉，有的认为在于观念，有的认为在于感情，有的却认为在于意志。于是关于掌握美的本质的途径，也还是不能一致。

要由感觉或直觉去掌握美的本质的美学家很多，最显著的代表，我们首先想到的还是鲍姆加登。鲍姆加登把论美的学科命名为"Aesthetica"，不仅如一般所说是"美学"的首倡者，同时他的这种思想也大有影响于后世的美学。他的《感性学（美学）》一书的论述早已为一般人所忘却了，但是他的美学方法却长期支配着美学的主潮。他在《美学（感性学）》一书里论究竟怎样的感觉的认识才是美的呢？他的答案是：美是"感性认识的完全"。他的这种由感觉去掌握美的本质的途径，是以后许多形式主义的美学家、自康德以至克罗奇所遵循的，即心理学的美学派中如昉徐纳等也有这种倾向。

但是美不在于感觉或直觉，这是我们可以断言的。首先，一般所谓美的事物，当指事物本身是美的，或美在于该事物，而不在于欣赏者的主观意识。至于鲍姆加登指出的美和感性认识的关系，固然也有可以肯定的因素，而整个论点则是根本错误的。单纯的感性认识只是关于事物现象的认识；也就是说，单纯的感觉不能认识美的事物的所以为美，不能掌握事物的美的本质的。特别是对于文学作品，它的文形语音虽然能够由感觉接受，而它的美的主要因素，即它的内容意义，显然是不能由感觉去掌握的。倘若只有感觉是能够认识美的，对于文学作品至多只能认识形式上的美，不能认识它的内容的意义，也就不能认识它的内容和形式的统一的艺术美。直觉也不外是感性认识，也是不能认识事物的本质，不能认识事物的美的。若说直觉能不通过思考而直接认识事物的本质，这在理论上是矛盾的，而事实上也是不能有的。不通过思考的认识即不是进入理性阶段的认识，便是感性认识。因而直觉也是不能认识事物的本质,不能认识事物的美的。

其次是主张由观念去掌握美的本质的,主要有客观唯心主义的思想家。如柏拉图认为世界上的真实存在是客观的观念世界,即理念世界,美的理念是一切事物的美的根源,理念的美是绝对的、本原的。因而"美的东西是由美本身使它成为美的"①。还有一种说法,认为事物的美是由于适合于某一种特定的观念,如所谓"统一""均衡"与"调和"等,柏拉图以后的圣·奥古斯丁、圣·托玛斯等人,大致都有同样的主张。而最后的客观唯心主义大师黑格尔,认为美是无限的理念在有限的感性形式中的显现,美是根源于理念,和柏拉图是一致的。

但是我们知道唯心主义者的世界观是颠倒了的,无论是柏拉图或黑格尔,他们的认为客观事物的根源在于观念或理念,而其实是观念的根源在于客观世界。观念原是客观事物的反映,世间根本没有什么所谓客观观念或最高理念,也没有什么先验的观念或本有的观念。而他们的认为美在于观念或理念,则是因为他们的世界观的颠倒而颠倒了的。因此他们的论证的前提就是错误了的。至于他们提出关于美的特定的观念,无论是"统一"也好,"均衡"和"调和"也好,没有哪一个果然是能够规定一般事物的美的。一个美人的美,无论他们怎样的论证,也不能说明是由于他们所提出的什么特定的美的观念。

除了客观唯心主义之外,又有主观唯心主义的说法,如认为事物的美或不美是因人而不同的。同一事物有的人认为美,有的人会认为不美。现在还有人这样主张:同一个人"原先认为美的,后

---

① 北京大学哲学系外国哲学史教研室:《斐多篇》,《古希腊罗马哲学》,三联书店1957年版,第177页。

来会认为不美,原先认为不美的,后来会认为美"。因此他就断言:"美是人的一种观念。"①这种说法,既然认为各人的美的观念不同,同一个人的美的观念也随时变化,这无异于认为美是完全主观的,实际上也就是对美的完全否定。这种主观唯心主义的说法,是美学思想中最粗鄙的庸俗的货色,它的错误是无须多说的。自然,我们并不否认有美的观念,也不否定美的观念也影响人对美的认识;只是说,事物的美不是由人的美的观念决定的,而认为美的根源在于观念是根本错误的而已。

以上两说,是思辨哲学的美学的主要途径。此外还有要由感情去掌握美的本质的哲学家,如新康德派的柯亨,认为感情的由内而外化,即内在的感情的表现运动,便是美或艺术的根源。②而要由意志去掌握美的本质的思想家则有叔本华。"我们可以说:意志通过单纯空间性现象的适当的客观化就是美,意志在自己的某种客观化程度上出现在任何事物中……所以任何事物都是美的,而人比其他一切事物更美。"③如柯亨那样由感情去掌握美的本质的,在思辨哲学的美学中是少有的,而在心理学的美学中则占主要地位。关于这种论点的错误,等到下面论心理学的美学时再去谈它。至于叔本华的说法,原已随着他的意志哲学一同没落了,至今毫无影响,我们在这里也可以不用评说它吧。

总之,无论由感觉或观念也好,由感情或意志也好,他们的方法同样是思辨哲学的演绎,他们的理论同样是抽象观念的所产,并非以客观的事物或实际的经验为根据,犹如闭门造车,出而不能合

---

① 吕荧:《美学问题》,《文艺报》1953年第16期,第26页。
② 参看《美学与艺术学史》,第267—268页。
③ 《世界是意志和表现》,《叔本华全集》,第二卷,1921年德文版,第247页。

辙。所以格罗塞在《艺术的起源》一书中曾说:"狭义的艺术哲学（美学）的种种尝试,向来差不多都是希图和某种思辨的哲学系统直接联系的。那些尝试,一时固然随着哲学而多少得到了些承认,但过了不久,就又和哲学一同没落了。……我们固然不惜赞赏它们光怪陆离,可是我们不能因此就忽于审察那事实的基础之不足以稳固这些摇曳不定的构造。"①和他同样,昉徐纳也是批评思辨哲学的美学的错误,而提倡心理学的美学。

心理学派美学的途径

第二是心理学的美学派。和思辨哲学的美学相反,不从思辨哲学的思想体系出发,而要从心理学的经验事实出发。照心理学的美学的提倡者昉徐纳的说法,不是由上而下的,而是由下而上的;不是根本观念的演绎,而是经验事实的归纳。不过他们的美学思想还是和思辨哲学的美学有根本相同的一点,就是认为美是在于欣赏者的主观意识。于是心理学的美学,虽然一方面排斥主观意识的思辨的反省方法,而采取心理实验的方法;另一方面所考察的对象还是主观意识的活动,或者以主观意识为基准而规定美的现象。而且随着心理学的美学的发展,他们所考察的对象却又有偏重不同的方面,因此而分化为两个不同的流派:一是偏重于美感意识活动的考察,称为纯粹心理学的美学派;二是偏重于美的现象的考察,称为实验美学派。

纯粹心理学的美学对于美感意识活动的考察,虽是根据经验,但广义地说还是一种意识的反省。因此纯粹心理学的美学和思辨哲

---

① [德]格罗塞:《艺术的起源》,蔡慕晖译,商务印书馆1937年版,第三卷。

学的美学，在怎样去掌握美的本质这一点上，还有更相同的地方。纯粹心理学的美学家就经验考察的结果，知道美感的意识活动关系于感觉及感情的最为显著，于是他们主要是从感觉或感情方面去考察美感的意识活动、去掌握美的本质。

主要由感觉去掌握美的本质的，在心理学的美学中最初是昉徐纳。试看他的关于美感的一般原理，便多是属于感觉方面的。

如所谓"关于美感域的法则"固不用说，即如所谓"印象助成增进的法则""变化之统一的法则"[①]等，都是偏于感性认识的。昉徐纳这种要由感觉去考察美的方法，虽然所根据的是美感经验，而他的前提则是以为美在于感性的意识活动，这种思想就和鲍姆加登是一致的。

纯粹心理学的美学的主要倾向是要由感情去掌握美的本质，如里普斯的感情移入说就是如此。所谓感情移入说，即认为美的根源在于欣赏者的主观感情，而不在于欣赏对象本身，只是因为欣赏者将自己的感情移入于对象，然后才觉得它是美的。里普斯认为外物的美，是人在欣赏时，通过对象的感性的形式把自己的活动感情、自我的生命感情乃至自我的价值感情的客观化。也就是说，欣赏者在对象的形式上看到自己的这种感情，因而好像外物是美的。于是所谓感情移入说，既不是认为如创作者在描写对象时能使它寄托自己的感情，也不是认为一般人在欣赏时果然能使对象体现自己的感情，实际上只是说，欣赏者由于当时特定感情的影响以致在对象的形式上看见一种幻影。如里普斯所说希腊建筑陶里斯石柱的耸立上腾的印象，就是这种幻影的恰当例子。因此这种感情移入说，实际上和朗格的幻想说是一样的，而且里普斯自己也和朗格一样承认这

---

①吕澂：《现代美学思潮》，商务印书馆1935年版，第17—18页。

就是一种"错觉"。①因为他们所谓美既完全是主观的，也完全是虚幻的，这也显然是美的根本否定，是美学的根本否定。

实验美学派偏重于美的现象的考察，这种方法原是心理学的美学自夸为"科学的美学"的原因。但是自昉徐纳以后，他们的主要作法就是：（一）单纯地以美感的心理状态为基准，（二）以单纯的现象为对象。它和上述纯粹心理学的美学的不同的地方，就是不注重美感意识的反省，而注重美的现象的认定。其用意是要通过一些单纯的美的现象去考察美的特性。如他们用实验以求解答：正方形美呢还是长方形美？红色美呢还是青色美？而结果似乎是他们自己的说法也是各有不同，难得统一的定论。因为实验美学派虽然自夸为运用科学方法，但是真正科学的方法是和对象相适应，也随对象而不同的。现在成为对象的美的现象，如实验美学所表现的那样是意识之外的东西，而决定它的美不美又全凭意识，在这里是方法和对象的乖离，也就是方法上的错误。假如认为美的现象不是意识之外的东西，而是意识之内的东西，那么它也就是纯粹心理学的美学或思辨哲学的美学所说的同样的东西了。于是他们对于所认定的现象何以为美的这问题的解答，不是追随纯粹心理学的美学，就是追随思辨哲学的美学，此外不可能有别的解答。

要之，心理学的美学，在批判思辨哲学的美学方法上基本上是对的，而自己所采取的美学的途径仍然是错误的。纯粹心理学的美学理论，并没有实际对象的根据，只是主观臆造的说法；而实验美学则根本没有形成理论，即使对于它所认定的美的现象，既不能说明这美的现象的所以为美，而事实上也未必是美的。

---

① 《空间美学和几何学·视觉的错觉》，1897年发表。

艺术学派美学的途径

第三是艺术学的美学派,也称为客观的美学派。因为上述的思辨哲学的美学和心理学的美学各派,几乎都是由主观的意识去考察美的,即使如实验美学的认定美的现象也是以心理状态为基准的。因而他们要和上述各派相反地,从客观的、作为社会现象的艺术来考察美,从艺术的社会基础、从艺术创作的社会心理来考察美。但是他们作为美学的考察对象的艺术观来说,是庸俗社会学的、生物进化论的,并不能真正认识作为社会现象的艺术,也就不能通过艺术去掌握美的本质。

本来以艺术为对象的艺术理论是远在美学之前早已发达了的,而要从艺术去考察美的也有过"艺术哲学"的美学。因为他们美学的根本观点是唯心主义思辨哲学的产物,如上所说,是属于思辨哲学的美学的范畴的。而现在要说的艺术学的美学,则是由于从来的美学不能确切地说明美而采取的新的途径。如斐德勒所说:从来美学的原理,对艺术的积极评价也是不可能的。"美学是研究美的知觉条件之学,而艺术是知觉以上的活动,美学之外还要有研究艺术的艺术学。"[①] 这是他指责美学转而提倡艺术学的主要原因。丹纳和格罗塞等人也是对于从来的美学深感失望,因而主张用"艺术哲学"或"艺术科学"取而代之。他们简直否定美学的存在,余风所及,以致今日有些研究艺术理论的人仍然认为美学根本不能成立,或者认为艺术之外无美学。不过在他们探求艺术及其发展的法则时,有的也曾论到所谓艺术价值或艺术冲动等,可见即使称为艺术学也不

[①]《美学及艺术学史》,第235页。

能回避艺术的美或美感的问题，名称虽然不同，意义实是一样，因而我们认为还可以把它们统称为美学。

然而以艺术品为对象的研究，也因人而有不同。有的人按民族、时代等社会条件来作比较、分析，以求其相同和相异，这被称为社会学的美学。也有的人就原始民族的艺术着重考察艺术的原始形式和基本性质，是所谓人种学的美学。还有的人从原始艺术更进而论究艺术的发生、发展以及所谓艺术冲动乃至动物美感的发达，这是所谓进化论的美学。我们也沿前例，分别予以说明。

所谓社会学的美学的代表人物就是丹纳。他在所著《艺术哲学》一书中说："过去的美学，先下一个美的定义，譬如说，美是道德理想的表现，或者说，美是抽象的东西的表现，美是强烈的感情的表现，然后按照定义像按照法典上的条文一样表示态度：或是宽容，或是批判，或是告诫，或是指导。……我唯一的责任是罗列事实，说明这些事实如何产生。我想应用已经为一切精神科学开始采用的近代方法，不过是把人类的事业，特别是艺术品，看做事实和产品，指出它们的特征，探求它们的原因。"[①]这是丹纳明白扼要地说出了他的美学方法。也就是根据这个方法，他断言："要了解一件艺术品，一个艺术家，一群艺术家，必须正确地设想他们所属的时代的精神和风俗的概况。这是艺术品的最后解释，也是决定一切的基本原因。"[②]他还认为艺术形成的三个因素是种族、环境和时代。而他也就是以这些为原则去研究艺术的。大致和丹纳同倾向的还有居友等人。然而无论丹纳也好，居友也好，首先由于他们的社会观点的错误，既缺乏阶级和阶级斗争的观念，更没有基础和上层建筑

---

① [法] 丹纳：《艺术哲学》，傅雷译，人民文学出版社1963年版，第10—11页。
② 同上，第7页。

的观点,并不能真正认识艺术的社会意义和作用,也不能真正理解艺术的本质和特征。如丹纳的认为种族、环境和时代是艺术形成的三个因素,而时代的精神和风俗的概况是决定艺术的基本原因,这种说法便正是资产阶级庸俗社会学的表现,关于艺术的根本的社会性质也不能正确说明,更无论它的美的本质和社会影响了。

所谓人种学的美学,认为艺术的本质和人类审美的动机,在原始民族的艺术里应该更显著地表现出来,所以主张对艺术要作人种学的研究。格罗塞就是它的代表人物。他在《艺术的起源》一书里曾批评旧美学的必然没落,强调艺术科学的研究。不过"现在的艺术科学,还不能解决它最困难的问题,如果有能获得文明民族的艺术的科学知识的一天,那一定要在我们能够明了野蛮民族的艺术的性质和情况之后,这正等于在能够解决高等数学问题之前,我们必须先学会九九乘法表一样。所以艺术科学的首要而最迫切的任务,乃是对于原始民族的原始艺术的研究。为便于达到这个目的起见,艺术科学的研究,不应求助于历史或史前时代的研究,而应该从人种学入手。"①在这样的方法论的前提之下,他研究了许多原始民族的艺术,著了那本《艺术的起源》。除了艺术与生产样式的关系的说明之外,而关于他所要求得的"支配艺术的生命和发展的法则的知识",从最后的结论来看,实在是贫乏得可怜的。和格罗塞的倾向大致相同的还有希尔因等。然而格罗塞的要从人种学来研究艺术,并把他所谓艺术科学来代替美学,这种要求显然是失败了的。首先就是关于什么是艺术,他就袭用思辨哲学的美学的一些说法作为基本原理来论证。如他在"结论"中说:"艺术的原始形式,有时看去好像是怪异不像艺术的,但一经我们深切考察,便可以看出它们也

---

① [德]格罗塞:《艺术的起源》,蔡慕晖译,商务印书馆1937年版,第24—25页。

是依照那主宰着艺术的最高创作的同样法则制成的。不但澳洲人和因纽特人所用的节奏、对称、对比、最高点以及调和等基本的大原理,和雅典人与佛罗伦斯人所用的完全相同。"①这里所说的基本大原理,不就是他所指责过的思辨哲学的美学早就反复提倡过的吗?

至于所谓进化论的美学,在许多地方又和人种学的美学是相同的。如对于艺术的发生形态和发展状况的注意,两者便是相同,结论也大概一致。不过人种学的美学对于人类艺术活动偏重从社会生活上去考察,而进化论的美学则偏重从主观心理上去考察。如对于艺术冲动的考察,在这一点上,它和心理学的美学是接近的。被称为进化论的美学的正宗阿伦,便曾祖述达尔文的学说,解说动物和人类的美感都是渐次发达的。同一倾向的研究者还有斯宾塞等。但是他们的研究既说不上有什么美学上的成果,也说不上有什么美学史上的影响。因为进化论的美学,除了兼有人种学的美学及社会学的美学的弱点之外,且因它的偏重于意识活动的考察,又兼有心理学的美学的缺点。

要之,所谓艺术学的美学,首先是由于它的社会观点的错误,以致对于艺术的社会意义和社会作用,对于艺术的本质和特征,都不能得出正确的说明;其次是它在论及艺术的特征或艺术的美的问题时,不免又回到思辨哲学的美学的理论上去,或不免落在心理学的美学的窠臼中去;因而它的要以艺术哲学或艺术科学去取代美学,要由艺术研究去掌握美的本质,实际上没有做到,也是不可能做到的。自然,这不是说,以艺术为研究对象的艺术理论和艺术学不能成为科学,只是说,如他们所谓艺术科学不能代替美学,认为艺术之外无美学的想法,已有充分的史实证明是根本错误的。

---

① [德]格罗塞:《艺术的起源》,蔡慕晖译,商务印书馆1937年版,第333页。

对于旧美学各派的怎样去掌握美的本质的途径，我们已作了一次广泛而简要的检点，知道他们或者是由欣赏者的主观意识去掌握美，或者只是由艺术去掌握美，都没有得到应有的结果，可以说是同样归于失败了的。而初期马克思主义者，又如上面曾说，梅林、普列汉诺夫和卢那卡尔斯基都在美学方面作过一定的努力，都难摆脱旧美学的影响。即使如普列汉诺夫的《艺术论》和《艺术与社会生活》，作为艺术史的研究来说，是取得了优秀的成绩的；而作为美学著作来说，不能认为在基本问题上有什么崭新的进展。

新美学的途径

我们认为客观现实中有美的东西，社会生活中有美的东西，自然界中也有美的东西，这是事实，不能否定或抹煞的。艺术品虽是作者的主观意识所创造的，但是已经完成了的艺术品，也就是一种客观存在的美的东西。如一幅美的绘画，一出美的戏剧表演，在欣赏者看来，它的作为客观存在的美的东西，就和现实中的美的东西基本上是一样的。

我们承认客观存在的美的东西，首先就是承认美的现象是属于客观的美的事物的。也就是说，欣赏者所感觉到的美的现象，不是属于欣赏者的主观意识的。本来所谓现象是和人的认识相对应而言的，否则就不要有现象这个范畴。但是人的认识固然有它的主观形式，但也不能不有它的客观内容。如果否认人的认识的客观内容，那就只能是主观唯心主义。我们认为美的现象，从人的感性认识来说，固然也有主观形式的限制性，而主要是说感性认识的客观内容；也就是说，它是人所感觉的美的事物的现象。

我们认为美的现象和美的本质是不能够截然分开而是互相渗

透的。美的现象是客观事物的美的现象，美的本质也是客观事物的美的本质；换言之，也就是客观事物的所以美的本质。这客观事物的美的现象就是它的美的本质表现于外部的东西。而它的美的本质则是和美的现象相联系、相渗透的内部的东西。美的现象、美的本质都是在于客观的美的事物本身，而不在于客观的美的事物之外，不在于欣赏者的主观意识之中的。艺术品诚然是由作者的主观意识所创造的，诚然也表现着作者的思想、感情和理想。但是作者的思想、感情和理想的表现，必须通过客观现实的题材，包括实际的物质材料。正是由于这样，它才得以成为客观存在的事物，得以成为欣赏者的外在对象，否则是决不可能成为欣赏者的外在对象的。因此我们曾说，美的艺术品，对于欣赏者说来也是客观存在的对象，就和客观现实的美的事物基本上是一样的。也就是说，它的美的现象和美的本质在于客观存在的美的艺术品本身，不在于欣赏者的主观意识。

我们认为任何美的事物，无论是美的现实事物或美的艺术品，它作为欣赏者的对象，是能够引起美感的。但是欣赏者主观意识的美感，是客观对象的美所引起的，即欣赏者的主观意识对于客观对象的美的反映或反应，而不是客观对象的美由欣赏者的主观意识的美感所产生、所决定的。在美和美感的关系上，作为欣赏对象的美是第一性的，而欣赏者的主观意识的美感是第二性的。从原则上说，没有客观存在的美就没有主观意识的美感，而客观存在的美就是主观意识的美感的根源。不过这也不是绝对的。因为人的主观意识随实际生活而不同，随阶级地位而不同。正如反动的、没落的阶级的某些观念，往往不是客观现实的正确反映而是主观臆造的东西一样，反动的、没落的阶级的某些美感，也往往不是客观对象的美的正当的反映或反应，而是主观幻想的美所引起的。只是主观幻想的美究竟是虚幻的，由它引起的美感是没有客观的根源的，也就是完全错误的。我们在美学研究中不能否认或抹煞这种主观幻想的美和由此而引起的错误的美感情况，却也不能如主观唯心主义美学家朗格、里普斯等那样，明知是"错觉"，却把它作为美学研究的出发点，把它作为他们的美论的基础。

我们认为美的艺术品，对于欣赏者虽然是客观的美的对象，但究竟是由作者的主观意识所创造的。作者在创造美的艺术作品的过程中，首先是自己不能不发生美感。如果作者自己在创作过程中也不发生美感，而是感到枯燥无味、兴趣索然，就决不可能创造美的艺术品。因此在艺术美的创造上，作者的美感是要起一定的作用的。不过，是否因此就可以说，艺术品的美是根源于作者的主观的美感呢？不是的，艺术品的美决不可以说是根源于作者的主观的美感。毛泽东同志说："作为观念形态的文艺作品，都是一定社会生活在人类头脑中的反映的产物。革命的文艺，则是人民生活在革命作家头脑中的反映的产物。人民生活中本来存在着文学艺术原料的矿藏……它们是一切文学艺术取之不尽、用之不竭的源泉。这是唯一的源泉，因为只能有这样的源泉，此外不能有第二个源泉。"[①]因此艺术的美只能是根源于社会生活、客观世界的美，决不是根源于作者的美感。这也不是说美的艺术品只是某种美的社会生活的照样的摹写复制。不是的，而是作者掌握客观事物的美的本质，运用于艺术的创造，因而形成艺术作品的美。

以上所说，是我们关于美的事物和欣赏者的主观意识、美的现象和美的本质、美和美感等的关系的初步认识。根据这点初步认识，我们认为正确的美学的途径，应该和上述旧美学的三种派别的

---

① 《毛泽东选集》，第三卷，第882页。

主要倾向根本相反,而要由客观的美的对象去考察美,首先是由客观现实的美的事物去考察美。所谓要通过美的现象去掌握美的本质,就我们的认识来说,也就是要通过客观现实的美的现象去掌握美的本质。我们认为试行采取这样的途径,可能使我们的美学研究放在切实可靠的客观事实的基础上。

过去的唯物主义哲学家或美学家,大致都认为美在于客观对象,在于客观现实事物。如法国唯物主义者荷尔巴哈就曾说:"如果我们不把美这个字连接到某些以特殊方式刺激我们感官的事物,而这些事物值得我们把这个性质归之于它们,那么美这个空洞的字又对我们表示了什么呢?"[①]他的话虽简单,却显然主张美是属于客观事物的。此外如狄德罗、车尔尼雪夫斯基等人,虽然具体论点是各不相同,而认为美是客观的这点却是一致的。因为唯物主义的基本观点既然承认客观世界是在人们主观意识之外独立存在的,而人们的认识只是客观世界在头脑中的反映;也就必然要认为客观对象的美是在欣赏者的意识之外独自存在的;而欣赏者对于客观对象的美的认识也就是这对象的美的反映。因此唯物主义的哲学家和美学家就要认为美在于客观对象,美在于客观现实事物。

既然美在于客观现实事物,而美学的根本任务是要掌握美的本质,那么首先就要从客观现实事物的美的现象的分析入手,这是美学的唯一正确的途径。

---

① [法]霍尔巴赫:《自然的体系》上卷,管士滨译,商务印书馆1964年版,第154—155页。

第二节　美学的领域

美学的领域就是美学研究对象的范围，在上一节里考察美学的途径时，就早已涉及了这点；现在又要特地来考察美学的领域，有些地方可能会要重复，这些地方就要谈得更简略些。

怎样设定美学的领域？也是美学方法中非常重要的一点，它的重要性和上述第一点相同，而且是互相联系的。因为若是先能正确地理解美学的领域，当能更好地选取美学的途径。不过一门学科的完整的独特领域，往往不是在它的萌芽时期便能明白，而是随着这一学科的发展方能逐渐确定的。美学也是如此。因此就美学的史的发展来看，我们先考察美学的途径而后考察美学的领域也有便利之处。

美学的途径所经之处，原来就是美学的领域所在之地。而由怎样选取美学的途径这点看来，也就可以知道是怎样设定美学的领域的。如鲍姆加登的从感觉入手去掌握美，他的美学领域便主要是关于感觉的认识。试看他在《美学》一书里所述的三个主要问题：一、怎样的感觉的认识是美的呢？二、如何安排这感觉的认识才是美的呢？三、美的而且是美的安排的感觉的认识又如何表现它才是美的呢？关于这三个问题的论述就是他的美学思想的主要内容，也就表明他认为感觉的认识是美学的主要领域。反之，如丹纳的《艺术哲学》从艺术入手去掌握美，也就是把艺术作为美学的领域。他的研究就是只从欧洲艺术史上几个重要时期的艺术品去考察艺术的特征、艺术的价值以至艺术的美等。可是鲍姆加登的以感觉为美学的主要领域，丹纳的以艺术为美学的领域，两者各执一端，以偏概全，这正表现他们的美学观点的根本错误。

现实的美与美学领域

我们认为由客观现实的美的事物的考察入手，是美学的正确的途径，因而客观现实的美，首先就是美学的领域所要包括的。我们认为美学原是由美的事物的分析去掌握美的本质的，如果美学不是首先认真地研究客观现实事物的美，不是首先由事物的美的现象去掌握美的本质，不可能形成科学的美学。即使是对于美感及艺术美的研究，也不能没有对于客观现实的美的研究作基础，如果根本否定或抹煞客观现实事物的美，那种研究就很难得到正确的结论。

也许以为一种科学的对象之所以成为对象，总是为人所认识的，和人有关系的，对人有意义的，美学的对象也不能例外。美学的对象既然是为人所认识的，对人引起美感的，因此所谓美学应该研究客观现实事物的美，其实这种事物的美也不是单纯客观的，完全独立于主观意识之外的东西，而是我们认识中的，即存在于主观意识之内的东西。如果认为美学要研究的果然是所谓客观事物本身的美，它是主观意识之外的东西，那种研究是不可能的，也是没有意义的。

然而这种说法，实际上就是只承认美在于欣赏者的主观意识，不在于欣赏对象的客观存在，这原是一切主观的美论的老调子，它的思想实质，即主张凡所认识的东西都是主观意识之内的东西，否认正确的认识有客观内容，因而也就是根本否认客观世界的主观唯心主义。关于这点，我们在上面也已简略论及，下面也还有专篇论它，这里且不多谈。只是对于它的具体说法上的错误，还有说明的必要。所谓美学研究的对象，固然总是人所认识的东西，但是人所认识的东西，不能说就是人的主观意识中的东西。在这里首先要说明的一点,就是"人的认识"和"人所认识的东西",无论从语法上说或从语意上说,都显然是两回事,不能混为一谈的。如说"人对地球的认识",这里说的重点是"认识","认识"是属于主观意识范畴的;若说"人所认识的地球",这里说的重点是"地球","地球"则是属于客观存在的范畴的。如上所说,认识不能说是没有客观内容的,这客观内容原是认识中所反映的客观存在。如果否认这一点。这是主观唯心主义。因此不能因为美学研究的对象既是人所认识的东西,就认为这种对象只能是意识中的东西,不是客观现实的东西,并由此而否认美学的领域应该包括客观现实的美。

美的认识与美学领域

然而美学的领域却也不能只限于客观现实的美,还必须包括人们的美感,首先是人们对美的认识。如果不顾及人们对客观现实的美的认识和由此而引起美的感受和感动,美学的研究也许如上所说,是不可能的、也无意义的。美学的研究客观现实的美,是要根据人们对客观现实的美的认识,根据客观现实的美对人们的影响,也就是一般所说的美的感受和感动。当然这不能如主观唯心主义美学那样,认为主观的美感是决定客观事物的美的。只是说,若要研究客观事物的美不得不凭借主观美感的经验,也就是不得不受主观美感的制约。因此美的认识或美感对于客观现实的美究竟是如何的反映或反应,也不得不是美学所要考察的。这就是说,美学的领域也不得不包括美的认识或美感。

美学的发生和发展,不用说是由人们对美的现实、美的存在的关心。但是人们对美的存在的关心则是由于美能为我们所认识,能引起我们的美的感受和感动。美感是事物的美对于人们主观精神的满足，如一般所说的美感的愉快。美感有时也包括感官的快适，但主要是精神满足的愉快。如果徒有感官的快适，而没有精神的、或者说智性的愉快，就决不是美感。如吃得好、闻得香即能引起人们感官的快适，但不能说是美感。美感的特征，它的所以不同于一般快感的主要之点，在于它是精神的、或智性的满足的愉快。这种精神满足的愉快，是一种精神的享受，同时也是一种思想上的教育。因此我们要了解客观存在的美，也要了解人的主观对美的认识和美感的愉快。试看美学史上多数美学家都从美的认识或美感入手，甚至把美的认识或美感作为美学的主要领域或唯一领域，虽是不正确的，却也表现了人们对美感了解的要求。所以美学的领域不能限于客观现实的美而不包括美的认识或美感。

在这里我想应该顺便说到，所谓美感的愉快也是人们思想上的一种教育，这在一般的说法即所谓美感教育，或简称之为美育。美育在我国思想史上占有很高的地位，实际上也具有很丰富的内容，对个人的陶情淑性，对社会的移风易俗，是思想教育的很重要的表现，而且不少有关的事实记载和理论说明，可惜为我们所疏忽，是亟待补救的一种缺憾。

原来客观存在的美和人对美的认识，两者的性质虽然不同，但是在美学上是不能截然分开的。不凭美感经验既无从直接认识客观现实的美；而没有客观现实的美也无从在实践中检验人们对美的认识和美感的正当性。因此客观现实的美和人对美的认识或美感，同是美学的领域，当是无可怀疑的。

艺术与美学领域

美学的领域当然还要包括艺术。艺术应该说是人们对于美的创造，也是人们对于美的认识的必然发展。这就是说，人们对于美既然认识于心也必然要求表现于外，于是而创造成为艺术品。

人们的认识固然是客观存在的反映，但决不是单纯机械的反映；单纯机械的反映，至多只能摄取各个事物的片面而表面的现象，一般地说，这还只是停留在感性阶段的认识；而要有比较全面的深入的认识，必须由感性阶段上升到理性阶段。理性阶段的认识，如毛泽东同志所说："要完全地反映整个事物，反映事物的内部规律性，就必须经过思考作用，将丰富的感觉材料加以去粗取精、去伪存真、由此及彼、由表及里的改造制作工夫。"[①]它一方面是对于客观存在的反映，另一方面又是对于客观存在的个别事物的印象在意识中的改造。这种对于个别事物印象在意识中的改造，可以形成抽象的概念及理论，也可以形成关于某一种类事物的概括而较为具体的意象或朦胧的美的观念。这种概括而较为具体的意象或朦胧的美的观念，是人们对客观事物的美的认识，同时也是人们在主观意识中的美的创造。人们在主观意识中的美的创造，自然要求发展成为表现于外的客观的美的创造的艺术。艺术也可以说就是用物质手段来表现意识中所创造的美的观念或意象。美的认识既然包括在美学的领域里，而由美的认识发展而形成的客观的美的创造的艺术，也就不得不包括在美学的领域里。虽然美的认识。美的观念或意象和由此发展而形成的艺术，由于作者的社会的、阶段的意识的制约，实际上未必果然都是真正美的；但是艺术的美与不美究竟如何判别，正是美学应该研究的。

而且艺术既是人们凭主观意识所创造的，它体现着作者的美的观念或意象，于是艺术的美，按一般的意义说，是更带有理想性

---

① 《毛泽东选集》，第一卷，第280页。

的；按特定的意义说，也往往是较现实的实际事物的美更高的，能引起的美感也往往是更强的。因此美学不仅应该研究艺术问题，而且应该以研究艺术问题为重要内容。美学的发生和发展，固然是由于人们对现实事物的美的关心，同时也是由于对艺术美的根源的探求，对艺术美的创造的论究，以期能更多更好地创造真正美的艺术，增进人们精神的愉快和思想上的教育。

我们在这里还得说到美学和艺术学的关系问题。在上节里就曾谈到有人要以艺术学代替美学，或者根本否定美学。然则他们在谈到艺术美的问题，或者沿用思辨哲学的美学论点，或者改用所谓艺术价值、艺术冲动等术语，这正表现了他们理论上的矛盾和缺陷。我们认为艺术理论虽是一门具有独自性的科学，只是不能用它来代替美学。因为一则事实上除艺术外还有客观现实事物的美，这是艺术理论所不便多论，而是美学所应探讨的。二是艺术理论本身并不能完全说明艺术美的问题，如艺术美的本质问题，艺术美的根源问题；这些问题只有联系现实事物的美才能得到更好的说明。这就是说，艺术美的问题的完全解答还要借助于美学。

如上所述，艺术美是人们的美的创造，即依据人们对现实美的认识，艺术美不同于现实美，却又根源于现实美。马克思说："……人则懂得按照任何物种的尺度来进行生产，并且随时随地都能用内在固有的尺度来衡量对象，所以，人也按照美的规律来塑造物体。"不用说，所谓"美的规律"是客观的，即现实事物的美之所以为美的规律，该事物的所以成为美的事物的规律。所谓"按照美的规律塑造物体"，主要就是按照美的规律来创造艺术的美。因此很显然的，从艺术美这种艺术的特定本质方面来说，艺术学还要依赖美学作为基础，当然更不能说它可以代替美学。

主张艺术学代替美学、或艺术学之外无美学的人，首先应该说，是由于思辨哲学的美学和心理学的美学不能得出正确的美论，不能说明艺术的美及有关问题，因而要另找新路，这是合乎情理的。但是我们也可以看到，论者本人的思想观点不能说没有问题。且如黑格尔的把美学定名为"艺术哲学"，就是由于他的哲学思想的客观唯心主义，否认客观自然的美，认为自然没有真正的美，只有艺术这样的精神产品才是真正美的。又如丹纳的《艺术哲学》，从他所谓已经为一切精神科学开始采用的"近代方法"，即"罗列事实，说明这些事实如何产生"；或者说，把艺术品"看做事实和产品，指出它的特征，探求它的原因"。① 他就是按照这种"近代方法"进行研究，结果就是所谓艺术形成的"三个因素"和"决定一切的基本原因"，就明显地表现着他的庸俗社会学观点。至于格罗塞所提倡的"艺术科学"，思想上的缺点也表现得很显然，就可以不用多说了。

然而现在还有人主张美学就是艺术理论，只有从艺术考察才能掌握美，并曾提出更大胆的理由说：艺术是美的集中表现，美只是艺术的特性。从他自己的立论来说，提出这样的理由是有必要的。不如此就不能否认美学而主张艺术学。然而这样的理由本身却是站不住脚的。因为它无异于说，一切美的东西都是艺术，也无异于说，一切艺术都是美的。就前一点说，如果不是完全否认自然界中的美和社会生活中的美，就要认为社会生活中和自然界的美的东西都不外是人所创造的艺术。这样的理论，难道能说是马克思主义美学的理论吗？不是的，是完全违反实际的否定客观现实的、主观唯心主义的论调。从后一点说，即肯定现代资产阶级形式主义的、反动的艺术也是美的。这也显然，决不是马克思主义美学的理论，而

---

① [法]丹纳：《艺术哲学》，傅雷译，人民文学出版社1963年版，第11页。

是为一切反动艺术辩护,实际上也是反马克思主义的论调。

美学领域的三方面及其关系

由上所说,我们可以知道,美学领域里包括美的存在、美的认识和美的创造,也就是包括美、美感和艺术。过去有些美学家各取一点,不见全面,因而是错误的。但是这并不是说,过去就没有人注意到美学领域的三个方面;不是的,确也有些哲学家和美学家注意到了,只是关于这三者的相互关系,又因为对于美的根源的看法不同,因而说法也有不同。如认为美的根源在于客观观念或理念之说者,主张先有客观观念的美,由它外化而为自然的美,再由对自然事物的模仿而为艺术的美,柏拉图的主张就是如此。又如认为美的根源在于感情之说者,认为客观事物的美和艺术的美同样是由于感情移入,即由感情移入而产生客观现实的美和艺术的美,里普斯的主张就是如此。前者认为美学领域三部分的相互关系,是由观念的美到现实的美,再到艺术的美;后者认为由美感有关的感情到现实的美,也由这种感情到艺术的美。这是旧美学中注意到了美学领域这三方面的重要意见。

以上两种说法,我们认为不对,这在第一节里早已指出。简言之,第一说的所谓美的根源在于客观观念,事实上既无所谓客观观念,也无所谓客观观念的美。人们的美的观念原是根源于现实,并不是美的现实根源于观念。所以认为由客观观念的美到客观自然的美,是完全颠倒事实的说法。因而这一说的美学领域三方面的相互关系是不正确的。第二说的认为美的根源在于感情。但是美感的产生显然是由于客观的美的影响,而不是客观的美根源于某种感情。它所谓由某种感情到外物的美,也是把真实的关系颠倒了的。它又把艺术美与现实美看成同等并列的东西，就是否认艺术反映现实，否认艺术美根源于现实美，也是荒谬的。因而这一说的美学领域三者的关系是完全错误的。

我们认为美学领域三方面的相互关系是：客观现实的美是美学领域其他两方面的基础，也即美感及艺术美的根源。美的现实也和其他的客观存在一样，是离开我们的意识而独立的、却又是我们所能认识的。人们由于对美的存在能够认识而发生美感，显然，美感是由客观现实的美所引起的。至于艺术是一定社会生活在人们头脑中反映的产物，是人们的主观意识对于客观现实认识的结果；艺术的美也是人的主观意识对于客观现实的美的认识的结果，也就是说，现实的美又显然是通过人们的美的认识或美感而成为艺术美的根源。

要之，美学领域的三个方面，第一是客观现实的美，第二是美的认识或美感，第三是美的创造或艺术。唯有理解了现实的美才能正确地理解美感，也才能很好地理解艺术的美。我们认为只有这样认识美学的领域及其三方面的相互关系才是正确的，也是在美学方法中有重要意义的。

第三节　美学的性格

一门学科应有它独自的性格，表明它在科学中特定的地位和意义，美学也是如此。美学的性格究竟如何呢？这是我们现在要考察的。

所谓学科的性格，是这门学科独立自存的关键。既有它独自的对象，也有它独自的内容和意义，有它和别的学科的关系和区别。学科的性格也可以说决定于对象和方法，但它的性格如何，又不能不说是科学方法中的一个重要问题。一门学科如果没有它独自的性格，不是这门学科不能成立，就是它的方法上有错误。

美学是规范之学抑说明之学？

关于美学的性格，过去也有些人论及过。大致说来，在旧美学的艺术学派中，多数主张美学只是说明之学，我们在上面所引丹纳的话便是一个好的例子。他的话说："我自己的唯一任务，便是把事实提供给大家，把那事实如何产生提示给大家。……毫无超乎这以上的东西。"也就是说，美学是仅仅说明事实，不须评价，也不要规范。

反之，思辨哲学的美学派，大多数都主张美学是规范之学，并曾设定一些所谓美的规范，如均衡、调和、变化和统一等等。如新康德派的柯恩把美学作为价值学，要求有一定的规范，而在论艺术表现时，就要求形式化的统一性，因而提出均衡、节奏、调和是一定意义上的规范。[1]即使如艺术学派的莫伊曼也曾说到，对于事物美丑的评价，总要有一定的规范为标准。

关于科学的分为说明之学和规范之学，这种分法就有问题。事实上没有一种科学可以说是单纯的说明之学或单纯的规范之学。因为一切科学大致都是由分析事物的现象去掌握事物的本质规律，并以此作为实践的指导和生活的准则。所谓科学的规范，应当就是以事物的本质规律为根据的，离开了事物的本质规律的所谓规范都是虚伪的。

任何科学总要或多或少、或迟或快地把它所研究的事物的本

---

[1] 大西升：《美学和艺术学史》，理想出版社1942年版，第259—260页。

质规律应用于实际生活。即以自然科学来说,也不能是单纯的说明之学,如植物学不能不研究各种植物的生态和生长的规律及其和人的生活的关系;动物学也不能不研究各种动物的生态和生长的规律及其和人的生活的关系。它们是如何的有益或有害,应如何饲养培植,都要掌握它的本质规律来作为应用或评价的标准,也可以说,这就是一些规范。《美学及一般艺术学》的著者窦梭亚便曾说:在美学上,一切的说明同时都可以为一种规范。①这点意见是对的。人们要掌握事物的本质规律,正是为了要应用这种本质规律来改造事物,以期有助于生活实践。上面曾引马克思的一段名言说:"人则懂得按照任何物种的尺度来进行生产,并且随时随地都能用内在固有的尺度来衡量对象,所以,人也按照美的规律来塑造物体。"美学也就是要掌握事物的美的本质规律,并依照它来创造艺术。很显然的,所谓美学是说明之学抑规范之学的分辨,简直是无意义的。美学是说明之学,同时也是规范之学。

要了解美学的性格,最好把它和相关的学科比较一下,则容易了解它和它们的联系与区别之处,也即了解它们的共性和特性。和美学相关的科学,据上面所说,主要是三种:一是艺术学,二是心理学,三是哲学。

艺术学和美学的关系

首先我们来考察艺术学和美学的关系吧。美学应该研究艺术,对于艺术的研究是美学的很重要的内容。但是仅仅以艺术为研究对象的艺术学,不管是所谓艺术哲学或艺术科学,不能完全解决艺术

---

① 参看大西升:《美学和艺术学史》,理想出版社1942年版,第241页。

的某些重要问题，这是我们在上面说过了的。且说艺术总要求是美的，事实上也有些艺术品是美的。因此就有艺术美的本质和艺术美的根源以及为什么有的艺术品美又有的艺术品不美等等问题，都得研究，但在艺术学的范围之内，这种问题是不可能得到明确的解答的。

我们知道，艺术的唯一源泉是社会生活，那么艺术美的根源也应该是社会生活的美。社会生活中的美和艺术的美，既然两者都是美，而且前者是后者的根源，那么在本质上就应该有相同之点或一致之处，即由现实美进而理解艺术美，当然是便利的。这是一方面。艺术美的创造还关系到人们对于美的认识或美感。而且艺术虽要求是美的，却未必都是美的，这又关系到人们对于美的认识的正确与否，美感的正当与否。所以要完全了解艺术美的问题，就不能忽视现实的美和人们的美感的问题。而仅仅以艺术为对象的艺术学，无论它是对历代艺术作品做社会学的研究，或对原始艺术做人种学的考察，都是不能达到现实美及美感的领域的。因此我们曾说，艺术学不但不能代替美学，而且它在某些问题上还要有研究现实美和美感诸问题的美学提供理论基础。

当然，艺术学或艺术理论，仍然是一门具有独自性的学科，如研究艺术作为意识形态的意义，它和基础及其他上层建筑的关系，研究艺术的基本性质或特征及其构成规律，研究艺术的创作过程、创作方法和批评标准，研究艺术史的发展及其规律等等，都是很重要而有意义的。但是艺术的性质及其构成规律，艺术的社会意义及其特殊作用等，又都是和艺术美有密切关系的。固然艺术并不都是美的。即使对于那种不美的艺术，也只有在美学的范围内才可能正确地说明它为什么是不美的。也就是说，艺术的美与不美的问题，都不能在艺术学的范围内，而只有在美学的范围内可以得到适当的解释的。

美学既然要研究艺术的美，而艺术的美实际上又和艺术的其他重要问题都有关系，因而也不得不加以研究。有的人认为艺术的本质和特征，艺术的社会意义和社会作用，艺术史的发展及其规律等问题，是艺术学所特有的，不是美学所要研究的。我们认为这种说法是把艺术的美和其他性质与规律等割裂开来，显然是不恰当的。固然以艺术为对象的艺术学必须研究艺术的有关诸问题。但是这些问题，同样是美学要研究的，而且也同样是美学能更好地研究的。我们认为应该肯定艺术的美是艺术的根本性质之一，是和其他的性质与规律有多种不能分割的关系的。如艺术的本质和特征，既不能说和艺术的美无关；艺术的社会意义和作用，也不能说和艺术的美无关。具体地说来，如果把艺术的美和艺术的现实性、思想性和形象性等分割开来，或者把艺术的美和艺术的感动人、教育人、彰善惩恶的作用分割开来，一切的说明都将是有很大的限制性、片面性，难免是抽象的、浮泛的、不切实、不圆满的。所以美学既要研究艺术的美，也要研究艺术的一般性质和意义，要研究艺术的一般问题。而且对于艺术的各种问题的解释和解决，可能比之艺术学更周到也更深刻些。

在这里还要附带说到，艺术表现技巧有关的某些学科，如美术有关的透视学、色彩学、解剖学等，虽然对美术创作是必要的理论知识，但是这些学科基本上是自然科学的范围的，既不是属于艺术学，也不是属于美学范围的。

要之，艺术学和美学虽然都要以艺术为对象，研究艺术有关诸问题，这是两者相同的地方；但是美学还要研究现实美和美感有关诸问题，这是和艺术学不同的。所以美学较之艺术学的范围更广些，理论的基础更深些，概括性更大而原则性更高些。没有美学不能完全解决艺术理论的一些根本问题，这是丹纳及格罗塞的有关著作可以证明的。

艺术学和美学的关系，简单说来，美学可以包括艺术学；如果用比喻的说法，好比内切的两个圆，艺术学是内切于美学的。

心理学和美学的关系

其次，我们来考察心理学和美学的关系。过去心理学的美学，是用心理学的方法，在心理学的理论基础上来研究美学的。同样，也有些人用心理学的方法，在心理学的理论基础上来研究艺术，因而有所谓《建筑心理学》《绘画心理学》等著作问世。朱光潜的《文艺心理学》也是这样的书。这种美学或艺术学，只是心理学的一部分，或者说只是心理学的附庸罢了。

当然，美学要研究美感问题，而美感本来是一种心理活动，于是美学也就不得不关联着心理学，这是不成问题的。可是关于心理学本身的方法和途径也还在摸索之中，它本身的性格也还是模糊的。为了适应所谓科学方法的要求，当前心理学的研究仍然没有脱离生理学化的倾向。心理活动固然有生理的基础，要理解心理活动也要理解它的生理基础；然而有时所说的那些生理现象并不能正确地说明它的心理意义，这种心理研究还只停留在生理学上。而心理学的美学派既要把美学的基础放在心理学上，也就是要用一些生理现象来解释美学心理或艺术心理，这样的美学也就必然要随着心理学的生理学化而生理学化了。如以筋肉运动感作为美感并用它来解释美，显然是牵强附会，已是牛头不对马嘴了。至于所谓从进化论来探索美感心理的发展，把动物的某种本能活动作为美感来谈，则是把美学的随心理学而生理学化更进一步推上生物学化了。这样的美学自然不可能解决什么美和美感的问题，反而把这些问题搞得更混乱了。

我们不是说美感不是一种心理现象，或者这种心理现象是无关于生理状态的。任何心理现象都和生理现象有关系，而生理现象却也有生物学上的渊源。但是心理现象究竟不等于生理现象，更远离着生物学上的渊源。即以美感来说，它和一般快感显然不同，这是我们在上面本来早已说过了的。如吃得甘鲜可口，穿得轻软适身，这是一般的快感，不是美感。关于美感和一般快感在表现上的区别，是柏拉图以来许多哲学家和美学家所能承认的。而关于美感和一般快感在性质和内容上的区别，在美学史上却少有认真而详细的论证。我们在第一节中曾说到感觉不能掌握美，不能认识美的本质，不能把美的本质作为美的本质来理解，这就表明我们对于美感和快感区别的初步看法。我们认为快感只是感官的快适，是生理上的满足；而美感则是心灵上的愉快，是智性上或思想上的满足。有时美感也兼有感官上的快适，但主要是心灵上的愉快。如许多美术品也能"娱目"，而主要是能"赏心"；音乐也能"悦耳"，而主要是能"怡神"。因此单由生理现象来考察，最多只能说明一般快感，不可能说明美感，这是可以断言的。

但是心理学派的不能解释美感的问题，不仅由于心理学的方法的错误，也由于对美的不理解。美感是由于客观事物的美引起的，客观事物的美是美感的根源。因此要理解美感固然要有关于一般心理现象的科学知识，同时也还要能正确理解美。如果只是以心理学的理论为基础，首先就不容易理解美感；而心理学的美学家却要由此更进一步去解释美，显然更是错误的，也是不可能办到的。

然而美感究竟是一种心理现象，美学和心理学总是有关系的。只是美学仍然是美学，决不能徒以心理学的理论为基础，更不能如心理学的美学派那样把美学心理学化；心理学在探索到正确的方法和途径之后，当可成为有助于理解美感的科学。美学和心理学相关之处即在于美感，除此之外，各自当有不同的主要内容，两者在科学上的地位则是各自独立而不相属的。如果也用比喻来说明，就好像两个圆在美感部分是相交的。

哲学和美学的关系

最后要考察哲学和美学的关系。过去思辨哲学的美学家，认为美学原是哲学的一部分，或者说哲学的一分支；而艺术学的美学派和心理学的美学派，许多人都反对这种看法。他们认为思辨哲学的美学家大都根据自己的一种思辨的哲学体系，演绎出一些美学理论，根本是不对的。但是美学果然不能和任何一种哲学体系联系吗？却也未必如此。

我们认为思辨哲学的美学的遭到没落的命运，原不在于它和某种哲学体系的联系或直接联系，而在于它和一种思辨的哲学体系联系。思辨的哲学体系都已逐渐没落了，所以和它联系的思辨哲学的美学也必然没落，实际上也已逐渐没落了。但是思辨哲学体系的没落，并不是一切哲学体系的必然没落。哲学至今依然存在，而且必须存在，同样美学如上所说是必须存在的。那么，心理学的美学和艺术学的美学的反对美学和"思辨哲学体系直接联系"虽是对的，却不能认为美学就不能和任何哲学体系联系。

应该说，作为观念形态的文化科学，都和某种哲学体系有一定程度的联系。其中技术性较强的学科联系少些，而理论性强的学科联系多些。所谓哲学体系，根本就是世界观或方法论，它是概括各种认识的总的观点，又是指导各种实践的最高原则。因此作为观念形态的文化科学不得不和某种哲学体系或多或少、间接直接地联系着，美学也不能例外。美学必然要和某种哲学体系联系，而且往往是直接联系的。心理学的美学和艺术学的美学也是和一定的哲学体系联系的。从方法论上说，他们反对"思辨的"抽象推理，而主张依靠"实证的"事实，也就是反对"思辨哲学"而联系"实证哲学"。实证哲学自以为超越在唯心主义和唯物主义之上，而实际上是以科学的伪装掩饰的主观唯心主义。如心理学的美学家大多数认为，美在于主观意识，不在于客观事物，所谓客观事物的美是由于感情移入或美感决定的。这就明显表现是主观唯心主义观点。而艺术学的美学家的某些人的庸俗的乃至进化论的社会观点，也就表现着它是和粗鄙的唯心主义联系着的。

我们知道，哲学是研究客观存在与主观意识的关系、认识世界与改造世界的关系及其规律的科学，以求更深入地认识世界、更好地改造世界。那么，美学呢？我们也可以概括地说，美学是研究客观现实的美与主观意识的美感的关系、认识事物的美与创造事物的美（主要是艺术）的关系及其基本规律的科学，以求更深入地认识现实的美、更好地创造艺术的美。很显然的，美学不但可以和哲学体系直接联系，而且要和哲学体系直接联系。不能正确理解主观意识与客观存在的关系、认识世界与改造世界的关系及其基本规律，也就不可能正确理解客观事物的美与主观意识的美感的关系、认识事物的美与创造事物的美（主要是艺术）的关系及其基本规律。而且美学史的事实也可以充分证明，一切美学家的美学观点，实际上就是他的哲学观点的一种表现，而我们批判他们美学思想的错误，也得深入地批判到他们的世界观的错误。

美学何以会同哲学必然有这种直接联系呢？因为它研究对象的范围，既关系着客观世界，也关系着人的主观意识，既关系着认识，也关系着实践，因此它的根本性质，不同于任何一门自然科学或社会科学而和哲学类似的。然而美学研究的对象究竟只是客观存在及主观意识的特定部分或特定作用，它作为学科的性格又和哲学也有显然的不同。于是把美学单纯地看作哲学的一部分或一分支，未免轻视了它的特殊性，以致忽视了它的独自性。美学和哲学虽然有必然的直接联系，而美学依然是有鲜明独自性的科学。作为科学的美学既有独自的内容和原则，也有独自的意义和目的。美学和哲学的关系，如果我们再用比喻来说明，好比立体几何学上的投影，哲学这个大圆投影到以美为中心而形成的美学的小圆。

美、美感和艺术三者的关系

美学的内容，简单地说就是美、美感和艺术的关系及其基本规律。在这里，首先是三者的关系；更主要的是三者的基本规律。三者的基本规律之中，客观现实的美的规律是根本的，反映在人们的头脑里成为美的认识、美的观念的规律，运用于创作成为艺术美的规律。三者的基本规律是一致的，后二者一致于客观现实的美的规律。就这点来说，我们的美学的性格固然和艺术学不同，而且也不是一般所谓"Aesthetics"，而是黑格尔曾一度拟称的"Callistics"[①]，这样才名实相符。虽然黑格尔因为否认自然美而终于放弃了这个名称，仍用"Aesthetics"或"艺术哲学"。我们肯定自然美，认为只有用"Callistics"这个名称才是名正言顺的。

从美学的意义来说，它是为了美的认识，并求在美的认识的基础上从事美的创造。美的认识、美的欣赏，同样还有美的创造，既使人们得到精神上的愉快，也使人们受到精神的教育，感情上的

[①]《美学》，第一卷，第1页。

锻炼，性格上的熏陶。所以美的事物，特别是美的艺术，从来就是社会教育的有效工具，也是阶级斗争的有力武器。而马克思、恩格斯则把美学、文学艺术作为社会的上层建筑的基本组成部分，和哲学、宗教处于同等重要地位，是值得我们认真思考、深刻体会的。

此文是《新美学（改写本）》第一卷（中国社会科学出版社1985年）的第一编第四章《美学方法论》。

现实美总论

客观现实中有美的事物，无论自然界或社会生活中都是有的，这种事实，既为一般人的常识所承认，也为许多美学家的理论所肯定。不过再进一步来说，客观现实的美究竟在于现实事物本身呢，还是不在于它本身呢？不同的美学家就有不同的说法了。

如上所述，唯心主义美学家都否认客观现实本身有所谓美。只是有的人直接主张美在于心或美由心造，他们大致都是"主观的美"论者，根本无所谓客观现实的美，也根本不提到自然美。另有的人却主张客观现象有某种客观条件，作为物质资料，而美则是心所创造的。这在表面是所谓心物结合论者，他们也是不把自然美作为问题来议论的。以上两派实质上都是主观唯心主义者，其间的区别只是前者是勇敢的，而后者如恩格斯所曾说是羞怯的罢了。因此在过去把自然美作为问题来谈的，主要是由于客观唯心主义者如黑格尔派的一些言论所造成的。从表面上看似乎他们所论自然美是不是真正的美，而实质上所说的也是自然本身有没有美。总而言之，他们也是否定自然美的。然而现在又还有些人虽然并不直接否认自然美，却认为自然美不在于自然事物本身的自然性，而在于自然事物的社会性云云。这个说法文字上似乎承认自然美这个名号，实际上也是否认有所谓真正的自然美。虽然他们所以得出这个论点的思想原因和黑格尔不同，但两者的结果是一样的。

我们现在要论的现实美就是要包括自然美和社会美两方面的。这就是说，我们认为现实中有美的事物，一切现实事物的美都在于现实事物本身。社会事物的美既在于社会事物本身；自然事物的美，也在于自然事物本身。而且我们所说的社会美是指社会事物的真正的美；我们所说的自然美也是指自然事物的真正的美。我们既然要肯定自然美，就要在对现实美、包括自然美和社会美进行具体分析论证之前，先要批判否定自然美诸说的主要论点作为前提。

第一节　否认自然美诸说批判（略）

第二节　美在于现实事物属性条件的统一关系上

我们承认客观现实中有美的事物，承认现实事物的美就在于它本身，因此认为这种美的现实事物，就是我们考察美的问题的实际可靠的基础。也就是说，我们只有肯定现实事物的美就在于现实事物本身，才能对它进行科学分析、作为美学研究的出发点。

现实中究竟有哪些事物是美的呢？我们认为现实中美的事物很多，这里只举几个一般人都会承认而无异议的例子来说，如春晨的红霞，秋夜的明月，是人们都认为美的；盛开的牡丹，强壮的雄狮，也是人们都认为是美的；还有我们的人民解放军的战斗英雄，社会主义生产的劳动模范，我国人民也都认为是美的。这些现实的事物或人物，为什么是美的呢？这就是我们首先要研究的。

美的现实事物的根本意义

我们既然认为这些美的事物是现实中存在的事物，也就是认为它们是客观世界的实际存在。它们既是客观存在，这就是说，它们不是为观赏者的主观意识而存在，也不是因观赏者的主观意识而变化的。如自然界的红霞或雄狮，它们作为客观存在，这些人看它们或那些人看它们，它们本身总是一样的；有人看它们或没人看它们，它们本身也还是一样的。要之，客观现实事物的美，就在于客观现实事物本身，决不是外加的。即使如人民解放军的战斗英雄，社会主义生产的劳动模范，我国人民认为他们是美的，而阶级敌人认为他们是不美的；但是他们作为客观存在，他们的属性条件，他们的性格品质，依然是一样的，不因为不同的人对他们的看法不同而有所改变。他们的美也是如此，不因为不同的人对他们的看法不同而不一样。

其次，作为客观存在的美的事物，从它们本身的属性条件来说，也和其他的不美的事物一样，根本都是客观的。如春晨的红霞，作为客观自然界的事物来说，是由云层与太阳光线的关系等自然物的属性条件形成的；强壮的雄狮，作为客观自然界的动物来说，是由哺乳动物的巨大而强健的躯体等自然的属性条件形成的。红霞和雄狮，它们作为自然现象或自然界的兽类，都是由自然的属性条件形成的，没有一点什么非自然的或超自然的东西。那么，所谓自然界事物的美在于它们本身，也就是在于它们本身所固有的属性条件，而不在于它们本身所没有的非自然的或超自然的东西。

至于人民解放军的战斗英雄，社会主义物质生产的劳动模范，当然不是自然界的事物，而是社会的人，虽有自然实在的身体，但人的本质，正如马克思所说，"在其现实性上，它是一切社会关系的总和。"他们作为战斗英雄或劳动模范，从本质上说，也没有一点什么和一般革命人民不同的非社会的或超社会的东西。那么，他们的美也就在于他们本身所固有的、作为革命人民的社会的属性条件，而不在于他们所没有的非社会的或超社会的东西。

既然现实事物的美在于它本身，在于它所固有的属性条件，社会事物的美在于它本身所固有的社会的属性条件，那么，它的美是否可以说就在于它的某一种属性条件呢？例如说，春晨的红霞美，而乌云不美，两者的显著的差别就有一点，即红霞是红色的，而乌云不是红色的。那么红霞的美是否就在于它是红色呢？我们认为红霞的美显然和它是红色这点是分不开的。而它的红色也和其他的属性条件是互相联系、互相渗透的，因而又有它的特点，这就使它既不同于红土的红色，也不同于红血的红色。又例如说，强壮的雄狮美而大象不美，显然雄狮有一种特点，它的头颈上有黄色的鬣毛，而大象没有。但是如果以为雄狮的美就在于它的这种特点，这就更不对了。我们认为雄狮的美，假使只从外形上看，它头颈上的黄色鬣毛，也可以算作一个条件。但不能说，它的美就在于它头颈上的黄色鬣毛。这样说很显然是不完全的、片面的、不妥当的。

人民解放军的战斗英雄和社会主义生产的劳动模范，他们的美就在于他们本身，在于他们的社会的属性条件，主要是由他们的阶级性决定的。但是他们的美是否可以说就在于他们的阶级性呢？固然，他们的美和他们的具有无产阶级的自觉的阶级性有密切关系，或者说有决定作用，却也不能认为就在于他们的阶级性。因为人的阶级性，从一方面说是比较广泛的，有一定觉悟的无产者都有这种阶级性；而他们却未必都是我们在这里所说的战斗英雄或劳动模范这样美的人物。从另一方面说，所谓阶级性又是比较抽象的，而美决不能是在于抽象的东西上。当然,在具体的人身上,阶级性要通过人的种种思想、感情、言论、行为等等表现出来,因而不是抽象的。不过,这也和上说红霞的红色一样,是和其他的属性条件互相渗透、互相联系的。因而也如红霞的美不能简单地认为在于它是红色一样,人民解放军的战斗英雄和社会主义生产的劳动模范的美,也不能简单地认为就在于他们的阶级性。

现实美与事物属性条件的关系

现实事物的美在于它本身,在于它所固有的属性条件,却又往往不在于它所固有的某一属性条件。这从理论上来看也是容易明白的。首先就是如上所说,事物的任何属性条件都是和其他的属性条件互相联系、互相渗透,不能分割的。然而现实事物的美,有时看来就在于该事物的某一属性,如自然事物的美,有时看来就在于该事物的某一自然属性。不过实际上应该说原来这自然属性本身是美的,因而使这自然事物也见得是美的。这就是自然事物的现象美。关于这点,我们在后面还要详细地谈它,这里就不多说了。至于社会事物的美,就决不会有类似的情况,即社会事物的美决不在于该事物的某一属性条件,即使单从外表来看也没有这种情况。

由于事物的属性条件,有些是比较简单的,而有些则是非常复杂的。特别是自然界的某些事物,属性条件非常简单,因而它的美看来似乎就在于它所固有的某一属性条件或某些属性条件。但事物的属性条件愈复杂,愈难区分哪些属性条件是形成它的美的,而哪些又是和它的美无关的。如红霞本身的基本的属性条件就是云层反射初出的太阳光线,它的属性条件本是简单的,它的美和它的属性条件的关系也很简单,因而关于上述红霞的美,我们认为就是自然的现象美。而雄狮所具有的属性条件就远为复杂，实在很难断定哪些属性条件是和它的美有关系，又哪些属性条件是没有关系的。我们在前面也提到几点，即所谓强壮有力的肢体，凶猛可怕的姿态，包括它头颈上黄色鬣毛。而所以提出这几点，确是没有根据什么标准，只是凭主观印象所生的感想罢了。而且所谓强壮有力的肢体，凶猛可怕的姿态，每句话几个字，却有概括的意义，有丰富的内容，即使如此，关于雄狮的美的说明，也显然还是片面的，不完全的。且如它的炯然发光的眼神，柔滑光泽的皮毛，还有它的锯牙利爪等等，如果认为和它的美没有关系，那显然是不妥当的。

而且我们还没有说到社会事物的美和它所有的社会的属性条件的关系；即如人民解放军的战斗英雄，社会主义生产的劳动模范，作为社会的人所具有的社会的属性条件，比之自然界的如雄狮这样的动物，更是复杂得多。由一切社会关系所反映而形成、特别是由生产关系、阶级关系所决定的人的思想、感情、意志、性格、精神、品质等等，则不仅是复杂的，而且是内在的。如对于战斗英雄和劳动模范的种种内在的社会的属性条件，没有什么可靠的标准，却要作分析、比较、区别而认定哪些是和他们的美有关的，又哪些是和他们的美无关的，我们认为这几乎是不可能的。即使要凭主观的印象试作一种简单的说明，也是毫无意义的。

要之，现实事物的美在于现实事物所固有的属性条件，却不能说只在于某一些属性条件，而和另一些属性条件无关（如自然的现象美已另有说明）。首先就是事物的属性条件都是互相联系、互相渗透，不可能将它割裂开来的。

美在于事物属性条件的统一

现实事物的美既不是只在于它的某一种属性条件，也不是只在于某一些属性条件，那么，我们现在就只有进一步来看，所谓现实事物的美在于它本身所固有的属性条件，也就是在于它的属性条件的总体或整体，在于它的属性条件的统一。自然，这不是说，它的每一属性条件都直接间接地或多或少地和美有关系。

本来许多现实事物都有一定的整体性，生物大都如此，有些矿物如结晶体的石英之类也是如此。整体性是这些事物作为现实事物的存在形态，也和它的美是有关系的。自然界有整体性的事物并不是都是美的，但是如果现实事物原有的整体性被破坏时，即使原来是美的事物，这时它的美也因之受了损害。如一匹膘肥强壮的好马，一条腿被打伤了，或一具六方体的水晶柱被打破了，它们本来是比较美的，这时它的美也受损害了。

自然界有的事物的属性条件很简单，没有特定的存在形态，也就没有什么整体性。但是它们不是作为整个事物，而是作为一种自然现象，有时可能是美的。如上所说，红霞的美或明月的美，就是自然现象的美。又如马克思所谓金银的美，也不是说的金银实体的美，而是说的金银所反射的光芒色彩的美，即作为自然现象的美。这种自然现象的美，就多数情况看，可以说是实体事物的一种形式的美。只是作为自然现象的美，不必计及它的实体；而作为形式的美，则是离不开它的实体。也就是说，前者的美是独自存在的自然现象，而后者的美则受事物实体的制约。形式的美有助于事物实体的美，而事物实质不美则有损于它的形式美。

也许以为自然现象的属性条件既很简单，又没有整体性，那么它的美又该怎么看呢？自然现象的属性条件虽很简单，却也不能说它只是一种或几种属性条件，仍然也是不少属性条件形成的总体。从这点说，它和现实中的一般实体事物是相同的，它的美同样在于它的各种属性条件的统一。

现实事物本身既是它所固有的属性条件形成的总体或整体，有一定的统一的关系，也就是说，它的各种属性条件并不是杂乱无章地凑合起来的；从一般的情况来说，事物的各种各样的属性条件，大致可以分为外表现象的东西和内在本质的东西，或者说，个别的特殊的东西和种类的普遍的东西。这倒是常识的说法，而关于事物的美或不美也可以由常识区分的。现实事物的美，既是在于它的各种属性条件的统一的总体或整体，也就是在于它的本质的东西与现象的东西，在于它的种类的普遍性和个别的特殊性的统一关系。这种统一的关系，即它的本质渗透于现象，而现象表现着它的本质，这主要就是它的种类性渗透于个别性，而个别性表现着它的种类性。事物的各种属性条件，就是按这种统一的关系形成统一的总体或整体。

我们再从上面所举的几个例子来看吧。春晨红霞的美究竟是怎样的呢？根据红霞的具体情况说，它的美就在于天空云层反射着初出太阳光线的红色光芒。马克思论金子的美时曾说："金则专门反射出最强的色彩红色。"本来照射到地面上来的太阳光线，是具有光明和温暖的本性的。而红霞则是由于云层所反射的太阳光线中最强的色彩红色，充分地表现着照射到地面上来的太阳光线的本性，是一种美的自然现象。由此可以看出：春晨红霞的美就在于它的本质与现象、它的种类性与个别性的统一关系。

强壮的雄狮的美也是如此。虽然雄狮的各种属性条件，比之自然现象的红霞是远为复杂的。然而我们还是可以看出，它的本质的东西，主要是它的种属的普遍性，即它作为猛兽的凶猛性，和它的其他的生物的、生理的一般属性条件与特殊属性条件以及由这些所形成的外表现象等，如我们在上面所说的强健有力的肢体，凶猛可怕的姿态，包括它头颈上的黄色鬣毛，都表现它作为猛兽的凶猛性这种本质，即它作为动物的种属性，形成统一的整体。因而雄狮的美也就在于它的本质与现象、它的种属性与个别性的统一关系。

还有人民解放军的战斗英雄的美，社会主义生产的劳动模范的美，也应该说，就在于他们的社会的各种属性条件的统一整体。他们在实际社会生活中，由于各种各样的社会关系反映而形成他们的阶级性，通过他们的思想、感情、意志、性格、精神、品质等，并表现于他们的一切活动：一言一行，一颦一笑，一举手一投足等。这些一切本质的东西和现象的东西，阶级的普遍性和个人的特殊性，统一而成为完整的个人。他们作为战斗英雄、劳动模范的美，也就在于他们的各种各样的社会的属性条件的统一整体。

然而现实事物都是它固有的属性条件的统一，是它的本质的东西与现象的东西、种类的普遍性与个别的特殊性的统一。而且这种统一，并不是杂乱无章的凑合，而是有规律地形成起来的。简单地说，它的本质渗透于各种现象，而各种现象表现着它的本质；主要是它的种类性渗透于各种个别性，而各种个别性都表现着它的种类性。或者说，事物的一般属性条件，包括它的个别性，都以它的本质的种类性为根本，而且为它所制约，为它所规定，按一定的层次，一定的程度来表现它，以至成为外表的现象。事物的这种统一关系，也就是事物所赖以形成的规律。于是所谓现实事物的美在于它本身所固有的属性条件的统一，也就是在于它本身所赖以形成的规律。

应该说明，关于现实中美的事物的分析，直到现在，我们还只达到这样的一点，即现实事物的美在于它所固有的属性条件的统一，在于它所赖以形成的规律。既然是说：现实事物的美在于现实事物所由形成的规律，这从一方面说，现实事物的美并不等于现实事物所由形成的规律；因为这里所说的规律，还只是一般现实事物的普遍情况，并不是美的现实事物的特殊之点。也就是说，关于美的现实事物的所以美的原由，我们至今还没有能够说到。而从另一方面说，现实事物的美却也不能违反它所赖以形成的规律；如果违反了这种规律，也就是破坏了它的美所依存的基础。于是我们对于现实事物的美的考察，就只有沿着现实事物形成的规律再向前探索吧。

第三节　现实事物的美的规律与典型的规律

关于现实中美的事物，我们认为首先要肯定它是现实事物，同时又要认清它不同于一般现实事物。前一点是我们根据唯物主义观点的要求，回顾旧美学史的途径，提出来作为我们新的出发点，是我们在上面第一节和第二节中已初步论证了的。后一点则是我们在美论中的基本论点，是这一节里要着重论证的。

美与现实事物形成规律的同异

我们在上面曾说，现实事物的美在于现实事物本身，就是在于现实事物的各种属性条件的统一关系上，也即在于现实事物的所以形成的规律。关于这种规律，简单扼要地说，就是本质渗透于现象，而现象体现着本质；主要是种类性渗透于个别性，而个别性体现着种类性。然而这只是一般事物形成的规律，虽然现实事物的美不能离开这种规律、不能违反这种规律，却也不足以说明美的现实事物的特点，不足以说明现实事物的美的所以为美的原由。因此我们不要进一步探索美的现实事物何以不同于一般现实事物，探索现实事物的美的所以为美的原由。

美的现实事物究竟和一般现实事物有什么不同的地方呢？我们根据上面各点来看，可以设想，也只能设想：美的现实事物的不同于一般现实事物，就是由于它的本质更好地渗透于现象，而它的现象充分地体现着本质；主要是它的种类性更好地渗透于个别性，而它的个别性充分地体现着它的种类性。也就是说，这种现实事物是以突出的现象充分地体现着本质，以独特的个别性充分地体现着种类性；一般地说，这是它的种类中发展得更圆满的或完善的事物。我们也举上面曾说明的几个例子来看吧。

关于春晨红霞的美，究竟是怎么回事呢？我们可以具体地说，就是由于天空的晶莹透亮的微粒雨珠（雪珠）形成大片的云层，特别反射初出的太阳光线最强的红色光芒，真是光辉灿烂，非常充分地表现着照耀地面的阳光的光明而温暖的本性，成为一种很美的自然现象，耀人眼目，不仅能普遍地引起人们的美感，使人心情愉悦，而且能使人们精神振奋，意气昂扬。春晨红霞的美，是不是果然这样的呢？如果原则上红霞的美就在于红霞本身，在于它所固有的属性条件的统一，即在于它本身所由形成的规律，而红霞的美又不能违反它的规律，只能沿着这种规律、并以它为基础而向前发展，这就是说，它只能是以突出的现象充分地表现本质；主要是以独特的个别性充分地表现着种类性，我们认为这就是春晨红霞的所以美的原由了。

再说强壮雄狮的美又是怎样的呢？雄狮的美就是它的强健有力的肢体，以至它的钩爪锯牙；它的凶猛可怕的姿态，包括它头颈上披着的刚劲的黄色鬣毛，都充分地表现它作为猛兽的凶猛性，在猛兽中也是特别威武雄健的，因而是美的。雄狮的美是否果然这样的呢？我们认为这样说明雄狮的美，既是根据雄狮的实际情况，也是符合前面所说各种规定的。从这个例子来看，也可以说，它的突出的现象充分地体现着本质，独特的个别性充分地体现着各种属性，这就是雄狮的所以美的原由了。

人民解放军的战斗英雄的美，社会主义生产的劳动模范的美，又是怎样的呢？先且说到，我们的人民解放军和社会主义生产者，都是在我党领导下从事阶级斗争和生产斗争的革命人民，都有一定程度的无产阶级的自觉的阶级性，也都知道要为人民服务，为社会主义革命和建设服务。而人民解放军的战斗英雄、社会主义生产的劳动模范，首先就是认真学习马克思列宁主义、毛泽东思想，改造非无产阶级的思想，他们的一般言谈、行动、作风和气派等，都体现着无产阶级觉悟，革命人民的高尚品质。作为人民解放军的战士，富有热爱人民而仇恨敌人的英勇无畏的战斗精神；或者作为建设社会主义的生产者，特别热爱集体而辛苦操作的大公无私的劳动态度，因而在战斗中或在生产中都曾做出优异的成绩，取得相当的胜利，这就是他们不同于一般的人民解放军战士、不同于一般的社会主义生产者的原因，是他们所以成为战斗英雄和劳动模范的原由，也就是他们的所以美的原由。因此就可以更明显地看出他们的美，正是不违背一般革命人民所具有的基础，而且是沿着这个基础向前发展了的。就他们的实际具体情况说来，就是不违背一般革命人民品质的根本要求，而且是按照那种品质的根本要求向前发展了。

现在我们也可以从一般的常识上来考察美的现实事物应有的基本条件究竟如何。当然，美的现实事物首先是现实事物，因而现实事物的基本条件，不用说，也是它应有的基本条件。如从外表形式上说，首先是有具体现象的，而且是有个别性的。如果没有这种条件，那是抽象的，既看不见也听不着的，如逻辑上的概念，三段论式，或数学上的数目、方程式等，就不是现实存在的事物，也不可能是美的事物。而从内在实质上说，总是有本质的，而且是有种类性的。如果没有这种条件，那就是纯粹形式的、空洞而无内容的东西，就不是现实的实际事物，也不可能是美的事物。本来现实事物的现象和本质，个别性和种类性是互相联系、互相渗透的，如上所述，由此形成统一的关系，也即现实事物所由形成的规律。然而这些都是一般现实事物的条件或规律，还不是我们所要考察的美的现实事物特有的、不同于一般现实事物的基本条件或规律。

美的现实事物究竟有什么基本条件不同于一般现实事物呢？我们也可以先从外表形式上来看吧。美的现实事物，如上所述，首先也具有现象、也有个别性，这是和现实事物一样的；然而它的外表形式是否也和一般现实事物有所不同呢？一般地说是应该有的。实际上也是有的。如果外表形式没有什么不同的东西，也就是它的外形没有什么新异之点，不能引人注目，即不能引人注意；于是，也就不能表现它的内在实质有什么新意，有什么奥义，这无庸说，它就和一般现实事物毫无不同，它也就只是一般现实事物。然而美的现实事物的外形是应该有、而实际上也有和一般现实事物不同的地方。首先就是它的具体现象是新鲜而特异的，它的个别性是明显而突出的。这种外形就不同于一般现实事物，因而它所表现的内在实质就更完全、更丰富也不同于一般现实事物。不过现实事物的现象与本质、个别性与种类性的关系，本来是矛盾的统一。现实事物的现象是新鲜而特异的，个别性是明显而突出的，对于事物的本质与种类性的关系，可能有两种不同的情况：一种情况是不能很好地表现它的本质和种类性，而且相反地妨碍它的本质和种类性的表现。如雄狮的肢体是羸瘠的，它的姿态是委顿的，包括它的鬣毛也是枯萎的，那么这样的雄狮是病弱的，也就是不美的。而我在前面所说的雄狮的外形的特异之点，是强壮有力的肢体，以至钩爪锯牙、凶猛可怕的姿态包括它头颈上披着的刚劲的黄色鬣毛，比之一般猛兽更能充分地、丰富地、完全地表现它的本质和种类性，因而它是美的。所以从事物的现象与本质、个别性与种类性的统一的关系来说，如果是一般的现象表现本质、一般的个别性表现种类性，这就是一般的现实事物形成的规律；而以特异的现象充分地表现着本质，以突出的个别性丰富地完全地表现着它的种类性，这可以说是美的现实事物形成的规律了。

现实事物的美的规律与典型的规律

我在上面曾引用过马克思的一段话："动物只是按照它所属的那个物种的尺度和需要来进行塑造，而人则懂得按照任何物种的尺度来进行生产，并且随时随地都能用内在固有的尺度来衡量对象；所以，人也按照美的规律来塑造物体。"我们在这里又一次引用马克思的这一段话，因为其中提出了一个非常重要的、也是非常科学的关于美学的根本论点，即美的规律的论点。这个论点正是和我们在上面已经论到的所谓美的现实事物的规律是一致的。

关于马克思的这个重要的科学的论点，我们在叙论中已有专节论述过，这里只是从一个新的角度来论究现实中事物的所以美，因而再来谈到马克思的美的规律的这个论点。我们认为美的规律就是美的现实事物的所以美的规律。因为现实中既有美的事物，这些事物的所以美，就是由于美的规律。这从一方面说，现实事物由于具有美的规律，它才是美的；而从另一方面说，现实事物若是美的，也就是由于它合乎美的规律。

马克思的所谓美的规律，又如我们在上面所说，是和事物的内在的尺度有关系，也就是和我们上面所说的事物的本质、事物的种类性有关系的。就实际存在的现实事物来说，它的现象和个别性，原是和它的本质与种类性相对应的。而且更就马克思所论金银的美的原因来看，所谓"银反射出一切光线的自然混合，金则专门反射出最强的色彩红色"。我们认为马克思的这两句话，正好说明金银的美就是由于以特异的现象充分地体现本质，以突出的个别性丰富地体现着种类性，这是金银的所以美的原由，也就是金银的所以美的规律。

由上所说，可以认为马克思所说的美的规律，就是事物的以特异的现象充分地体现着本质，以突出的个别性充分地体现着种类性；不仅马克思所论金银的美是符合于这个规律的，我们在上面所论红霞的美、雄狮的美以及人民解放军的战斗英雄和社会主义生产的劳动模范的美，也都是符合了这个规律的。虽然在前面论证红霞等的美时，没有提到美的规律，而所论它们的美都是由于以特异的现象充分地体现本质、以突出的个别性充分地体现种类性，不用说，这就是美的规律。

这所谓美的规律，从根本意义上说也就是典型的规律。我们认为典型的事物就是以特异的现象充分地体现着本质，以突出的个别性充分地体现着种类性。这样的事物是典型的事物，它所由形成的规律也就是典型的规律，因此很显然的，美的规律从根本上说就是典型的规律，作为规律的实质是完全一样的。虽然，它们的范围却可能有很大的差异。由于实际情况复杂，拟以后分别详谈，现在只简单地谈几个主要点。

首先且说，在现实事物中所谓典型的意义。一般地说，是同一种类中或同一类型中发展得很正常的、发展得很充分的，因而是有代表性的；有时甚至也称为理想的。这种典型事物，固然包括实际的具体个别的事物，基本上由感性到理性所能掌握并得到具体鲜明而完整的印象的，但也包括广大范围的非常复杂的事物，如典型的资本主义国家或典型的奴隶制社会。虽然也可以说是由感性到理性所能掌握的对象，却不能得到一种具体、鲜明而完整的印象。此外在常识中的所谓典型，还包括抽象的并非实际的事物，如所谓典型的语言、典型的思想等，这些原来就不是形象的，即不是由感性所能掌握的，不能获得具体鲜明而完整的印象的。前一类的典型的事物和美的事物在性质上有一致之处而形态不同；后一类的典型的事物则和美的事物是完全不同的。这所谓典型，只是文辞的歧义而已。

其次，在具体地谈到自然界的事物或阶级社会的事物时，关于典型事物更有不同的情况，也有不同的理解。且以自然界的事物来说，一般所谓典型不仅单指个别的事物，而是也指事物的某一种属或种类。如上所说雄狮是美的、也是典型的，这说的狮中某一种属都是美的、是典型的，而不是单指狮中某一匹才是美的或典型的。又如我们说牡丹花是美的、也是典型的，这说的是同一种属的牡丹花都是美的，都是典型的，而不是单指某一朵牡丹花或某一株牡丹花才是美的、是典型的。由此我们还得进一步说明，关于自然界的事物，主要如生物，尤其是动物，所谓典型事物主要是指典型种属（或种类）的事物，如高等生物中有典型的种属的生物，美的种属的生物；高等动物中有典型的种属的动物，美的种属的动物。关于这些我们将在下一章里再详谈它。

再说阶级社会的一般事物，随阶级的不同而它的典型也不同，甚至也随阶级的对立而它的典型也是相反的。即使在同一阶级之内，一般地说，它的典型事物的根本倾向和意义基本上是一致的；但也有先进的和落后的、或积极的与消极的阶层的区别，因而典型也不是完全一样的。因此有些事物在一定的阶级或阶层的范围内，虽也可以说是典型的，是美的；而从全社会的范围来说，却不能认为不同的典型或相反的典型都是同样的美的、或同等的美的。而只有代表革命倾向的、代表历史发展进程的典型的事物，才是真正美的；而相反的，代表反动倾向的、代表历史发展阻力的事物，则是丑的，而不是美的。

典型环境、典型人物与美的意义

到这里我们有必要学习恩格斯的"典型环境中的典型人物"的论点。恩格斯在给哈克奈斯的信里评论她的小说《城市姑娘》时说："您的小说也许还不是充分的现实主义的。据我看来，现实主义的意义是，除细节的真实外，还要真实地再现典型环境中的典型人物。您的人物，就他们本身而言，是够典型的；但是环绕着这些人物并促使他们行动的环境，也许就不是那样典型了。"这一段话，也是马克思主义文艺理论和美学文献中非常有名的，它的理论意义是非常重要的。根据恩格斯的这一论点的精神，我们认为在自然界的事物中可以提出典型的种属，即高级植物或高级动物中的典型事物可能是美的事物；而在阶级社会的典型事物中有典型环境中的典型人物，也有非典型环境中的典型事物。前者是美的，而后者则不是同样美的，甚至还可能是丑的。因此我们认为，从根本意义上说，美的事物就是典型的事物。只是从常识上说，典型的范围更广些、意义更泛些。这里的所谓典型是排除常识中的广泛意义的和抽象的部分的说法而已。

人们对典型理解的分歧，和典型理论的发展有关系。关于文艺理论和美学上的典型理论有一个历史发展过程，这是我们在上面说了的。而恩格斯的论到典型人物显然是和十九世纪中期出现的新的文艺思想有关。如以英国的狄更斯、萨克雷、法国的巴尔扎克等一批作家为代表所表现的创作倾向，即所谓"现实主义"①一派。马克思和恩格斯都先后热情地赞扬他们这种文艺思潮。恩格斯在给拉萨尔的信中还说到"不应该为了观念的东西而忘掉现实主义的东西，为了席勒而忘掉莎士比亚"。他又因为现实主义要推写典型人物，申论典型人物，即"每个人都是典型，但同时又是一定的单个人，正如老黑格尔所说的，是一个'这个'"②。由于恩格斯的所论，形成了我们现在关于典型人物的理解，原来实际生活中的典型人物，决没有、也不可能有什么抽象的类型的东西，有的就不外是由于它有突出的个别性才能充分地完全地体现着它的本质和种类性的事物，成为有代表性的、"理想的"③事物。

恩格斯关于典型的理论还有重要的一点就是所谓"典型环境中的典型人物"，它的重要意义则是典型不仅仅指人物，也还可以指环境。也就是说，除人物有典型之外，环境也有典型的。其次，即使典型人物既有一般的典型人物，即"就他们本身而言，是够典型的"，还有"典型环境中的典型人物"，则是更高的典型人物。

什么是典型环境呢？按恩格斯在给哈克奈斯的信中所说的具体情形来看，这就是"在《城市姑娘》里，工人阶级是以消极群众的形象出现的，他们不能自助，甚至没有表现出（做出）任何企图自助的努力。想使这样的工人阶级摆脱其穷困而麻木的处境的一切

---

① 英文为Realism，一般艺术史上认为始于法国画家柯尔培在一次画展时标出来的，实则早在席勒的《素朴的诗和感伤的诗》中已出现了。

② 《马克思恩格斯选集》，第四卷，第453页。

③ 马克思和列宁都曾说："典型的即理想的。"参见《列宁全集》，第28卷，第220页。

企图都来自外面来自上面。如果这是对1800年或1810年，即圣西门和罗伯特·欧文的时代的正确描写，那么，在1887年，在一个有幸参加了无产阶级的大部分斗争差不多五十年之久的人看来，这就不可能是正确的了。工人阶级对他们四周的压迫环境所进行的叛逆的反抗，他们为恢复自己做人的地位所做的剧烈的努力半自觉的或自觉的，都属于历史，因而应当在现实主义领域内占有自己的地位"。

"为了替您辩护，我必须承认，在文明世界里，任何地方的工人群众都不像伦敦东头的工人群众那样不积极地反抗，那样消极地屈服于命运，那样迟钝。"①

我们到这里先要说明，恩格斯的这些话，本来是关于《城市姑娘》这小说中的人物的评论；他的"典型环境中的典型人物"这个论点，也是在现实主义的定义中提出的。那么，这和我们上面所论现实中的典型事物似乎是完全另一回事。实际上并非如此，就是一回事，因为西欧先进国家的工人阶级的革命斗争已进行了几十年了，是"属于历史"的了，"因而也应当在现实主义领域内占有自己的地位"。这就很明白，现实主义文艺创作中要求的典型，也是在现实生活中有它的根源的，两者基本上就是一回事，并不是两回事。而且恩格斯在这里所论的正是现实生活中的典型，因而它要成为文艺创作中的典型。

恩格斯先说《城市姑娘》中所描写的工人群众，都是消极地屈服于命运，没有表现出任何企图自助的努力，"就他们本身而言，是够典型的；但是环绕着这些人物并促使他们行动的环境，也许就不是那么典型了"。以时代来说，落后于当时（1887年）好几十年，好像是圣西门和欧文的时代；以地位来说，是文明世界绝无仅有的不

---

① 《马克思恩格斯选集》，第四卷，第462—463页。

积极反抗的伦敦东头地区。因而说这环境"就不是那么典型了"。相反的，欧洲资本主义国家的先进工人阶级，在十九世纪三十年代已开始在政治上显示了自己的力量，四十年代成为席卷西欧的革命风暴的主要力量，而在七十年代初巴黎工人群众第一次建立了工人阶级领导的政权。也就是说，西欧先进的工人阶级已有五十余年斗争的历史，而且还一直是在"解放工人阶级应当是工人阶级本身的事业"这个原则指导下，也即马克思恩格斯直接参加革命斗争的领导之下，西欧工人阶级主要是积极进行战斗，努力争取解放的。只有代表革命阶级的基本倾向、社会发展的主导趋势的环境，就是典型的环境，也即美的环境。其中有代表性的人物，就是典型环境中的典型人物。这里从全社会来说，真正的典型人物，也是真正的美的人物。由此可知，社会生活中的典型的复杂性，同时也是美的复杂性之一斑了。

要之，关于美的事物与典型的事物、美的规律与典型的规律的关系，我们首先根据前一节对现实中美的事物的分析，进一步反复考察美的现实事物的所以美；再从马克思的关于美的规律的论点，恩格斯关于典型的论点，由此论证美的事物根本上就是典型事物，美的规律根本上就是典型的规律。当然两者的关系是非常复杂的，我们也曾说到几点两者不一致或矛盾之处。此外还有其他一些问题，等到下面有关的地方再详谈吧。

此文是《新美学（改写本）》第一卷（中国社会科学出版社1985年）的第二编第六章《现实美总论》。

美的认识初步

我们要论述美感问题,自然要论到其中较为烦难而有纷争的一些理论问题。美感本是美学的重要内容,是它的中心环节,却又性质复杂,关系繁多,加之人们美学的根本观点不同,美感理论的分歧当然是难免的。我们坚决肯定美在于客观事物本身,美感是客观事物的美的反映。在这样的美学观点和美的理论的前提之下,我们认为美感首先是人们对于美的认识,同时也引起人们对于美的感受和感动,这是我们在第一卷的美学方法论中早已提到,而在本卷前一编中也曾简要地论述过的。

我们既然认为美感首先就是对于美的认识,而美的认识或艺术的认识既是一种认识,当然就要考察它和一般的认识或理论的认识的相同的地方和相异的地方,而且还要按认识的发展过程来考察它在感性认识阶段和在智性认识阶段的相同的地方和相异的地方。我们在上面早已说到和美感有关的重要理论问题:如形象思维和美的观念等问题,将在下面另设专章论述之外,现在为了对那些重要问题的论述提供几点理论的前提,即对美的认识的初步情况做点简略的说明。

第一节　美的认识与一般认识同异浅说

关于美的认识我们在前面好些地方都说到过，大致是由于批评美感论中的错误说法或叙述美学史上有关理论时，偶然提到，语焉不详；现在则是要把它作为美感论中的重要论点，比较详细地更有条理地论述它。自然，这一章还只是初步的说明，至于这一节又不过是承前启后的转折点罢了。因此我们在这里就打算从艺术的认识问题说起。

由艺术的认识方式说起

关于美的认识和艺术的认识，我们在前面往往是联系在一起来说的，因为这两者虽不完全相同，却根本上是一样的。但是艺术并不都是美的，艺术的认识也不等于美的认识。前者的内涵是较广泛些，而后者的规定则是更严格些。只是作为认识方式的根本特点则是相同的，也就是说，从认识方式上来说，美的认识总不外是艺术的认识方式的范围之内的，是比一般的艺术的认识更为高级的认识，是合乎美的规律的认识。

关于艺术的认识方式，因为马克思由理论的认识方式论到艺术的、宗教的和实践精神的几种认识方式，作为人类认识的初次分类，给我们关于认识分析以很大的启发，打破了理论的认识方式是唯一的认识方式的成见。于是艺术的认识既是和理论的认识不同，又是和理论的认识同等并列的认识方式。也就是说，艺术的认识既是一种同样的认识方式，又有别于其他认识方式，而有其自身的特点。

我们又曾引用马克思由论希腊艺术而论到神话时所说的那段

话，其中有些话可以看作是关于艺术认识的说明，如"用想象或借助想象""把自然力加以形象化"。我们现在也摘引这句话来看，它就着重提出了艺术认识的两个根本特点。第一，指明认识能力是"想象"；第二，认识活动是"形象化"，而认识所得是"形象"。我们在这里先且说想象。所谓想象，究竟是一种什么样的认识能力呢？当然是关于形象的认识能力，因而认识所得才能是形象。那么，作为艺术认识能力的想象，在一般认识论中究竟相当于什么样的认识能力，是相当于表象呢还是相当于思维？或者它究竟属于什么样的认识发展阶段，是属于感性认识阶段还是属于智性认识阶段呢？在西方近代哲学史上绝大多数哲学家和美学家，都认为想象不同于思维，也不属于智性认识或悟性认识。他们大致都认为思维只能是抽象的，而形象则是和智性或悟性无关的。他们也不认为想象是表象或是感性认识，实际上他们根本不认为想象是一种认识。关于想象这样的说法，我们认为，既和艺术认识的性质、和艺术的实际不符合，也和艺术认识的表现和形象的实际不一致。我们再来看上述所谓"形象"，不用说是艺术的形象，也是艺术认识的成果。形象既是艺术认识的成果，无论这形象是关于人的或是关于物的，也无论是关于自然事物的或关于社会事物的，从它的客观性方面说，若是关于人的形象，不能认为只是关于人的外表现象的模本，而不表现他的性情的神态；若是树木的形象，也不能认为只是关于树木的颜色和形状的样子，而不表现它的种性和生气。再从它的主观性方面说，既是艺术认识的形象，无论怎样，总有人的意识的影响，消极地说是有限制性，积极地说则有创造性。我们从艺术作品的实际来看，从艺术认识的性质来看，认识成果的形象，不能只是外表现象的模本或颜色形状的影子，而是能表现人的性情和神态，能表现生物的种性和生气的，因而我们认为这样的艺术形象，既然说是想象的所得或者说是想象的认识成果，那么，想象决不能被认为是和智性或悟性无关的，决不能被认为是和思维无关的。因为只有思维、只有悟性或智性的认识能力，才能够认识作为人的本质的性情和神态、或作为生物的本质的种性和生气，否则是不可能的。

然而西方近代哲学史上在认识论中不谈到想象，而在美学和艺术论中谈想象也往往不结合着思维，康德在"美的分析论"中虽然把两者（想象和悟性）同时谈到，却仍然是各别的。直到十九世纪前期，别林斯基在批评文章中先后说道："寓于形象的思维"，"用形象来思考"。① 又到本世纪二十年代，高尔基在他谈写作经验的文章中还曾说："想象在其本质上也是对于世界的思维，但它主要是用形象来思维，是'艺术的'思维。"② 从此以后，苏联的一些作家和文艺理论家如法捷耶夫等人就直接运用形象思维这一术语了。我们认为高尔基的这句话说得非常准确，非常恰当；在西方哲学史上长时期对于想象一词，主要强调它是想出形象的能力，创造艺术的能力；而到近代哲学史上就几乎把它排除在认识论之外，也因此就完全割断了它和思维的关系，割断了它和悟性或智性的关系，而在有些美学家和艺术理论家，则是把它和灵感归为一类，视为不可捉摸的心灵中的神秘了。

再向美的认识高度前进

从来关于美论的两种主要说法：一种认为美是创造的，其中有

---

① 中国社会科学院外国文学研究所：《外国理论家和作家论形象思维》，中国社会科学出版社1979年版，第58—59页。

② 同上，第146页。

的认为是人的主观意识的创造，另有的人认为是亿万群众社会实践的创造。话虽是这样说，似乎和前者不同，思想实质上还不外是人的主观意识的创造。凡是明显地主张美是创造的，原则上说，都认为美是主观的，不是客观的，就不会有美的认识这点。另一种认为美是要认识的。却又由于美的形象性，因而有人认为美只能是感性的认识，而不能是理性的认识；更有人认为美就是直觉的认识，但是他所谓直觉的认识原是说直觉的表现，实际上还是归结到直觉的创造。因此在我国当前流行的两种说法，"美感直觉"说或"实践美感"说，都是美的创造说，在他们的美感论中也是很少谈到什么美的认识。

也许以为美学家既然说是"亿万群众的社会实践"，这样产生的美，怎么能说是主观的而不是客观的呢？我们认为既没有无主观意识的群众，也没有无主观意识的实践，即使两者相加，甚至加到多少倍，如说"亿万群众的社会实践"也不能说是无主观意识的社会实践。何况他在美论中就是强调目的性，而且还正是根据所谓实践来谈目的性的。既然强调实践的目的性，还可能否认它的主观意识性吗？我们认为这是不可能的。

现在再说艺术的认识方式，虽然根据马克思对于这种认识方式的提出和相关的希腊艺术和神话的论述来考虑，认为艺术的认识能力的想象，主要就是形象思维，也即艺术的思维；这样的思维的认识成果的形象，决不能理解为只是关于事物现象的认识，或颜色形状的认识，同时也还是关于事物的本质、关系和规律等的认识。这样的形象就是艺术的形象，这样的作品也就是艺术作品。但是我们的美的认识就到这里为止吗？或者美感考察也就完成了吗？有的美学家只是讲到"直觉见出了形象"，这形象就是艺术，也就是美。上面所论可能比这样的美学理论内容还多一点。然而作为美的认识来说，显然还是不够的。因为事实很明显，艺术并不都是美的，而美的也并不只是艺术。要使艺术作品成为美的艺术作品，单单理解艺术的认识方式、艺术的认识能力和这种认识成果的艺术形象，当然是很不够的；也就是说，还要由艺术的认识更前进，还要使艺术的认识能更提高，达到美的认识的高度。

在这里又不得不谈到美是什么这个麻烦的问题。虽然关于什么是美，有的美学家早已提出过所谓"美是人的本质力量的对象化"，而美感也就是"从对象上看到了自己创造的能动性而产生的无比的喜悦"。这种说法得到了大力的支持和广泛的流传，但是我们总觉得这种说法是颇为奇怪的。譬如说，《红楼梦》里讲到贾宝玉第一次见到林黛玉时，顿时心里感到惊喜之情，也就是美感吧。难道他的这种美感，可以说是他从黛玉身上看到了自己的劳动创造的能动性而产生的无比的喜悦吗？又如李白眺望庐山的美而高兴之至不禁写了好几首诗，难道可以说是他从庐山看到了自己创造的能动性而产生的无比的喜悦吗？不管大力的提倡或广泛的流传，我们仍然是感到奇怪的。然而这个美学家后来又有新的说法，即所谓美是"主体的目的和自然规律的统一"，"美感就是这个统一在主观心理上的反映"，云云。可是对于这种新的说法，我们仍然觉得奇怪，不妨再用上述两个事例去审核它一下吧。先说贾宝玉第一次看见林黛玉的惊喜之情，难道是由于林黛玉的美，是宝玉的主体目的和黛玉作为女人的自然规律的统一吗？又如李白的眺望庐山而感到非常高兴的美感，难道可以认为庐山是观赏者李白的主体目的和庐山的山峰的自然规律的统一在李白心理上的反映而产生的吗？要之，美学家的这种新的美学理论，纵然也得到大力的提倡，广泛的流传，我们还是感到奇怪，是不能相信的。

至于我们自己的想法又是怎样的呢？我们只想从艺术的认识方

式的基础上出发,再向前走去。在上面论述艺术认识的方式时已经说明:从认识能力方面说,无论是说想象也好或形象思维也好,既是感性的、也是智性的认识能力,主要是智性的认识能力。而从艺术认识所得的形象既是表现事物的形象、也是表现事物的本质的。例如一个人的形象既表现他的容貌姿态等,也表现他的性情和神气,就是一个具体的活人一样。又如一棵树木的形象,既表现它的枝叶等的颜色形状,也表现它的种性和生气等,也是一棵具体的活的树木一样。但是这样的形象已是艺术形象,当然是不成问题的;但是它们是不是美的艺术形象呢?显然还不是美的艺术形象,它们只是一般的艺术形象;正如现实生活中也有一般的普普通通的人或一般的普普通通的事物一样。至于如何使艺术创作中的形象成为美的形象,我们根据文艺理论的优秀遗产,特别是根据恩格斯关于现实主义文艺创作的言论,在艺术创作要描写出典型的人物形象,也就是要求艺术形象的典型化,只有典型形象才是艺术美的所在。因而我们认为在艺术创作中典型的规律就是美的规律。既然在艺术创作中的美是如此,在现实事物中的美也会基本上是如此。当然艺术创作中美的规律,当适用于现实事物时,有更为严格的特殊规定,这是科学术语常有的情况,也正是严格的科学性的一种表现。

　　为什么能说艺术的美就在于艺术的典型形象,艺术的美的规律就是艺术的典型的规律呢?因为艺术的美总是离不开艺术的形象的,而艺术的形象既是关于客观事物外表现象的、也是关于客观事物内在本质的认识成果的。具体地说,一方面,艺术形象所表现的事物的外表现象,并非只是一般的普普通通的,而是非常鲜明的、突出的、有特点的现象;而另一方面,艺术形象正因为描写出了这样的现象,才更能够充分地表现客观事物的本质。正因如此,我们认为这种艺术形象就是典型的形象,也就是美的艺术形象,那么典型的规律就是美的规律,不是很合逻辑的结论吗?

艺术的认识进行到了典型的认识,美的认识,这应该说是前进到了高级阶段的认识了;而作为认识成果来说,这就是从来就有的、却一直内容不明确的所谓美的观念。我们认为美的观念,不能是从来唯心主义哲学家所说的那样的"天赋的观念""固有的观念""先验的"或"超验的"观念等,而是如上所说的、通过艺术的认识逐步前进而形成的美的观念。这样的美的观念正是艺术家从事艺术创作、创造典型形象的认识基础,也是人们对于现实事物的美的欣赏的意识基础。关于美的认识的初步设想,我们在这一小节里,还是只能谈到这点概略的说明,此外如感性认识阶段和智性认识起点的问题等,将在下面分节去谈它。

第二节 美的认识初步的感性认识

美的认识也以感觉为起点

一般的对于外物的认识都是从感觉开始,感觉可以说是外物的任何现象和属性进到意识中去的门户。列宁曾说:"不通过感觉,我们就不能知道实物的任何形式,也不能知道运动的任何形式;感觉是运动着的物质作用于我们的感觉器官而引起的。"[①]我们要谈的美的认识,也得从感觉开始。

但是感觉也不是简单的,而是比较复杂的。首先由于感觉器官的不同,认识的实际内容也有很大的不同。如从五种主要的感觉器官来看,如上所说,就有两种不同的情况:一种情况是感觉器官能

[①]《列宁全集》,第十四卷,第319页。

直接地明确地反映外物的现象、形式或属性而形成和事物近似的映象，如视觉的认识就是这种情况的代表，听觉也基本上是如此。这种认识的形式虽然也是主观的，但它的内容却往往是客观的，即使渗透着主观的因素及其影响，形成内容不同的层次及其差异，仍然可能和客观事物的现象或形式近似的。而另一种情况则和上述的大为不同。感觉器官由于实际条件的限制，不能直接地明显地反映客观事物的现象、形式或属性，主要是引起主观的感受，虽然通过这种主观感受也能间接地曲折地反映外物某些现象或属性，但是那究竟是怎样的东西，则是隔着一层厚实的主观的障壁。一般地说，是不能明白知道的。如味觉的认识就是有代表性的，而嗅觉和肤觉的认识也大致是如此。这种感觉认识的内容根本是主观的，不能说是客观的。

关于感觉认识的这两种情况，本来我们在上面也已说过，现在还要简单地重提起来，就因为这和我们现在要谈论美的认识很有关系。我们有本书的第一卷里简述西方美感论的历史时，也曾谈到古希腊的柏拉图和中世纪的托马斯都谈到视觉和听觉是和美有关系的。柏拉图还曾进一步说，如果我们认为味觉或嗅觉也和美有关系，将传为笑话。我们是赞赏那种说法的，认为视觉和听觉是可以看作美的认识的起点，而味觉或嗅觉等则是不能如此的。当然这不是说视觉和听觉就能认识美，或认为美就在于视觉和听觉的快感，不是的。我们认为美是客观的、美在于客观的美的事物本身，感觉的认识要能明确地反映客观事物的现象、形式或属性，才有可能反映客观事物中与美有关的现象、形式或属性，才可能成为美的认识的起点，可能成为美的认识的初步。而视觉和听觉既是可能明确地反映与外物的美有关的现象或属性，当然可能看作是美的认识的起点的。味觉和嗅觉等则是相反的，不能明确地反映外物的现象和属性，也就是不可能看作是美的认识的起点的。

视觉和听觉是美的认识起点,而味觉等则不是

我们且举视觉的具体事例来说,如我面前桌子上摆着一个茶杯子,首先看到它的形状是圆柱形的,通体是比较粗大的而底小些。对于茶杯的形状的这样的认识,是眼睛直接从外在对象的茶杯反射的光线接受过来的,因而可以说,这样的感觉的内容大致是客观的。①其次是看到了这茶杯的上半是白色的、下半是蓝色的,这是从茶杯反射过来的、不同波长的光线刺激眼睛的视网膜形成的,即有主观条件颇大的影响,我们看不到光线的波长,所看见的是杯子的不同颜色,无论是白色或是蓝色,都是在杯子上,而不在眼睛上;也就是说,这颜色不是属于主体的,而是属于杯子的。虽然经过视网膜的改造,毕竟没有离开物体,不是你感官上的白色或蓝色,而是杯子上的,也就不能说是主观的,根本上还是客观的。

以上两点是视觉认识的主要方面,即视觉认识的客观内容及其表现的具体情况。但是在我们认识这茶杯的形状和颜色的同时,也还感到它的这样的形状和色彩看起来颇为舒适。这种舒适之感是伴随着对于茶杯的形体和颜色的认识一同来的,实际上也是茶杯的形体和颜色形成一致的特点的反映,却不是客观的,而是认识中由于视觉器官的条件和主观意识的认识的影响而产生的,它可以看作是视觉认识内容的一个方面,却又是和视觉认识形式是互相结合而不可分的。至于产生这种主观感受的视觉器官的条件和主观意识的影响,对于反映外物的制约性及其表现等,则显然是视觉认识的形

---

① 关于事物的形状,心理学是在"空间知觉"项下论它。但它有具体形象是可以感觉到的。

式,不用说,这些都是主观的。只是这种感受既是由茶杯的形状和颜色的认识引起的,如果这种认识可以说是美的认识的起点,那种感受也可以说是美的感动的起点吧。

下面我们也简单说到听觉认识的基本情况吧。听觉是能反映客观事物的音响的。由于音响是现实世界万千现象构成的基本因素之一。通过听觉,人类对于现实事物现象的接触和认识,除视觉外应该说听觉就是最重要的感性官能了。就这种基本情况看来,听觉可以说和视觉是大致相同的。然而听觉所能反映外物的情况仅仅限于声音或音响,究竟是很少的,根本的限制在于不能形成形象的认识。自然,声音的构成就不简单,而声音的表现更是无穷无尽的。鸟的鸣声,雷的轰声;有的乐音,有的噪音;而乐音可以由它的组合中的节奏、旋律、和声等规律构成各种各样的美的乐章。由于乐音又可以成为美的乐章的基础,听觉认识也就可以说是美的感性认识起点之一了。

而且乐音的不同于噪音,还有重要的一个方面在于它引起的主观的感受是比较舒适的,由此也可以发展为关于美的认识的感动,这也是听觉关于美的认识起点的重要的一个方面。到这里我们还得说到,音声引起的感受虽说是主观的,却还是和发出声音的客观存在有关系的。声音本来不同于形状和颜色,也就是没有形象的。但是有时某种声音也可以使人在主观感受中凭联想和想象出现某种事物的形象,如听见鸟的鸣声可以想象出有关鸟的形象;或水的流声也可以使人想象出水流的形象。而且更重要的是声音若能按照它的某种规律构成音乐,还可以恰当地表现人的情感和意趣;听者也由音乐可以感受到音乐家的情感和意趣。这是音乐成就的特殊表现,也是音乐借以弥补听觉的美的认识方面的限制性,而取得美感的重大效益。要之,听觉作为美的认识起点虽有缺点,而美的音乐引起的美感却可能有突出的优点。

现在我们再来考察味觉认识的情况究竟又是怎样的吧。例如，我们日常生活在吃菜时，觉得盐味是咸的，醋味是酸的。是不是这咸味是盐本身的现象或性质，这酸味是醋本身现象或性质呢？不是的。因为盐本身没有什么咸的现象或性质，醋本身也没有什么酸的现象或性质。咸或酸只是人的口味的表现。或者说，盐或醋各有某种性质，刺激人的味觉器官，即人的口腔里、主要是舌头面上的味蕾，而产生咸的味觉或酸的味觉。人们日常生活中习惯上虽说盐有咸味或醋有酸味，实际上应该如费尔巴哈所说：咸味是盐的客观特性的主观表现。那么酸味呢？也应该说，酸味是醋的客观特性的主观表现。因此味觉不是属于外物的，而是属于味觉器官的。味觉认识的内容就不是客观的，而是主观的。虽然通过这种味觉也能间接地曲折地反映外物的某种特性，实际上还往往只能模糊地猜测客观外物的某种特性罢了；也就是通过味觉的感受也不能使人联想或想象到外物的什么具体情况，即不能作为美的认识起点来看待它。味觉既是如此，我们认为嗅觉、肤觉也是和它完全相同的，就可以不用具体地去论述它们了。

知觉与表象和美的认识的关系

认识由感觉向前发展，经过知觉到表象，在认识上这就是感性阶段。知觉是由不同的各种感觉器官对某一外物有关的现象或形式多方面的反映而形成的整体的映象。表象则不是由当前事物所得到的映象，而是过去所得到的某一事物的映象在意识里的重现。这是三者根本上相关而又有区别之点，是哲学认识论所肯定，而心理学上也大致是如此的。这三者的区别实际上也表现了感性认识的发展过程。知觉是对于某一事物的整体的反映,是高于感觉对个别理解或性质的反映的。在知觉中由于是对事物的整体的反映,它的内容在视觉和听觉所反映的客观现象之外,往往还附加上其他感觉的主观感受,在常识上也作为知觉的认识内容来看待。而且在知觉中,对事物存在的环境、空间和时间也有所反映;并在事物的知觉的不断积累中却也形成空间知觉和时间知觉。任何实体事物都是在一定的空间和时间中存在,认识这事物的整体,当可以得到关于它存在的空间和时间的模糊的感知。如上述关于茶杯的各种现象的感觉形成茶杯整体的知觉时,也当有对于茶杯所存在的空间和时间的模糊的感知。特别是关于运动中的事物,如关于飞鸟作为整体的知觉,显然同时也就会有点对于它的运动相关的空间和时间的模糊的感知。关于空间和时间的认识,我们当然不信什么"天赋观念"说,也不信什么"先验的感性形式"说;空间和时间虽没有特定的现象可以感觉它,但随着一切实体事物的存在,特别是运动中实体事物的知觉的同时,作为它们的存在形式当然可以逐渐知觉它们。因此也可以表明作为反映事物的整体及其存在形式的知觉,是高于感觉的。

表象因为是过去某一事物整体反映的知觉的重现,虽然不如当时知觉反映的那么鲜明,却不失为对该事物的整体的反映。而且表象既是知觉的重现,也还表明知觉得以积累,认识更为丰富。这无疑又是表象的认识比知觉更为发展的标志。然而由于表象是事物整体反映的知觉的重现(或再现),基本上是有形象的,因而有人认为这种表象就是由直觉见出来的形象,也就是直觉的创造;于是割断了表象和感觉、知觉的前后相承的关系,也否认了表象的客观事物的认识的根源,这种唯心主义美学的谬论,至今还有人在宣传,我们也不得不又提到它。

感性认识的这样的发展过程,基本上是按照自然性的必然进行的，即以各种相关的感觉而形成知觉来说，显然不是有什么意识作用。例如我们对于眼前苹果的认识，看到它的圆而稍扁的形状，黄里带红的颜色，还似乎闻到它淡淡的鲜果香气，吃到嘴里又似乎感到它甜甜的却带点酸味。对于苹果的这些不同的感觉和感受，由于感觉神经的互相联系、互相渗透的作用，可以在头脑中形成苹果的整体的映象的知觉。常识所谓"望梅可以止渴""闻香不禁垂涎"，就是由于感觉的互相联系、互相渗透的作用。

基本上是一种自然的生理现象，不是由于自觉的主观意识的作用。

从知觉到表象的发展，基本也是由于脑神经的作用。一般鲜明的知觉，即使失去了当前的事物，一时在脑中也留有残象，然后再在记忆中逐渐暗淡而消失。一旦遇到相关的刺激偶尔触发，原来知觉的映象就要再现出来，或者能同样鲜明，一般总是稍为模糊些。在表象的形成中，有时也可能参加一点萌芽式的意识作用，这主要由于两种情况的影响：一种情况是客观事物的刺激是强烈的，留在心理上的印象也深刻，如幼儿在动物园里见到吼叫的老虎的知觉映象是深刻的，回家后这种映象在他的心理上再现而成为表象。又如幼儿在公园里玩时见到飞舞的蝴蝶，也给他形成好感的知觉映象，其后一个时期也还可能回想到这个映象，即再现而成为表象。这两种情况，由于知觉对象都有特点，它们的再现为表象也都多少有点主观上的影响，却也往往是不自觉的。

由于感性认识主要是对客观事物的现象的反映，从视觉来说总是有形象的，而从听觉来说也往往是有形象的，有时也有其他特点。因此上述的视觉和听觉的整个感性认识过程，都可能和美的认识有关系。至于味觉、嗅觉等，虽然单从它们作为感觉来说不能成为美的认识的起点；但在认识发展到知觉和表象时，却有可能附加到知觉和表象上去，因而也有可能凭想象成为美的认识的部分内容，主要表现是成为美的诗歌的部分内容。我们在这里只是从原则上作了简单的说明，至于有关美的认识的感性阶段的一些具体情况，却不能谈到了。

第三节　美的智性认识初步的具象概念

作为智性认识起点的概念不能只是抽象的

感性认识和智性认识，是认识发展过程的两大阶段。关于感性认识的由感觉到表象的发展过程，我们按照自己的理解谈了一些粗浅意见。现在要谈智性认识的发展，首先还得谈到由感性阶段到智性阶段的具体的突变过程，毛泽东同志曾说：这是一次"认识的能动的飞跃"，是认识发展过程中关键性的一着。要具体论述怎样发生这一次的"能动的飞跃"，也就是要仔细地论到认识是怎样地由表象发展到概念的过程。毛泽东同志还曾说："社会实践的继续，使人们在实践中引起感觉和印象的东西反复了多少次，于是在人们的脑子里生起了一个认识过程中的突变，产生了概念。概念这种东西已经不是事物的现象，不是事物的各个片面，不是它们的外部联系，而是抓住了事物的本质、事物的全体、事物的内部联系了。概念同感觉不但是数量上的差别，而且有了性质上的差别。循此继进，使用判断和推理的方法，就可产生出合乎论理的结论来。"[1] 毛泽东同志在这里首先就说，人们在实践中引起感觉和印象的东西反复了多次，于是在人们的脑子里产生了概念，就完全进到了新的认识阶段

---

[1]《毛泽东选集》第一卷，第274页。

了。由此我们大致可以初步想到由表象到概念的具体发展过程。

我们认为从感性认识到智性认识也是从量变到质变的过程，这个变化主要是由认识本身的矛盾推动的。对某种类事物的反复无数次的认识，得到很多根本相同又不完全相同的表象。这些表象在头脑中就像影子在屏幕上一样重叠起来。于是它的共同的本质的东西，由重叠而浓厚，逐渐地显现出来；而某些个别的现象的东西，就相反地逐渐淡薄而模糊了。当同种类事物的表象千百万次地反复出现，某些个别的现象愈来愈淡以至于消失，而它的本质或种类普遍性的影子却相反的愈来愈浓，以至于形成一个明显而特定的东西。当主观意识对记忆中的同种类的表象由不自觉到自觉地认定它是一种新的认识形式时，这就是由感性的表象认识进到了智性的概念认识。我们试行考察这个认识的发展过程，其中起主导作用的是什么。一般地说，在开始时是作为认识内容的表象中所反映的客观事物的本质或普遍性，逐渐得到了加强而巩固，以致有可能排除或摆脱那些个别性或现象的东西，包括原来事物所有的、和在反映时由主观条件附加上的那些东西。而到后来则是由于主观意识的分析、综合和概括的作用，特别是自觉的认定的作用；这一认识发展过程，不是感性认识的发展过程那样基本上是按照自然的必然性进行的，而是认识的主观能动性的飞跃。

因为概念的认识，已开始有自觉的意识活动的参与，就是智性认识的开始，也就是思维活动的开始。认识过程到这个新的阶段，虽是从感性认识的表象发展来的，是以感性认识为基础的。[1]但是它

---

[1] 在一般心理学著作中，往往不把"表象"作为感性认识的单独的重要过程，而只是附记在"记忆"项下去讲，或者根本不用"表象"这个术语，而是作为"认知"去讲。我们认为按哲学传统的习惯用"表象"，由表象再进到概念在理论上更妥当周全些。

在实质上根本不同于表象的认识了。我们知道，概念的认识已不是关于事物的外在现象或个别性的认识，不是关于事物的外部联系，而主要是关于事物的内在的本质或普遍性、关于事物的内在联系和规律的认识。很显然的，概念的这种认识内容，首先且说如事物的本质、普遍性，它的内在的联系和规律，根本不是感性的认识器官和能力所能掌握、所能认识的，而只有智性的思维作用才能掌握、才能认识的。从这点看来，就可以明显地了解由表象认识到概念认识，确实是认识的一个飞跃的发展。但是我们也还应该看到即使是认识的一个"飞跃"的发展，也不是一切概念的认识就都是彻底排除关于外表现象和个别性的认识。因为概念认识的内容就是复杂的，概念认识是否承受某些表象认识的因素，也随它的认识内容而不同。有些概念认识中的本质、普遍性本身就是和外表现象或个别性密切结合着的，这样的现象或个别性不仅不被排除，反而要随着它的本质或普遍性而得以加强。在概念认识中的这种情况，决不是个别的，特殊的，而是相当普遍的。

从来哲学认识论上关于概念的规定，主要是从理论的认识或科学的认识的角度来谈的，这在过去由于历史条件的要求，是有必要的；而从另一方面说，过去的哲学认识论却只能从理论的或科学的认识的角度来规定概念，不能从别的不同的角度来作出关于概念的不同规定，这也是由于历史条件的限制。我们说到这点，因为我们现在正要从美学的角度来谈美的认识问题。我们认为美是客观的，客观的美是可以认识的。关于这两个问题，我们在前面已经适当地论证过了。现在就面临着一个新的问题，即美的认识是否只能在理论的或科学的认识方式下去进行，还是也可能在别的不同的认识方式下去进行？根据我们自己所理解的马克思关于掌握世界的四种方式的论述，很显然的，除了理论的即科学的掌握方式之外，还有其他的不同的掌握方式，其中主要的就有艺术的掌握方式。所谓艺术的掌握方式，我们认为它的正确发展就是我们讨论的美的认识方式。它的不同于理论的认识方式的特点，首先就要表现于概念的认识上，表现它的概念不同于理论的认识方式的抽象概念的特点上。

从来的哲学书中关于思维往往就称为抽象的思维，而思维活动的作用除了一般的比较、分析、综合之外，主要就是抽象、概括，或者说是抽象的概括。在一部哲学辞典中关于"认识的第二阶段"就有一段话说："揭发自然界的客观规律乃是认识的目的，这个目的只有在认识的第二阶段，即借助于抽象的思维才能达到。抽象的思维把感觉和知觉所获得的材料加以概括，撇开事物和现象中所有非本质的、偶然的东西，而深入到它们的本质中去，概括的结果简要地表现为由科学认识所创立的概念、范畴和定律。"我们引了这段话，只是为了说明事实，即从来哲学认识论上关于智性认识或思维作用，只认为是抽象的，这是理论的或科学的认识的说明所必要的。不过假如根据这点即认为一般的智性认识或思维作用也只能是抽象的，因而把艺术的认识或美的认识都排除在智性认识或思维作用之外，这就要妨碍美学思想和艺术理论的发展，并且实际上也长期地妨碍了美学思想和艺术理论的发展。这样的哲学认识论上的论点，正如形式逻辑所表现的同样是有片面性的。也就是说，一方面看它是正确的，也是必要的；另一方面却不能全面地说明并规定整个思维作用或智性认识。我们为要正确理解美的认识，就要对于智性认识或思维作用，首先对于它的起点的概念，有必要从新的角度作进一步的考察。

思维的集中化的概括作用形成具象概念

我们认为思维活动主要有观察、比较、分析、综合、抽象、具象的能力以及普遍化或集中化的概括作用。首先就是观察和比较，即使在概念的形成时，在萌芽的自觉意识中的认定它是一种新的认识时，也要经过初步的对表象和概念的观察、比较才是可能的；而且也是以下各项作用的前提条件，没有观察和比较的能力，其他各项作用即如分析和综合都是不可能的。其次的分析和综合，即在观察、比较之后，才能见其异同。无论是为要异中求同或同中求异，都非经过分析或综合不可；也就是要有分析和综合的作用，才能发挥以后几项重要作用。思维的重要作用首先是在于抽象、具象和概括。关于思维的抽象作用和概括作用，是从来哲学认识论中早已认为是思维的重要作用，有时论到思维活动就只提这两点，或者简单地说即作为一点"抽象的概括"来提。但是我们认为和抽象作用相对应的具象作用，在我们一般哲学书中是很少见到或根本不谈的。但是所谓"具象"，和抽象相对来说原不外是具有形象的意思。据我们所知道的说来，在鲁迅的文章中即曾多次用过它。如在1936年2月鲁迅给徐懋庸的信中谈到小说，称为"具象化的作品"。所谓"具象化"即我们在这里所说的思维的具象作用使它化为形象的。在《且介亭杂文末编》《立此存照（六）》一文中又说"具象的实写"，意思当即形象的写实。又在《准风月谈》的《后记》中还曾说："写了一个后记，使它更完全成为一个具象。"从这几个例句看来，"具象"一词既可作为形容词用，也可作为名词用，而意义则是正好和"抽象"是相对的。原来也有和"抽象"相对的术语，一般是用"具体"一词。但是"具体"一词在我国古代文献中虽是早已有的，而意义稍有差异。如《孟子》中的"具体而微"的"具体"，却是关于"实体"或"实质"的意义，而和形象是无关系的。因此作为科学或常识用语，仍然可以沿用"具体"①，而作为美学或艺术理论的用语，改用"具象"一词，意义更为准确，是完全有必要的。

关于思维的概括作用，诚然是一种重要的作用，因为它是形成概念并影响到以后的判断和推理的。可是在哲学认识论中对于思维的概括作用的理解，认为只是抽象的概括，或者如"抽象概括"的习惯说法那样，认为凡概括都是抽象的，这就是很片面的而不是全面的，这可能也受了形式逻辑的影响。我们这样说，并不是要否认抽象的概括作用，而只是认为概括作用不只是抽象的罢了。我们认为从思维活动的主要情况说来，实际上有两种不同的概括作用。一种是概念的反映事物的本质、普遍性等，确实是排除了表象原有的许多现象的东西，许多个别的、特殊的东西，而主要是概括各表象的本质、普遍性，或者说是同种类的事物普遍有的东西，因而可以说是同种类事物的许多表象的普遍化。这种方式的概括作用所形成的概念，就是一般所说的抽象概念，如光速、价值或自由等概念，确实是根本上抽象的。但是也有的一般所谓抽象概念，如黄莺、高山或红霞等，所反映的事物的本质、普遍性等是和现象或个别性密切结合的，就不能说是完全没有现象因素。因此关于一般认识论中的所谓抽象概念是有不同情况的，它们的抽象性也是相对的。

至于另一种概念的反映事物的本质、普遍性等，不仅不排除那些原有的特殊的现象或个别性，而是相反的，概括那些表象原有的特殊的现象或个别性的东西，形成形象显明而完满的概念，这就是我们在这里要说的具象概念。关于具象概念这个术语，也是早就

---

①形式逻辑学中有"具体概念"一词，即指实体事物的概念。

有了它的渊源的。列宁在《哲学笔记》的关于《黑格尔的〈逻辑学〉一书摘要》里先引黑格尔的话说："我们的活动就是或者只停留在概念的否定的和抽象的形式上，或者依据概念的真实本性把概念理解为既肯定又具体的东西。"列宁在旁边批注说："抽象的概念和具体的概念。"①可见在黑格尔的论述和列宁的旁批中，都认为概念有抽象的，也有和它相对来说是具体（象）的，这就不是形式逻辑上的，而是辩证逻辑上的意义了。还有《哲学笔记》的《黑格尔〈哲学史讲演录〉一书摘要》中，列宁摘引黑格尔的话说："部分的说来，他们（神）是完美的人的形象，它的产生是由于各形象的相似，由于类似的形象不断融合成为同一个形象。"列宁的旁批说："神＝完美的人的形象。"②这表明列宁是同意黑格尔的这个意见的。在这些话里虽然没有说到概念而是说的形象，但这形象在思维活动中的形成方式，和具象概念的形成方式是根本上一致的。

除此之外，在1936年出版中译的苏联米定、拉里察维基等著的《新哲学大纲》第八章论"认识的过程"的"概念"一节里有段话说："实际上，如果说（对于）对象的具体的理解，是它的多种多样的具体形态、联结和关系的具体的反映，在对象还没有把它本身规定的全部丰富性展开来的阶段上，这种理解是达不到的。另一方面，如果对象已经具有充分暴露了它的规定的丰富性，那么，（对于）它的具体的、更全面的、深刻的理解，是不论用感觉和表象的形式，或是用片面的抽象思维规定的形式，都同样不能达到的。要理解现实的具体的东西，就得把它反映在具体概念里。所谓具体的

---

① 《列宁全集》第三十八卷，第149页。附记：这里的"具体概念"是针对抽象概念而说的，实为具象概念。

② 《列宁全集》第三十八卷，第331页。附记：这里的"具体概念"是针对抽象概念而说的，实为具象概念。

概念，由辩证唯物主义的见地来说，那便是普遍的东西和个别的东西和单独的东西的统一。它和一切概念一样，也是一般的东西，但它和形式论理学的概念不同，它包含着特殊的东西和单独的东西的丰富性。思维上由抽象到具体的运动，换句话说，也就是在我们唯物辩证法的意义上向具体概念走去的思维运动，一方面是以对象的历史运动作前提，而另一方面又是以感觉到表象、最后又到概念的认识的运动做前提。如果我们把那从感觉到表象进到抽象的对具体现实性的认识的运动叫做分析，那么思维上的从抽象到具体的全体的逆运动，便无疑是综合了。"①

以上引了长长的一段话，我们认为主要的关于具体（象）概念的论证是很好的。虽然其中的话是我们还不能很好理解的，又马克思曾说到关于科学方法的"从抽象上升到具体的方法"的话，那是有更广泛的意义的。但是这里所说的只是关于概念的抽象与具象的问题。而何以能由思维活动达到具象概念的认识，按这里所说，自然是不能"用片面抽象思维规定的形式"所能做到；而"由辩证唯物主义的见地来说，那便是普遍的东西和个别的东西（疑为特殊的东西）及单独的东西的统一"。但是抽象概念既是由思维的概括作用形成的，是由"普遍化的概括作用"形成的；而具象概念也还得由思维的概括作用来形成，也还得以事物的本质和普遍性为根柢、而概括那些表现本质和普遍性的现象和个别性来形成。这些现象和个别性都集中来表现它的本质和普遍性，因而我们可以称之为"集中化的概括作用"。具象概念根本上就是由思维活动的"集中化的概括作用"形成的。

---

① ［苏联］米定·拉里察维基等：《新哲学大纲》，艾思奇、郑易里译，新中国书局1949年版，第372—373页。

思维的概括作用，既有抽象的方面，也有具象的方面。抽象的方面就是思维的以表象的本质或普遍性为根柢，而使有关表象都普遍化，也就是概括共同的东西。而具象的方面也就是思维的以表象的本质或普遍性为根柢，把那些表现本质和普遍性的特异的现象或突出的个别性，一齐都概括起来，也就是使有关表象的特殊的东西都集中化。思维的概括作用的这样的两方面，在数学方面也有类似的表现。代数学上的求最大公约数方法，就类似于我们在这里所说的普遍化的概括作用，即求事物的共同因素的概括作用。而代数学上的求最小公倍数的方法，就类似于我们在这里所说的集中化的概括作用，即在概括各数的共同的因素的同时，还概括它们的特殊的因素。如果认为概括作用只能是概括各个表象的共同的本质或普遍性，而不能概括它们的特殊的东西；也就是只承认从来所公认的那样思维的概括作用，只能概括各个表象的共同的本质或普遍性，而不能在这同时也概括它们的特异的现象或突出的个别性，那就无异于在代数上只承认能求最大公约数，而不承认也能求最小公倍数，这不用说是没有任何理由能否认如此确实的事情的。我们认为若在代数学上承认求最小公倍数的方法，那么，在认识论上也要承认集中化的概括作用。

概念的或为抽象或为具象，由概念间关系规定

自然，概念的或为抽象或为具象，思维的概括作用的或为普遍化或为集中化，都是相对的而不是绝对的。实际上说，思维的概括作用的普遍化或集中化，是就其主要的认识方式来说的，在这样两种主要方式之间，还有其他不同的情况。概念的或为抽象或为具象也是说的概念的两种主要形式，在这两种主要形式之间也还有其

他不同的情况。而且还应该说，在我们的日常用语中，单从一个概念本身来看，往往很难断言它是抽象的或是具象的；只有在特定的概念关系或语言关系中，才能确定它是抽象的或是具象的。例如"人"这个概念，若说"凡人皆有死"，这里"人"这概念就是抽象的；若说"那里有个人正走来了"，当你在等朋友来的时候，一听这个"人"的概念就会想到人的影子，它也就会是具象的。再如"花"这个概念，若说"种子植物多数是有花的"，这句话中的"花"是抽象的；若说"这朵花的颜色多美"！这句话中的"花"就是具象的。也许以为这句话中的"花"的形象是由于和"颜色"结合而看出来的，因而它的形象是由"颜色"加上去的。诚然这句话中"花"的形象是由于和颜色结合的关系，然而即使说是由"颜色"加上去的，还是因为花究竟是有颜色的，于是在这句话里两者是可以结合也应该结合而使这个"花"的概念是有形象的。

所谓单从一个概念本身来看，很难断言它是抽象的或是具象的，这只是就一般用语来说的，上文说的"人"或"花"的概念，就是这样一般用的概念。而在形式逻辑学中，总的说来，它的概念都是抽象思维的概念，也就都是抽象的概念。但是在它的概念论中还有具体概念和抽象概念之分。它所谓具体概念就是指反映实体事物的概念，如山峰、椅子等概念，它的内容就是实体事物；而所谓抽象概念则不是指实体事物的概念，如优秀、柔软等概念，它的内容是指事物的性质等的概念。形式逻辑学中的关于概念的这种区别，相当于我们这里所说的就概念本体来看有的是具象性强的概念，也有的是抽象性强的概念。而且在这样一般的概念中还有更为抽象性强的，如数的概念无论"十"或"千"都是更为抽象性强的，既无实体也无形象的内容。也还有更为具体性强的概念，如"黄山"或"长城"等概念就是，不仅有实体事物的内容，而且可能还是具有形象的概念。因为在游过黄山或长城的人的心目中，可能在想到这种概念时也能记起它的景色和风光。但是在形式逻辑的具体概念中一般都是指它的实体的内容而不涉及它的形象的。这是形式逻辑中的具体概念和我在论美的认识中的具象概念的根本区别之点。

再说所谓在一定的概念关系或语言关系中，才能确定它的抽象的或是具象的，不外是由于在理论中用语言便于举例说明，并不是要把思维中的问题转变为语言中的问题。本来"语言是思维的物质外壳"，实际上不外是说，在思维活动一定的概念关系中，才能确定一个概念的或为抽象的或为具象的。如上所说，当你想"凡人皆有死"时，这"人"的概念是抽象的；而当你说，"这花多美"时，"花"的概念则是具象的。我们重复说到这点，因为我们觉得有必要分清关于概念的或为抽象或为具象这问题的两种情况：一种情况是说，就一个概念本身来说，不宜简单地断定这个概念是抽象的或是具象的，因为这样断定是并无切实根据的；但这样的概念却有的是抽象性强、也有的是具象性强的，这也是不能不承认的。另一种情况，即在思维活动的一定的概念关系中，一个概念有可能是抽象的，也有可能是具象的。因为这点正是我们在这里要着重论证的。只有在肯定这点的前提下，我们才能断言除了抽象概念之外还有具象概念；而具象概念则是形象思维的基础，也是艺术的认识和美的认识在智性阶段的起步点，它的重要意义是丝毫也不容忽视的。

到这里我们还应该说明：关于美的认识或艺术的认识，即使在智性阶段的起点上，也是决不简单的，而是比较复杂的，表现多样的，不仅关系到语言文字，也关系到图像，还关系到音响等，我们简单地称之为具象概念究竟是否合适呢？我们认为，首先是由于过去的哲学认识论上、逻辑学上以至于现在的心理学上，关于智性认识的起点或思维活动的起点都称之为"概念",我们也用"概念"一词是合乎科学用语的习惯,以表示和其他的说法一致,是恰当的。而且也可以指外物引起心理上的各种概括的念头,它的特点是在具有形象或是形象的。因此关于"具象概念"一词,以"概念"表明它在思维活动过程中所处的地位,以"具象"表明它作为美的认识的特点,虽不十分周全,还是比较妥当的。

此文是《新美学(改写本)》第二卷(中国社会出版社1991年)的第四编第四章《美的认识初步》。

形象思维论

形象思维这个问题，是美学理论中一个非常重要的问题，关系着美学究竟用什么观点，走什么道路；关系到美的认识能否是真正对于美的认识，也关系到美感能否有正当的美感；最后还关系到美学能否成为真正的科学。由于形象思维这个术语，无论从哲学、美学或文艺理论的历史上看，都没有这样的习惯用语，直至苏联作家高尔基和法捷耶夫才正式用它，但至今作为学术用语似乎还大成问题。有些人明显地批判它，也有些人口头上承认它而实际上否定它。我们既然承认它是美学理论中的一个重要问题，认为它关系着美学能否成为科学，这就要求我们对它进行比较充分的研究，比较切实的论述，才有可能使形象思维的意义得到令人满意的理解。

自然，要做到这点是非常困难的。因为一则是历史上留给我们有关正面的理论遗产既不多，而反面的理论遗产似乎又不少；二则是当前的情况并不比历史上的情况更好，也许我们的时代风气是偏向直觉、非理智的，如果要论形象思维就难免招来非议。不过，即使如此，我们既然对它进行了一定的研究，也就不管它什么风向，还要试行说明自以为并非毫无根据的初步意见。

第一节　形象思维的历史渊源和当前的问题

中外古代哲学史上形象思维的萌芽

形象思维这个术语，如上所说，在中外哲学史上、文艺理论史上是没有的；但是形象思维的思想却是早就有了的，而且以形象进行思维的事实，本来是更早就有了的。那么，为什么后来以至于现在形象思维作为学术用语却又成了问题呢？这主要还是由认识论的发展史形成的。在我国古代，并不否认思维中可以有形象，不否认形象可以和思维结合。在西方古代也是如此。而到了近代，一方面由于实证自然科学各专科的发展，对于偏重分析的抽象思维的提倡，加以形式逻辑规律的过分强调，于是形象认识和抽象思维便逐渐分离。特别是到了十九世纪后期以来，在衰落期的资产阶级哲学和美学中，两者愈加陷于完全隔绝状态，似乎成为不可克服的矛盾，以至于我们今天也不得不把它作为美学理论的重要问题来研究，不得不把它作为美感理论中的中心问题来认真地、切实地加以探讨。

我国古代大思想家、大教育家孔子把诗和乐都看作是对于青年学子进行思想教育的必要手段。他的一段关于诗教的话说："小子何莫学夫《诗》？《诗》可以兴，可以观，可以群，可以怨。迩之事父，远之事君，多识于鸟兽草木之名。"[①]这些话说得很明白，首先是《诗》有"兴观群怨"的作用，说明《诗》可以使人感奋，可以使人理解，可以使人团结，可以使人愤怨；然后还可以叫人知道事

[①]《论语·阳货》。

父事君的道理，并增多自然事物的知识。这就是青年学《诗》的意义，主要是接受《诗》的美感教育。孔子也是重于乐教的。《论语》中还说："兴于诗，立于礼，成于乐。"[1]这大约是对于当时士的教育而说的，认为使士最后完全成长在于乐教。虽然这里的话很简单，但他认为乐教很重要的意思却非常清楚。从孔子这样的关于诗教和乐教的言论看来，可以知道他是重视美感教育的，也表明他认为美感和思维并不是矛盾的。

孔子的这种关于诗和乐的美感教育思想，以后作为儒家传统的文艺理论的重要内容长期流传下来，虽然在某些时期也出现有和它相反的思想，可是总的说来，儒家的美感教育思想都占主流地位。如在以后出的《乐记》、荀子的《乐论》、《毛诗》的《诗序》、郑玄的《诗谱序》以至于朱熹的《诗集传序》等，都继承了这个传统，并加以发挥。如《乐记》中所说的"同民心而出治道"，《诗序》中所说的"经夫妇，成孝敬、厚人伦、美教化、移风俗"等。这些言论，都足以说明我国文艺理论史上的主流，是继承孔子的诗乐教化的传统而加以发扬的，也都肯定了美感和思维的关系。我国文艺思想史上最杰出的著作《文心雕龙》，其中有《辨骚》《明诗》《乐府》《诠赋》等，都不限于论诗、乐，而是泛论一般文章，却也是以文学为主的。至于《神思》篇的论创作，《知音》篇的论鉴赏，前者说的"思理为妙，神与物游"，"物以貌求，心以理应"；后者说的"形之笔端，理将焉匿？故心之照理，譬目之照形；目了则形无不分，心敏则理无不达"，两者都显然说明，在文学的创作和欣赏上，都是要通过思维来进行的。

在我国文艺理论史上，也有人认为诗文的形象的认识是无关于

---

[1] 《论语·泰伯》。

理智的。从其根源来说，早在南朝钟嵘的《诗品》中，为了反对晋宋之际的玄言诗"理过其辞，淡乎寡味"，于是提出诗的特殊要求："至乎吟咏情性，亦何贵于用事？'思君如流水'，既是即目；'高台多悲风'，亦惟所见；'清晨登陇道'，羌无故实；'明月照积雪'，讵出经史。观古今胜语，多非补假，皆由直寻。"对写诗提出这些要求，在当时是有必要的，也是正确的。但它的强调"即目""直寻"，却成了后世的流弊。到唐末司空图的《诗品》中，特别是宋末严羽的《沧浪诗话》中，大约受禅宗思想的影响，逐渐认为诗的形象的认识和理智无关乃至和理智矛盾。所谓"超以象外，得其环中"，"不着一字，尽得风流"，这种论点，似乎认为诗义在乎象外，诗美在于言外。而严羽的"以禅喻诗"，认为"禅道惟在妙悟，诗道亦在妙悟"。又说"诗有别材，非关书也；诗有别趣，非关理也……所谓不涉理路，不落言筌者，上也"。严羽的这种理论，以"妙悟"为前提，不仅说诗不宜讲理，而且说诗"不涉理路"，与不用思考是类似的。这就可以看作是否定文艺的形象的认识和理智有关系了。

在我国古代诗歌中常用"想象"一词，它的意义基本上都是作为一种认识形式。但是我国从来的关于作为认识的想象的用法，是否和现代西方美学或文艺理论中的关于想象一样认为它和理智无关呢？我们认为决不是如此，举几个例子来看吧。伟大诗人屈原在《远游》篇中有两句诗说"思故旧以想象兮，长太息而掩涕"。这里的"想象"显然和"思"的关系是密切的，实际上在语句中是前后相承，意思本是相通的。伟大诗人李白在《登金陵冶城西北谢安墩》一诗中有一联说，"想象东山姿，缅怀右军言"，这里的"想象"也是和"缅怀"联系起来说的；缅怀虽不同于思维，却和思维是相关的，或者说也是相通的。还有，李白在《赠张相镐》的第二首诗中说，"想象晋末时，崩腾胡尘起"。这是李白在安禄山叛乱时写的，想到晋末五胡乱华时的情景，因此这"想象"的意义也和思维是相通的。李白诗中还有好几处用过"想象"这个词，虽然它的意义不是如形式逻辑的推理或判断那样确实地表明概念和概念之间的关系，却也是表示事物之间，或是事物前后之间的一种关系，因而根本上可以说是一种思维活动。最后，再举伟大诗人杜甫《咏怀古迹》五首之四的前四句："蜀主窥吴幸三峡，崩年亦在永安宫，翠华想象空山里，玉殿虚无野寺中。"这里的"想象"一句是倒装语法，可以理解为现在的空山里令人想象当时的翠羽华盖的帝王仪仗。因此这里的"想象"一词也是表示现在事物的情况和过去事物的情况的一种关系。而且从作者来说，正是这两句作为怀古诗中的警句，表达了作者的思古之幽情和伤今的感慨。以上所举四句是"想象"一词的例子，可以说明我国古代诗句中所说的"想象"不能认为它和理智无关，而是相反，两者关系密切，实际上"想象"就是一种思维。

我们在上面把我国古代文艺理论史上关于文艺的形象的认识和理智的关系问题，从三方面作了初步考察。我国传统思想主流的儒家的诗教和乐教的理论，肯定文艺的形象的认识和理智的关系是密切不可分的。仅有作为支流的所谓"以禅喻诗"的说法，主张诗的认识和理智无关。而从诗人们在诗中用的"想象"一词看，却并不认为"想象"和理智无关。自然，在我国哲学史或文艺理论史上还有其他各种不同的思想，如老子的蒙昧主义、庄子的不可知论等，因为和我们现在讨论的问题无关，就不用说及；还有《周易·系辞》的"意"与"象"的关系理论，准备另章探讨，这里也不谈了。

下面我们来谈西方哲学中和文艺理论史上关于文艺的形象的认识和理智的关系问题。首先说古希腊的两位大哲学家柏拉图和亚理斯多德的意见，他们都在认识论上作出过重要贡献。如柏拉图所谓

"可见世界与可知世界的对立",大致是关于感性知识与理性知识的区别,对于认识论的发展就有一定的意义。特别是亚理斯多德对于形式逻辑提出三大规律,并着重研究了三段论式,为演绎推理奠定了基础,被称为"逻辑之父"。他们的认识论中都没有感性的形象的认识和理智的认识完全无关的说法。在关于诗的理论中,如柏拉图,一方面从他的摹仿说看来,认为文艺和理念"隔了三层"是"影子的影子",是不真实的,似乎是否定诗的认识和理智的关系;而另一方面他又说,诗人若是从神获得灵感,表现理念,他的诗就有教育作用,这又似乎是肯定诗的认识作用和思想性,肯定灵感和理智的关系了。又如亚理斯多德《诗学》中的许多论点,都是西方文艺理论中上长期继承的优秀的理论遗产,罗马时期贺拉斯的《诗艺》,英国文艺复兴时期锡德尼的《为诗辩护》,法国古典主义时期布瓦洛的《诗的艺术》等,虽然这些文艺理论著作各自代表一个时期的主要倾向,各有自己的优点和缺点,却都是两千余年欧洲文艺理论史上传统主流的代表作。其中的基本论点是一贯的,都要求文艺有具体形象性,同时也要求它有正确的思想性,有美感教育作用。即如锡德尼的《为诗辩护》中的主要论点,所谓诗要创造"比自然所产生的更好的事物""或者完全崭新的、自然中所从来没有的形象",① 又认为诗要引导到德行,比之哲学和历史更为优越。而在亚理斯多德的《诗学》里早就说过,诗"在于描述可能发生的事,即按照可然律或必然律可能发生的事……写诗这种活动比写历史更富于哲学意味,更被严肃的对待;因为诗所描述的事带有普遍性,

---

① [英]锡德尼:《为诗辩护》,钱学熙译,人民文学出版社1961年版,第9页。

历史则叙述个别的事"①。还说，悲剧的"人物必然在'性格'和'思想'两方面都具有某些特点"，"'思想'指证明某事是真是假，或讲述普遍真理的话"。②前后两人的论点，显然是相当一致的，可以认为锡德尼的论点是渊源于亚理斯多德的，而且还可以认为两人所论诗的形象的认识和理智是相关的，而不是完全隔绝的。

和亚理斯多德所代表的模仿说不同，罗马时期的希腊人阿波罗尼阿斯则提出了想象说。他说，想象"它的巧妙和智慧远远超过模拟。模仿只会仿制它所见到的事物，而想象连它所没有见过的事物也能创造，因为它能从现实里推演出理想"③。这里所说想象的智慧能从现实里推演出理想，显然是承认想象的思维作用的。狄德罗还说："想象，这是一种特质。没有了它，一个人既不能成为诗人，也不能成为哲学家、有机智的人、有理性的生物，也就不成其为人。"④在他的这句话里，也显然可以看出所谓想象是和机智、理智密切相关的。他又说："把一系列必然联系的形象按照它们在自然中前后相联的顺序加以追忆，这就叫做根据事实进行推理。如已知某一现象而把一系列的形象按照它们在自然中必然会前后相联的顺序加以追忆，这就叫做根据假设进行推理，或者叫做假想。"⑤他在这里所说的假想，主要意思和想象是一致的，也显然是和思维关系密切的。伏尔泰说：创造的想象"并非如俗人所说的那样，这种想象

---

① ［希腊］亚理斯多德：《诗学》，罗念生译，人民文学出版社1962年版，第28—29页，又20页、24页。

② 中国社会科学院外国文学研究所：《外国理论家作家论形象思维》，中国社会科学出版社1979年版。

③ 同上，第9页、27页、29页、31页。

④ 同上。

⑤ 同上。

如同记忆,也是判断力之敌,恰巧相反,它只有和深锐的判断力一道才能发挥作用;它不停地组合自己的图案,纠正自己的错误,秩序井然地建立起自己的建筑物"①。他的意思也和前面的哲学家一样,都同样认为想象是形象和思维相结合的理智活动。

近代以来西方哲学史上抽象思维说的兴盛

十七、十八世纪之间,认识论开始成为哲学的主流时期,欧洲有些哲学家在论及美的时候,提出了关于美的认识的特殊功能。虽然我们在上面曾谈到柏拉图早就认为视觉和听觉是关于美的认识的感觉,但还不认为这两种感官只是关于美的认识的特殊的感官,即不是认为它们对于其他非美的事物就不能感觉。然而到了这个时期,首先是在英国,如夏夫兹博里认为,除了眼睛一看形象、耳朵一听声音就能辨别它是美的之外,他还提出所谓"内在的眼睛"这种特殊器官能认识某些事物的美。他说,人们的行动和感情,由一般感觉可以辨认出,但要"由一种内在的眼睛分辨出什么是美好端正的,可爱可赏的,什么是丑陋恶劣的,可恶可鄙的"。②而他的门徒哈奇生更进一步提出所谓"内在的感官"是认识美的。他说:"我很想把掌握这些(叫作美、整齐、和谐的复杂的)观念的能力叫作一种内在感官。"③这两个哲学家的关于美的认识的特殊感官的说法,认为美不是一般认识能力所能掌握的。不过他们提出的还只是

---

① 中国社会科学院外国文学研究所:《外国理论家作家论形象思维》,中国社会科学出版社1979年版,第9页、27页、29页、31页。

② 蔡仪:《新美学(改写本)》,第一卷,中国社会科学出版社1985年版,第33页,又34页。

③ 同上。

特殊感官，也没有明确地否认理智。而到了其后的哲学家休谟，又进一步提出"趣味的标准"的论点，并宣称美"只能存在于观赏者的心里"，而所谓"趣味"又是和理智对立的。他有段话说："理智传达真和伪的知识，趣味产生美与丑的及善与恶的感情。前者照事物在自然中实在的情况去认识事物，不增也不减。后者却具有一种制造的功能，用从内在情感借来的色彩来渲染一切自然事物，在一种意义上形成了一种新的创造。"①他还根据罗马谚语所谓"趣味无可争辩"，断言关于美的感受是人各不同的。他的这些言论，可以认为是最早明确地断言美是主观的创造，也是最早明确地否定美的认识是和理智相关的。

也正是十七、十八世纪之间，在德国关于美的认识也出现了另一种不同的见解。第一个是哲学家莱布尼茨，据说他认为"鉴赏力和理解力的差别在于鉴赏力是由一些混乱的感觉组成的，对于这些混乱的感觉我们不能充分说明道理"。②按这句话的意思，即认为美的认识能力是一些"混乱的感觉"组成的，是不能很好理解的，也即根本上是无关于理智的。他的弟子沃尔夫却从另一方面来规定着美说："美在于一件事物的完善，只要那件事物易于凭它的完善来引起我们的快感。"③他的这种说法，虽然和莱布尼茨的不同，却是更明显地表现唯理主义的思想倾向。而沃尔夫的弟子鲍姆加登就综合地摘取他们两个人的说法，形成他的美的定义说："美是感性认识的完善"，因而把"研究感性认识的科学"定名为Aesthetics。然而他所谓"完善"则是说的认识的完全，而不是如沃尔夫那样是说的事

---

① 蔡仪：《新美学（改写本）》，第二卷，第四编第二章第三节，中国社会科学出版社1991年版。

② 引自《西方美学家论美和美感》，第84—85页，又88页。

③ 同上。

物的完善。从这点来说，可以认为在思想实质上向主观唯心更前进了一步。特别是由于他的《Aesthetica》，作为美的研究的第一部著作，以后两百多年来，世人即沿用它作为美的研究的科学的定名。因此鲍姆加登在美学史上的意义，一方面对于美学作为科学的建立有积极的贡献；而另一方面把美学规定为研究感性的认识，又显然留下消极的影响。美是一种感性的认识、直觉的观照而和理智无关的论调，经康德和康德派、新康德派以至于克罗奇，陈陈相因，长期不断，很难说不是美学发展的一种束缚力量。

康德作为德国古典哲学的开创者，主要在于他综合了英国经验论派和德法唯理论派的主要论点，形成他自己的似乎是统一的哲学体系；其中就包括他在美学上也综合英国经验论派中美学代表休谟的根本论点和德国唯理论派中美学代表鲍姆加登的根本论点，由此而形成他的美学体系。这首先就表现在《判断力批判》上部"美的分析"论的命题，就是所谓"趣味判断是感性的（Aesthetisch）"[①]。这显然表明他是综合休谟和鲍姆加登的根本概念而成的。但是我们还应该补充说明，康德在哲学遗产的综合继承时，撇开了唯物主义论点，同样在美学遗产的综合继承时，也完全抛开了唯物主义美学的论点。他作为古典哲学大师，对于唯物主义虽不正面接受，却也留下一些阴影，因而不得不承认那不可知的"自在之物"；而对于唯物主义美学也如此，即在"美的分析"论中按四点要旨来论证并强调的是所谓自由美即形式美，却又不得不承认和它相反的所谓从属美即理想美。而在我们按实际情况看来，合乎他所谓自由美的规定的，只是自然美中的一部分；其余大部分的

---

① "趣味判断"这一术语，国内流行的译文或为"鉴赏判断"，或为"审美判断"，未免失真。

现实美和艺术美，都只能归之于从属美的范畴里，所以我们认为他的美论是不合乎实际的。属于康德派的美学家主要有赫尔巴特，他同样主张美学要以趣味判断为出发点。虽然他也承认有美的概念，却不管它的内容的实在性，只看它引起的快与不快的感情作为赞否的价值判断。赫尔巴特的趣味判断的对象，根本上是考察那种引起快与不快的形式而已。①因而他的美学理论，虽然其中有些说法和康德的有所不同，而根本论点则是一样的，他的美学思想也是形式主义的。他甚至于把趣味判断加上"纯粹的"形容词，完全排除关于认识的意义；并宣称美学就是"美的形式法典"或"美的形式学"，实际上是比之康德美学更向形式主义跨进了一大步。新康德派的美学理论，无论是主张以直觉为基础的所谓"美的价值学"或主张所谓"纯粹感情的美学"，都同样否定美的意识和美感的认识意义，都认为美的意识或美感是和理智无关的。这样的新康德派的美学，愈来愈发展了康德美学思想的消极因素。因而也愈来愈走到了它的末路。也就是在这个时期，意大利的克罗奇以美学上的新直觉论者的面貌出现，不用"趣味判断"，也不要"感情移入"，只留住"直觉"这点，于是他的美学理论就一切具备了。

为什么在十七、十八世纪以来相当长的时期，美学思想的主流都认为美的形象的认识和理智或思维是没有关系的呢？这个时期正是各种专科的自然科学理论蓬勃发展的时期，也是分析的形式逻辑规律愈益完备的时期，②而且这两者是密切相关的，自然科学的各种专科的发展，要求分析的形式逻辑的兴盛；而分析的形式逻辑的

---

① 大西升：《美学和艺术学史》，理想出版社1942年版，第184—185页。
② ［匈牙利］贝拉·弗格拉希：《逻辑学》，刘丕坤译，三联书店1979年版，第96页。

兴盛，也促进了自然科学的各种专科的发展。要之，由于强调思维的分析的抽象的方面，于是关于认识的形象和思维的关系，就似乎决不可能是两相结合、两相统一的；而只能是互相隔绝、互相排斥的。当时一般人们都认为思维活动，无论是概念、判断、推理的各种思维活动都只能是抽象的，而决不可能是形象的。实质上这是一种形而上学的思维方法形成的偏见，无奈它已成了一种思想上的习惯势力，也根本不觉得它是一种强加在头脑上的一种束缚。虽然到了十九世纪中期乃至二十世纪初期，早已有了黑格尔的唯心主义辩证法和马克思恩格斯的唯物主义辩证法，可是对于以反对马克思主义闻名的克罗奇来说，自然是要反对唯物主义也反对辩证法的。因此马克思主义的唯物主义辩证法，如果不能冲破自康德到克罗奇的形而上学的思想习惯的束缚，也就不容易在美学思想上冲破克罗奇及其继承者们的"美感直觉性"的思想习惯的罗网，这也许就是美学上形象认识和理智或思维无关的问题长期难于解决的原因吧。

马克思恩格斯虽没有明显地说到美的认识和理智或思维有关系，而从他们有关文艺的言论看，马克思却说到了四种掌握世界的方式，即理论的、艺术的、宗教的和实践—精神的掌握方式。所谓掌握世界的方式，根本上就是说的认识世界的方式。在这四种认识世界的方式之中，我们认为主要的是前两种，即理论的认识方式和艺术的认识方式。因为正是这两种认识方式，产生了科学和艺术这样的人类文化两大成果。关于文艺，他们又都是强调现实主义，强调文艺反映现实的真实的；因而可以认为他们的要求文艺的反映现实的真实和要求文艺的创造艺术的美是一致的。既然要求文艺反映现实的真实就不可能否认它的思维作用，而要求文艺创造艺术的美也就不可能否认它的思维作用，这都是可以不用多言而道理自明的。

对当前两种否定形象思维说的批驳

二十多年来在我国流行两种说法，似乎形象思维是违反马克思主义的，似乎马克思主义是否认形象思维的。当然，二十多年前的和近年流行的这两种说法，由于历史条件不同，具体表现也有差别。前者是明显而坚决的，后者是委婉而含糊的，却都是要反对的。

前一种文章的标题是《文艺领域里必须坚持马克思主义的认识论》，副标题是"对形象思维论的批判"。作者先摘录了一些关于形象思维的言论，然后就说，"所谓属于理性认识阶段而又和逻辑思维对称的形象思维，就是不用抽象、不用概念、不依逻辑规律，而是用形象来进行的思维。"[1]接着还断然评论：这"显然是一种直觉主义，因而也是神秘主义的体系。这种所谓思维，在世界上是根本不存在的。"[2]这篇文章单从标题看来，就表明它是以马克思主义的名义来批判形象思维的。但是他的理论果然是"坚持马克思主义"的吗？我们认为是根本成问题的，是可以研究的。

首先且说他批评形象思维的"不用抽象"。这"不用抽象"似乎是他的基本论点，其他论点如"不用概念""不依逻辑规律"，都是由它派生出来的。断言形象思维论的第一个错误就是"不用抽象"，这表明他认为思维必须是抽象的，也只能是抽象的，不可能有形象的，是不能和形象结合的。因此他对于形象思维，即和形象结合的思维，认为决不能是思维。其次是指责形象思维论的又一个错误是"不用概念"，这又表明他所谓概念也只能是抽象的，不能有形象

---

[1]《红旗》杂志1966年第5期，第36，又43页。
[2] 同上。

的。最后他还指出形象思维论的另一个错误是"不依逻辑规律",这也表明他所谓逻辑规律也只能是抽象思维才有的,而不是抽象思维就是决不会有逻辑规律的。特别是他不用抽象思维和形象思维相对称,而直截了当地用逻辑思维来和形象思维相对称,也就是直接把抽象思维称为逻辑思维;这更表明他所谓逻辑就只是抽象思维的逻辑,即认为只有抽象思维才有逻辑;而且还表明他认为任何抽象思维都是有逻辑规律的,或者说都是合乎逻辑规律的。然而论者的这一套说法,无论从理论方面或从事实方面来看,都是毫无根据的,实际上是完全错误的。

所谓抽象概念,本是没有现象及个别性的概念,即无具体内容的概念。譬如说"梨子是一种水果",这句话里"梨子"这个概念,就不是说的某一个具体的梨子,而是说的一般的梨子,即抽象的梨子。这里的"水果",也不是说的某一个具体的水果,而是说一般的水果,它就更是抽象的了。上面那句话,从逻辑上说就是一个判断;这样的判断即以抽象概念为基础而形成的,自然也是抽象的;由这种抽象的判断构成的推理,不用说就更是抽象的了。也就是说,这种思维活动,由概念、判断到推理都是抽象的,毫无具体内容的,因而这种思维的逻辑就是形式逻辑:即思维是抽象的,不涉及具体内容的;思维过程各个步骤也是抽象的,不涉及具体内容的;于是思维的逻辑也就只能是形式的,无关于具体内容的。著名逻辑学者也认为现在的逻辑是:"以思维的形式为自己的对象……而不管它的内容如何,从而,也不管我们想的是什么。举例来说,不管我们研究的是数学、化学、医学、商务还是政治,我们总是用概念和判断来思维的,这是一切思维的特点。"[①]这确实把形式逻辑的

[①] [匈牙利] 贝拉·弗格拉希:《逻辑学》,刘丕坤译,三联书店1979年版,第18页,又128页。

特点，说得非常之好。若进一步来考察作为逻辑规律的同一律、矛盾律和排中律，三者的根本要求只是一点，即概念的意义必须始终是同一的。而且从这样的逻辑规律对于作为它的基础的概念的规定来看，既不顾及它的根源，也不计较它的真伪，过去的逻辑学或现代西方逻辑学中关于概念的定义，大致都如此。[1]这样的思维规律难道能反映什么客观现实事物的规律吗？显然是不可能的。因而这种思维方式，这种逻辑规律，从现代认识论看来，就是非常片面的，是形而上学的。若把它作为一切思维的准则或规律，那显然是错误的。至于论者把它提作"马克思主义认识论"则是毫无根据而又颇为荒唐的。

反对形象思维的理论，除了上面那一套说法之外，还有另一套说法，虽然不是那么明显而坚决，却终究是根本否定它的。这种说法的代表文章是《形象思维再续谈》，其中就有两段重要的话，可以看作这种说法的基本论点。首先一段话是作者申述的重要意见。这段话说："'形象思维'作为严格的科学术语，也许并不十分妥帖，因为并没有一种与逻辑思维相平行或独立的形象思维。人类的思维都是逻辑思维（不包括儿童或动物的动作"思维"）。但已约定俗成为大家所惯用了的这个名词，所以仍然可以保留和采用……"[2]此后还有一段话说："在严格意义上，如果用一句醒目的话，可以这么说，'形象思维并非思维'。这正如说'机器人并非人'一样。'机器人'的'人'在这里是种借用，是为了指明机器具有人的某些功能、作用等等。"[3]由这位论者的两段话综合看来，他

---

[1] ［匈牙利］贝拉·弗格拉希：《逻辑学》，刘丕坤译，三联书店1979年版，第18页，又128页。

[2] 李泽厚：《美学论集》，上海文艺出版社1980年版，第556，又551—558页。
[3] 同上。

对于形象思维，表面上似乎承认，实际上是根本否定的。可是否定的理由却比前一说法更为简单粗糙，也是根本不能成立的。

在上面所引的两段话里，看来作为他的理由的就是这么一句："人类的思维都是逻辑思维。"于是他也就根据这句话反复断言：一则说，"没有一种与逻辑思维相平行的形象思维"；再则说，"形象思维并非思维"；三则说，形象思维"不能认为是独立的思维方式"。可是"人类的思维都是逻辑思维"这句话说得通吗？把它作为否认形象思维的理由能成立吗？所谓"逻辑思维"的意义，我们按常识的说法认为即是合乎逻辑的思维。那么，所谓"人类的思维都是逻辑思维"，这不等于说人类的思维都是合乎逻辑的吗？然而人类的思维却正有不合乎逻辑的，才要有逻辑学，如果人类的思维都合乎逻辑，或者如论者所说"人类的思维都是逻辑思维"，那么逻辑学也就没有必要了。可是实际上逻辑学是必要的，就是因为人类的思维有些是不合逻辑的，因而认为人类的思维都是合乎逻辑的说法是错误的。若说所谓逻辑思维不是指合乎逻辑的思维，而是指作为逻辑学对象的思维，那么，这所谓逻辑思维实际上就和前一位论者同样都是指抽象思维，他所谓逻辑也只能指的是形式逻辑。于是他的理由也和前一位论者同样把抽象思维作为唯一的思维形式，同样把形式逻辑作为唯一的逻辑规律，因而这种理论如上面所说是非常片面的，这种观点是形而上学的。要之，这种理论不合乎马克思主义认识论，而且是公然否认辩证逻辑的，这种反形象思维的理由也是完全不能成立的。

综上所述，这两位理论家都否定形象思维，他们所持的根本理由，都是认为抽象思维就是逻辑思维。一位论者说："和逻辑思维相对称的形象思维"，"在世界上是不存在的"；而另一位论者又说："人类的思维都是逻辑思维"。这样的理论家虽然也大讲"马克思主义认识论",大吹逻辑思维,但是,就在他们这种说法中,不正表明他们既歪曲了马克思主义认识论,也不理解辩证逻辑思维吗?

自然,把抽象思维说成是逻辑思维,并把它作为人类的唯一的思维,这倒并不是我们理论家的发明创造,应该说是现代西方哲学家经过一个时期逐渐成为定见而流行起来的。如上所说,自休谟在《论趣味的标准》中以趣味作评断美的标准,就割断了美的认识和思维的关系,到康德的《判断力批判》中基本上接受了他的这个论点,也把悟性排除在趣味判断之外。而到了克罗奇则把他所谓"形象认识"和"逻辑认识"相对并称,而且说明"形象认识"是"来自想象","逻辑认识"则是"来自理智"云云。于是由逻辑认识而逻辑思维,且认为这是理智的唯一活动,也即人类的唯一思维了。我们在上面已经大致探索了这一说法的历史渊源,也已略微揭示了它的理论底蕴,这里也可以不再说了。

我们在上面虽然说到这种抽象思维的形式逻辑是片面的、形而上学的,这只是指出它的缺陷,反对那种把抽象思维作为人类的唯一思维,把形式逻辑作为至高无上的逻辑,但是我们并不是要否定抽象思维,不是要反对形式逻辑。我们认为抽象思维是思维的一种主要形式,是思维的普遍形式;而它的形式逻辑也是必然要有的,不可缺少的。可以说,我们的科学研究和理论成果,必须运用抽象思维,必须遵守形式逻辑。即使在我们日常生活中处理事务,考虑问题,分辨是非等,也主要是运用抽象思维,遵守形式逻辑。再按形式逻辑第一条规律的同一律,即它的根本规律,和为了加强它而提出的矛盾律和排中律,都是必要的。又如作为逻辑基础的概念的定义,在西方逻辑史上主要规定它的意义就是要"明确的、固定的"①，这也是为了适应同一律的要求而如此规定的。只有概念的意义既明确而固定，才能始终同一，而不致矛盾差异或模棱两可。

  关于抽象概念的意义或内容的明确而固定，可以说这正是抽象思维的根本特点。而这样的特点首先表现为这种思维方式的优点。因为人们的认识当然要求所认识的意义是明确的、固定的，而不愿意它是模糊不清、变化不定的。而且人们习惯上还相信，只有明确而稳定的认识才是真正的、可靠的认识；凡是模糊不清、变化不定的认识，未免怀疑是否果然是真正的认识。既然规定抽象概念的意义是要明确的、固定的，这就非常适合人们认识的要求，因而抽象思维也就非常适合人们认识的要求，于是形式逻辑作为抽象思维的逻辑也得以及早发展起来。而且还可以说，正是由于抽象思维的形式逻辑的不涉及具体内容，不联系现实对象，只是思维形式的演变和推移，因而也无唯心唯物之分，又可以为一般科学家、哲学家所接受，甚至是非接受不可的。难道一篇科学论文或一次哲学讲演，可以概念模糊不清、词义变化不定吗？要之，人们重视抽象思维方式和形式逻辑规律，是当然需要而不成问题的。可是从马克思主义看来，形式逻辑究竟只是初级逻辑；而且由于它把思维基础的概念，一则是看作固定的、一成不变的；二则也是把它当作孤立的、单个独自的东西，这显然是不符合辩证法的。因而那种自称为"坚持马克思主义认识论"，或自视为"马克思主义哲学家"的人，却把抽象思维说成是人类的唯一思维，这就未免不科学了。我们认为对于形式逻辑既要承认它作为初级逻辑的重要性，又要看到它的片面性和形而上学的缺点，从而认真学习马克思主义认识论，使我们的

---

  ① ［匈牙利］贝拉·弗格拉希：《逻辑学》，刘丕坤译，三联书店1979年版，第128页。

理论思维，也即使我们的理论，能够从抽象上升到具体，从片面上升到全面，也就是达到高级的辩证逻辑阶段。

如上所说，我们认为人类的思维方式，除了初级的抽象思维之外，既有高级的辩证思维，还有主要的和它起点相同的形象思维，也即一般所说的艺术的思维。关于形象与思维的关系，虽然在西方现代哲学史上有些人否定它，另外也有大哲学家则是肯定它的。如黑格尔就有一段话说得很好，他说："真正的创造就是艺术想象的活动，这种活动是理性的因素，就其为心灵的活动而言，它只有积极企图涌现于意识时才算存在，但是要把它所含的意蕴呈现给意识，却非取感性形式不可，所以这种活动具有心灵性的内容（意蕴），但是却把这种内容放在感性形式里，因为这种内容（意蕴）只有放在感性形式里，才可以被人认识。"[①]他的这些话的意思简单说来就是，在艺术想象这种理性因素的意识中，内容是要表现在形象里才被人认识。这和他的关于美的定义"观念在感性形式中的完全显现"，意思完全是一致的。这些话里的不正是形象思维吗？

我还说过："从来的美学就认为美是感性的认识或直觉的创造，而在文艺理论中长期流行的也是创造性的想象。感性直觉也好，想象也好，又都认为不同于思维。于是美学和文艺理论就长期地把它们排除在理智之外，使得许多美学家和文艺理论家为解决这个根本问题而劳心焦思，乃至赍志以殁。从黑格尔的'观念在感性形式中的完全显现'，到别林斯基的'寓于形象的思维'以至于高尔基的'想象主要是用形象来思维'，经历了一个世纪的三代思想家，在美学思想方面取得了这一点进展。就我自己来说，是肯定它的，欢迎

[①] 古典文艺理论译丛编辑委员会：《古典文艺理论译丛》第11辑，人民文学出版社1966年，第42页。

它的，而且是以感激的心情接受它的，因而初步地却也是认真地考察过它的意义。"①

最后我们还要说明，所谓"形象思维"，首先认定这是一种思维活动，是一种和抽象思维同等的思维活动，是同样能进行判断和推理的智性认识活动，它不同于抽象思维的特点是在于它的形象，实际上也就是"用形象来思维"的智性认识活动。至于形象的内容是随所反映的对象的不同而不同，是非常丰富的。关于形象思维的这些情况，我们在下面还要谈它。

第二节　形象思维的活动过程及表现形态

形象思维能进行判断和推理，并有六种表现形态

为要论述形象思维，我们还得先从具象概念谈起。如前章所说，由于意识的集中化的概括作用，而形成具象概念；这种具象概念是艺术的掌握方式，即艺术的认识方式或美的认识方式的基础。于是以具象概念为基础的思维活动，也就是现在我们所要论述的形象思维活动。我们在前面也还说到，由于同一事物或同类事物的表象的积累重叠而得到更深刻的印象，经过意识的具象、概括等作用，特别是由于意识的反省而自觉地认定它是有别于表象的新的认识形式，于是形成了概念。概念的形成标志着智性的思维活动的开始，而具象概念的形式则是标志着智性的形象思维活动的开始。

概念的认识，包括具象概念的认识，即表现有智性认识的特点。首先，概念作为新的认识形式，即由对于事物现象的认识进到

---

① 蔡仪：《蔡仪美学讲演集》，长江文艺出版社1985年版，第118页。

了对于事物本质的认识，这是智性认识的第一个特点。关于这点在一般认识论中都已说过。其次，由表象的自然积累到意识的概括以至自觉的认定，虽然它的自觉性还是朦胧的，但是在自觉的认定之后才能运用概念去做进一步的思维活动。这种意识的自觉性，可以说是智性认识的第二个特点。而且概念要由对于事物现象的认识进到对于事物本质的认识，还要对于事物的现象与本质的关系、区别及变化也有所认识，也就是对于事物的多方面的认识。具象概念的认识更是如此。这也是智性认识的特点。这后两点在一般认识论中没有说到，我们认为也是重要的。

再说具象概念和抽象概念之间，虽有区别却往往没有界限，有时还可以互相转换。但是两者无论在性质上或在形态上都是很不相同的。因为具象概念由于对事物的本质和现象的反映是丰富多样的，而且是活泼多变的，不是抽象概念那样简单明确、稳定不变的。正因为具象概念的内容是不稳定的，它的意义是不明确的，于是从原来的形式逻辑的观点看来，具象概念的说法，作为认识论上的术语是不能成立的；和它同样，形象思维的说法，作为认识论上的术语也是不能成立的。所以从来认为这种有形象的、而内容既多样变化、意义又不明确的意识活动，是完全和思维不同的别种意识活动。近世以来，一般人习惯上称它为想象；在他们看来，这种想象就是一种多变化的、不明确的、可以创造形象的意识活动，却决不能认为是一种思维。我们认为想象在从来人们的习惯上虽是一个很广泛的概念，可以包括错觉的幻想，却主要是创造性的思维。又如前面所说，我们赞同高尔基的话："想象在其本质上也是对于世界的思维，但它主要是用形象来思维，是'艺术的'思维。"[①]这是符

[①] 中国社会科学院外国文学研究所：《外国理论家作家论形象思维》，中国社会科学出版社1979年版，第146页。

合马克思主义观点的非常科学的论断。想象并不是毫无根据的假想或飘浮不定的幻觉,而是可以反映外物的本质和规律,创造出有高度思想性的优美艺术的。它只是和抽象思维不同,而是用形象来思维,有形象的思维,有时它的形象还是非常鲜明、生动的,恍如出现在我们面前一样。

所谓"用形象来思维",我们认为就是用具象概念的思维,思维的形象性首先就在于概念的具象性。概念反映的外物若是具体形象的,它就可以有具体形象性,如"杨柳树""玫瑰花"这样的概念就可能是有形象性的。但是概念也要反映外物的关系、变化,反映人们的感情意志等,这些概念所反映的对象本身虽是看不见、摸不着的,却也可以作出具体形象的反映,如说人品坚贞的"松柏操"、军民关系的"鱼水情",这就是借用别的事物的具体形象来表现它,而成为具象的概念。只是如"松柏操""鱼水情"虽然可以作为具象概念来看,却也不是单纯的概念,而是带有判断性质的内容了。

到这里我们还得补充说明,关于概念的具象性或形象性,一般地说,单从概念本身来看,都是不那么明确的。即如上述"杨柳树""玫瑰花"这两个概念,我们说它们可能有形象性,其实不外是从来的逻辑学中所谓实体概念、或从来语法学中所谓具体名词一样,并不是果然确有形象的。譬如这两个概念,既可以写到植物学里面,也可以写到抒情诗里面。写到植物学里面的这种概念是一般的抽象概念,即无形象性;而写到抒情诗里加以描写的这种概念才可能是具象概念,是有形象性的。因此具象概念或概念的形象性,一般地说,往往是不明确、不稳定的,而要在特定的语言关系中才显得比较明确而稳定。

我们还得说明概念和语词的关系。因为在一般逻辑书中,都得着重谈到概念和语词的关系。马克思说:"语言是思维的直接现实。"①现在人们的思维，一般地说，是和语言分不开的。斯大林也曾说：思维"只有在语言材料的基础上、在语言的句和词的基础上才能产生和存在"。②形象思维也即艺术的思维，除了如音乐或绘画等艺术创作中的思维不是能用现实语言来表达之外，至于诗歌、小说、戏剧等创作中的思维，完全是或主要是靠语言来表达的。虽然诗论中有"言不尽意"或"意在言外"的说法，然而诗论家既然能够悟出"言外之意"，也可以说究竟还是意在言中，只是隐而不宣罢了。因此我们现在论形象思维时，只有用语言来表达思维的活动过程，表达概念、判断和推理等的思维活动过程。

也许认为在普通逻辑学中，关于抽象思维的研究，可以用语言来表达判断和推理的活动过程，难道形象思维也有什么判断和推理思维过程吗？它的判断和推理过程也能用语言来表达吗？这是不是把论述抽象思维的程式拿来硬套在形象思维的论述上呢？诚然，这是一个问题，是应当慎重考虑的。我们是考虑过的，认为形象思维也是同样有这样的活动过程。虽然现在一般逻辑学中关于什么是判断，或什么是推理，回答是有特定的说法。如说："判断是对思维对象有所断定的一种思维形式"，又说："推理是从一个判断或几个判断中得出一个新判断的思维形式"。关于判断和推理的这样的定义，是一般逻辑学中通用的，甚至可以说，从历史上看，主要的说法都是如此。如一般的判断即以思维的主要对象为主语（S），而以对它"有所论定"的部分为谓语（P），因而用S与P的关系来表示判断。而推理也是根据判断的同样的原则来说的。我怀疑这样的定义是否太偏于语言形式的说法，而作为思维形式的定义倒感到不是那么完

---

① 《马克思恩格斯全集》第三卷，第525页。
② ［苏联］斯大林：《马克思主义与语言学问题》，人民出版社1972年版，第30页。

善的。逻辑本是关于思维规律的科学，那么，关于判断和推理作为思维形式的意义能否表示得更恰当一些呢？

在逻辑学的发展史上，除了上述关于思维对象及对它"有所论定"的说法之外，也还有别的不同的说法。即以亚理斯多德来说，他也还有关于判断不同的说法。如在《形而上学》中他就曾说："把分离的东西看作是分离的，而把结合的东西看作是结合的，这人（的看法）是正确的。"①这话的意思就是把事物的关系作为判断的内容，而且把事物的关系的实际情况作为判断的标准，这就还表现他的唯物主义观点。又据匈牙利逻辑学家贝拉·弗格拉希说："唯物主义判断观的本质就在于，判断作为一种思维形式，是概念的联系，但这种联系反映着现实存在的联系。"②我们认为从唯物主义观点来看，所谓思维规律也就是思维反映外在世界的规律。外在世界的规律也好，思维的规律也好，不能单是表述的主语和谓语的关系，也不好单说是思维对象及其属性的关系。

我在《新艺术论》里早就曾说："根据这种具体（象）的概念，我们可以做更高级的形象的思维。所谓形象的思维，也就是一般的艺术的想象。即由具体（象）的概念去结合已知的东西和未知的东西，并借它和已知的东西的关联，我们可以施行形象的判断；借它和未知的东西的关联，我们可以施行形象的推理。只是这种形象思维的过程是活泼多变的，这种艺术想象的内容是复杂多样的，也就是说，都不是单纯而定型的，都不是容易明确的。"③上引的话，对于说明具象概念和形象思维的判断与推理的关系，可能说得太简单

---

① ［匈牙利］贝拉·弗格拉希：《逻辑学》，刘丕坤译，三联书店1979年版，第200页。

② 同上。

③ 蔡仪：《美学论著初编》（上），上海文艺出版社1982年版，第37页。

了。其后在原本《新美学》中我又曾说:"判断是以概念为基础的,或者说概念就是判断的构成因素,由已知的概念和概念的关联构成判断,也就是判断是表示已知的概念和概念的关联,表示已知的事物和事物的关联的。……推理又是以判断为基础的,或者说,判断是推理的构成因素。只是判断是由两个概念所构成,即表示两个概念的关联;推理则是由三个以上的概念所构成,中间参与着一个以上的媒介的概念,以表示其他两个概念的关联,也就是由一种以上的媒介的事物以表示两种事物的关联。"而且下文还说:"这里所说的判断的推理,不是形式逻辑学那样单指抽象的概念的关联,也指具象的概念的关联。"[1]这就是说,形象思维同样可以由具象概念构成形象思维的判断和推理。即由两个(或两个以上的)具象概念构成判断,表示两个已知的具象概念间的关系,表示两个已知的实际事物间的关系;而由三个或三个以上的具象概念构成的推理,即以一个或更多的具象概念为媒介,表示两个未知的具象概念间的关系;也即以一个或更多的实际事物为媒介,表示未知的两个实际事物间的关系。

而且形象思维既是思维,思维活动由表示概念间已知的关系的判断,进到表示概念间未知的关系的推理,我们认为这是形象思维同样有的;也可以说,这样的思维活动的两个阶段,就是思维活动的基本过程。而现实事物的相互关系可以说是现实事物的一种基本性质,也是思维对现实事物反映的一种基本内容。我们用思维反映客观事物的相互关系的不同程度,说明思维活动发展的不同阶段,应该是不成问题的。当然,具象概念的表现既如上所述有不明确、不稳定的显著的特点,实际上也影响到它的内容和性质,也表现出

---

[1] 蔡仪:《美学论著初编》(上),上海文艺出版社1982年版,第293—294页。

不明确、不稳定的特点，于是形象思维无论在判断阶段或推理阶段的表现状态，也是复杂而多样的。

原来所谓抽象思维，首先如所谓抽象概念，即由于它是抽象的，也即排除具体现象的，只是反映事物的共同的本质，因而也是不顾实际事物的具体内容。例如"松树"这个抽象概念，只是反映松树的共同的本质，它不指任何一个具体的实际的松树，也不指任何一类的实有的松树，因而这样的抽象思维，只能是无关于实际事物的具体内容的，也就只能是形式的思维；这样的逻辑也是无关实际事物的具体内容的，也只能是形式的逻辑。从来所谓形式逻辑，一般都认为是对于思维形式的研究，主要是指关于思维活动本身所固有的基本特点及其规律性的研究，而不涉及它的实际事物的具体内容如何。贝拉·弗格拉希的《逻辑学》中也曾说："传统的形式逻辑，没有把自己的分析同问题的认识论的提法联系起来。它实际上不研究形式和内容的关系，而只限于分析形式的关系。从历史上来说，形式逻辑是在形而上学思维方法上形成的。"[①]而且也正因为它是抽象的、形式的逻辑，概念的内容才是明确的，而不是多样的，它的意义才是固定的，而不是多变的。然而我们现在要论述的形象思维的情况却正是相反的。因为它的概念形象可能和现实事物的样子是相同的，它的内容可能和现实具体事物有关系的。但它却又往往是模糊而不明确的，变动而不稳定的。由此看来，这两种思维方式、两种概念特点，各自形成它们的优点和缺点。抽象思维和它的概念的内容和意义是明确的、固定的，是它的优点；同时又是缺乏实际的片面的，这又是它的缺点。而形象思维和它的概念的内容和

---

① ［匈牙利］贝拉·弗格拉希：《逻辑学》，刘丕坤译，三联书店1979年版，第447页。

意义是模糊的、不稳定的，是它的缺点；而同时却又有一定的实在性和丰富性（或完整性），这又是它的优点。但是前者的优点显然能使人满足认识的根本要求，而忽视它的缺点；而后者则是相反的，由于它的不明确、不稳定的缺点，不能满足人们关于认识的根本要求，因而不断地要求克服它的缺点，不断地要求形象认识的明确而稳定以至更明确而更稳定。形象认识的这种要求关系着美感的愉悦，关于这些，我们将在另章里谈到它。

然而思维的反映现实事物有它主观的制约性，特别是形象思维的反映更有很大的制约性，不可能对一切事物都得以呈现出现实事物本身的实际的样子，更不可能对一切事物都得以通过它的现象来表现它的本质、规律等。于是这种主观制约性未免形成它的缺点。但是和它的主观制约性相对应的另一方面，就是它还有很大的主观创造性。形象思维能够在记忆和联想的基础上，用事物本身和它的部分、属性等的关系，事物自身和其他事物的关系以及事物和人的关系等，创造出多种多样的表现形态，使它作为思维活动的特点的形象，表现得非常鲜明、生动、丰富而有力，这又是它的很大的优点。在形象思维活动的判断和推理的过程中，就可能用不同的形态加以表现。我们认为在文艺创作中运用形象思维的表现状态，主要有下面六种：第一种描述的表现形态，第二种譬喻的表现形态，第三种比拟的表现形态，第四种兴感的表现形态，第五种显现的表现形态，第六种夸饰的表现形态。我们说主要有六种，实际上可能还有其他的表现形态，只是我们在这里不能多谈它。

因表现客观事物关系的不同而分为描述、譬喻、比拟

第一种表现形态是描述，就是主观意识对于客观事物的反映形

成鲜明而突出的印象,因而思维活动主要是关于这种对象的直接描述。所谓鲜明而突出的印象,即保留有较强的感性因素。这种表现形态是形象思维活动中最先产生、也普遍运用的。且从它的判断阶段的情况来说,如《诗经·周南》中有诗句说:"桃之夭夭,灼灼其华。"单就这两句诗看,它是描写柔嫩的桃树,并特别点出它的红艳艳的花色。这就是形象思维的一个判断,表示柔嫩的桃树的好看主要在于它有红艳艳的花色;也表示桃树的柔嫩和它的花色的关系。无可怀疑这是思维活动的一个判断,是有形象的思维活动的判断。而且由这个例子看来,作为描述的思维活动的一种情况,是由整个桃树说到它的部分的花的颜色,是以分析为主线的思维活动。又如《楚辞·九歌》中的两句诗说:"袅袅兮秋风,洞庭波兮木叶下。"单从这两句诗来看,它描述不停地吹拂着秋风,洞庭湖水在波动,木叶也飘落了。这不就是表示秋风吹、洞庭波、木叶落这三个具象概念所反映的三种事物的关系吗?不也是一种形象思维的判断吗?由这个例子看来,它所描述的则是与秋风有关的景象,作为描述的对象显然和前一例子不同,而是着重综合的形象思维活动。又如《诗经·小雅》中的诗句所说:"昔我往矣,杨柳依依。今我来思,雨雪霏霏。"这里引的是四句诗,先后两句各描写诗人的"我"所经历的人事与天时所形成的两种截然不同的境遇。内容是复杂的,情景是变化的。似乎和思维活动过程的判断并无关系。然而一般逻辑学的判断所反映的事物的关系,也可能是复杂的、多样的。现在四句诗中主要描述"我"经历的前后两种境遇、两种情景的关系,这不是形象思维判断中的主要内容吗?这个例子所描述的两种情景的关系,又和前两个例子的情况不同,不是写的部分和整体的关系,而是前者和后者变化的关系,也可以说是描述的表现形态的一种重要情况吧。

下面我们还要说明关于描述的表现形态的推理阶段的情况。如上所说，推理是由已知的概念间的关系推断未知的概念间的关系；也就是由一个以上的已知的概念为媒介，表示原来未知的概念间的关系；实际上也就是由一个以上的已知的事物为媒介表示原来未知的事物间的关系。如白居易的《忆江南》的第一首说："江南好，风景旧曾谙。日出江花红胜火，春来江水绿如蓝。能不忆江南？"这是一首小词，描述江南风景的好，主要写出了江花红得那么好，江水又绿得那么好，然后得出的结论是"能不忆江南？！"这就是形象思维活动过程的一种推理，即由江花江水的特别的好，表示江南风景好到叫人不能忘记的地步。这里虽然不是按三段论式那样进行的，但是提出江南好的问题，按旧时所熟悉的事来说明，江花江水既是那么好，当然可以推论得出那样的回答了。又如李清照的《声声慢》一词的下片几句说："满地黄花堆积，憔悴损，如今有谁堪摘。守着窗儿，独自怎生得黑。梧桐更兼细雨，到黄昏点点滴滴。这次第，怎一个愁字了得！"因为只是词的下片，有关景物不全，但所引这些词句，大致也足以说明问题。这里描述的是深秋令人生愁的景象，主要是诗人在窗前凝望夜色的到来，外面是满地的菊花已萎落残败，不堪有人摘取它了。梧桐还连带着细雨，到黄昏时也是一点一滴地下着。这种情景哪能说是"愁"就可以了结的呢？这样的思维活动过程，不正是由所写的各种景色的关系，可以得出最后那句一样的结论的推理吗？再如《红楼梦》里甄士隐的《好了歌》注解所说："陋室空堂，当年笏满床；衰草枯杨，曾为歌舞场；蛛丝儿结满雕梁，绿纱今又糊在蓬窗上。说什么脂正浓，粉正香，如何两鬓又成霜？昨日黄土陇头送白骨，今宵红灯帐底卧鸳鸯。"这里所引的只是原文的一部分，描写的就是人生的富贵贫贱、世事的穷达盛衰，都是变幻倏忽的。当然，这里也看不见三段论式的影子，却有一个推理过程,也有一个诗人要做的结论,只是这里就是由这些倏忽变化的事实本身呈现出来,而不是由诗人嘴里说出来的。

第二种表现形态是譬喻,就是用类似的事物形象以譬喻所思维的主要对象,易于使它的形象鲜明、丰富而生动。形象思维或想象本是和记忆与联想有渊源的,而类似的事物形象也易于由记忆和联想进到思维活动中来,因而譬喻是形象思维的重要的、也是普遍的表现形态。如《诗经·卫风》中的咏庄姜的美的诗句说:"手如柔荑,肤如凝脂,领如蝤蛴,齿如瓠犀。"又如《楚辞》宋玉的《登徒子好色赋》中咏"东家之子"的美说:"眉如翠羽,肌如白雪,腰如束素,齿如含贝",这些语句都是以具体事物的形状、颜色来譬喻美女的面貌和体态的,是从来有名的诗句。这就是说,每句诗表示两个主要概念的相似的关系,也即表示两个事物的相似的关系,因而显然每句诗是一个判断,是形象思维的判断。这两个例子说的是形象事物譬喻形象事物的情况,还有另一种情况,则是以形象事物譬喻无形象的事物。如李煜的词句说:"问君能有几多愁?恰似一江春水向东流。"又如龚定庵的赠人诗称:"照人胆是秦时月,送我情如岭上云。"前一个例子是两句:前句问,后句答,说的是一回事,即愁似一江春水向东流,也就是以有形象的东西喻无形象的东西,表示两个东西的关系,这是一个判断。第二个例子两句话说的是两回事。第一句所说"照人胆"是"胆识"的"胆",是无形的;第二句的"情",不用说也是无形的。以"秦时月"喻"胆",以"岭上云"喻"情",也就是以有形的东西喻无形的东西,变无形的东西为有形的东西,这样表示两个东西的关系,就是一种判断,是形象思维的判断。以上几个例子,一般都称为明喻,即用"如"或"似"的字眼,表明两者的关系。若是不用这种字眼也可以在文句中自然表现出这种关系,一般称为隐喻。如辛弃疾的词中有两句说:"旧恨春江流不尽,新恨云山千叠。"毛泽东同志的词中也有两句说:"山舞银蛇,原驰蜡象。"前两句词都是以形象的东西譬喻恨的,虽然没有"如"或"似"标明是譬喻,却都是表示恨和不尽江流、千叠云山相似的关系,因而也是形象思维的判断。后两句词,前一句以银(雪白的)蛇的飞腾譬喻山峰的起伏形势;以蜡(白色的)象的奔驰譬喻高原的绵延姿态,也是表示各句中的两种事物的相似关系,也是形象思维的判断。

接着我们还要谈到譬喻的表现形态的推理的情况。形象思维由联想借譬喻进行推理说明问题,完全是可能的,也是必要的。如鲁迅在《故乡》中有段话说:"我想,希望是本无所谓有,无所谓无的。这正如地上的路;其实地上本没有路,走的人多了,也便成了路。"这几句话,就是把路譬作希望。实在可以说是人生警句。希望的有或无,似乎是个难于解答的问题。现在把它譬喻作为路来看,走的人多了便成了路;那么,希望呢?努力去做的人多了也就有了希望。虽然原文中没有这后一句话,但是以路譬喻希望,表示两者间相应的关系,自然可以推断得出这个结论来的。又如毛泽东同志在《星星之火,可以燎原》一文的最后几句话说:"我所说的中国革命高潮快要到来,决不是如有些人所谓'有到来之可能'那样完全没有行动意义的、可望而不可即的一种空的东西。它是站在海边遥望海中已经看得见桅杆尖头了的一只航船,它是立于高山之巅远望东方已见光芒四射喷薄欲出的一轮朝日,它是躁动于母腹中的快要成熟了的一个婴儿。"这一段话,是以三个现实的有形象的事物即要出现,譬喻中国革命高潮的快要到来,是很有鼓舞力的判断。而且和前一个例子非常相似,只是前者是关于主观希望的,而后者是关于客观趋势的,两者本身都没有形象,也都是要以譬喻来予以表现的。不用说,这也是一种由已知事物的关系为媒介表示未知事物的关系的推理，它是形象思维的推理，也带有形象思维的特点罢了。

　　第三种表现形态是比拟，它和譬喻的表现形态有些近似，但两者的不同之处，在于前者的取譬以喻是两者并举的；而后者的比而拟之则往往只举一方。比拟的表现形态主要是两种情况：一是以物拟作人，二是以人拟作物。由于人事难言，以物拟作人的多，而以人拟作物的少；实际上往往言在于物而意在于人，这是我们要先行说明的。现在且说以物拟人的例子吧。如《史记·陈涉世家》所载他为佣耕时曾说："燕雀安知鸿鹄之志哉！"又如李商隐的《无题》诗中的诗句说："春蚕到死丝方尽，蜡炬成灰泪始干。"这里举的两个例子，就都是以物拟人的。虽然字面上说的是物，而实际意思说的是人。如前一个例子的陈涉的一句话，说的是一般庸人哪知道英雄人物的志向；后一个例子李商隐的两句诗，说的是人的相思之情和悲伤之泪。这就是说，前者是用两种动物的关系来表示两种人的关系，而后者用两种物的情景表示人的情景。而从词句所表现的思维的活动过程来说，根本上也是表示已知的概念间的关系的判断。比拟的表现形态的另一种情况是把人拟物。如《楚辞·橘颂》中的最后四句说："年岁虽少，可师长兮；行比伯夷，置以为像兮。"又如《红楼梦》中探春《咏白海棠》的后面四句说："芳心一点娇无力，倩影三更月有痕。莫谓缟仙能羽化，多情伴我咏黄昏。"《橘颂》并不只是咏物的诗，也是寄意之作。但从所引的四句来看，可以说是写人的，即以人拟物的。《咏白海棠》也同样是咏物以寄意的诗，所引的四句也同样是写人的，也即以人拟物的。前者以人的品德拟物的性质，而后者以人的风姿拟物的形态。两者都是表示人与物之间的相似之处。而从词句所表现的思维过程来说，由于引文较长，情况就复杂些。前一例子引文四句，从意义来说是两个完整的文句。每个整句是一个判断，两个判断意思一致，更好地表示一个人的品德。而后一个例子引诗四句，每句是一个复杂的判断，四个判断的意思也是一致的，更好地表现了一个多情的少女。形象思维活动往往是非常复杂的，而在这里表现的复杂情况中根本上是由一些判断形成的。

再说比拟的表现形态在推理阶段的情况。如史称刘邦因戚夫人欲易太子，后见四皓已为之辅而不可易，乃作歌委婉以告戚夫人。歌词说："鸿鹄高飞，一举千里，羽翼已就，横绝四海。横绝四海，当可奈何？虽有缯缴，尚安所施？"这一首歌，虽然是说太子势力已经强大，不能制伏他了；原来想改立太子的事已不能做，只得作罢了。但因为是以物拟人的，于是说的是鸿鹄的羽翼已经长成，可以高飞而横绝四海，就是有缯缴也用不上了。歌的最后一句"缯缴安施？"就是它的结论，因此在这首歌的比拟的形象思维活动中就显然表现有一个推理过程，只是不如一般形式逻辑那样明白罢了。下面我们还要举例来说明以人拟物的情况。如李商隐的咏《蝉》诗说："本以高难饱，徒劳恨费声。五更疏欲断，一树碧无情。薄宦梗犹泛，故园芜已平。烦君最相警，我亦举家清。"这诗不用说也是咏物以寄意的。它是咏蝉的，却是把它当作和自己一样的人来歌颂的。前四句说的是蝉本因为高洁而不得一饱，却费力去作怨恨的鸣声。到五更时就是声嘶力竭了，托身的树却碧绿得毫无同情。后面的四句，诗人首先就说自己做的小官地位也是不牢靠的，老家又是荒芜得什么也没有了。最后两句是作为结语说，烦你为我提出警告，我也是全家很清苦的了。这最后两句诗里就有一个推理过程，也是形式不那么明显罢了。比拟的表现形态在形象思维中也是很普遍。我国著名长篇小说《西游记》中的主要角色孙行者，著名传统戏曲《白蛇传》中的主要角色白素贞，都是拟人化了的动物。但我们所引用的还是诗词文句，因为篇幅短小，形象生动，思维过程也易于说明,也许比拟的惟妙惟肖不如那些小说戏曲的明显吧。

因表现主观意识影响的差异而分为兴感、显示、夸饰

第四种表现形态是兴感。抒情诗的思维动机,往往因物而发。钟嵘《诗品序》所谓"气之动物,物之感人,故摇荡性情,形诸舞咏"也就是说的这种意思。兴感的表现形态也是根源于联想。而联想的产生还是由于兴感之物和所咏之物的关系,有的只是由于形式的相似,也有的则是由于性质的相同。如《诗经·周南》中因"桃之夭夭"而咏及"之子如归";又因鸠居"鹊巢"也咏及"之子如归"。这两个例子的诗句,都是由于形式相似的兴感,也就是都因为有关事物的外在形式的相似而引起兴感才有这种诗句的。除此之外还有另一种情况,就是由于事物的性质有些相同之处引起兴感的。如《诗经·周南》中第一首,因"关关雎鸠"的兴感而咏及"窈窕淑女";又因"麟之趾"的兴感而咏及"振振公子",就是这样的例子。据说当时人们认为雎鸠是一种贞鸟,是所谓"挚而有别"的。由雎鸠雌雄相和的鸣声而说到幽闲贞静的少女,就是由于两者在性质上有相同之处。关于麟,当时人们认为其是仁兽,所谓"不践生草,不履生虫"的动物。于是由麟的脚趾而说到仁厚的公子,也是由于两者在性质上有相同之处。要之,兴感的表现形态,无论是由于形式上的相似,或由于性质上的相同,都可以因此表示两种事物间的相互关系,也因此都可以成为形象思维活动过程中的判断的。

关于兴感的表现形态在推理阶段的情况,我们也举有关例子加以说明。如《诗经·小雅》中《采薇》篇的首章说:"采薇采薇,薇亦作止。曰归曰归,岁亦莫止。靡室靡家,狁之故。不遑启居,狁之故。"这些诗句说的是由采摘薇芽、已是年末这点,想到抛

弃家室、不得安居，都是为了讨伐狎狁的缘故。即因前四句的情景而引起后四句的感慨。由前四句到后四句，可以说是由于外在条件引起的，即形式的兴感。而后四句的感慨：抛弃家室，不得安居，都是"狎狁之故"。这样的诗句，说明事物间的因果关系；即对于自己困难问题作出了解答，显然是在思维活动过程中进行了推理的。又如《诗经·小雅》中的《伐木》篇的首章说："伐木丁丁，鸟鸣嘤嘤。出自幽谷，迁于乔木。嘤其鸣矣，求其友声。相彼鸟矣，犹求友声。矧伊人矣，不求友生。神之听之，终和且平。"这些诗句说的是由鸟的嘤鸣求友而咏及人的交友。是两件事情性质相同的兴感。前六句是说，由伐木声惊，鸟自深谷飞上乔木，嘤嘤的呼唤它的朋友。这里主要是说的鸟。而后六句则由鸟说到人，主要是说鸟还嘤鸣求友，何况人哪能不要朋友呢？这是反问句，也是解答句，是全章诗关键的一句。最后是补足语：对朋友好的神也让他过得平安。在这些诗句中有问题、有结论，不是也正有思维活动的推理过程吗？

第五种形象思维的表现形态是显现，即人们的思维中有时有的形象的来源，根本不是客观现实所有的事物，不是本人亲目所见、或亲耳所闻的事物，而由传闻惯说等间接知识得到一点影子或雏形，却由主观意识加以能动性的改造或创造，以至于活生生地显现在脑子里，因而可以说是显现的。显现的表现形态，也有增修的和新创的两种情况。关于增修的情况，则往往是以神话、传说为基础，利用一般的生活经验为素材加以增补修饰，即所谓"踵事以增华，润色以取美"。如《诗经·大雅》的《生民》篇中，关于后稷诞生时的情况说："诞寘之隘巷，牛羊腓字之。诞寘之平林，会伐平林。诞寘之寒冰，鸟覆翼之。鸟乃去矣，后稷呱矣。实覃实訏，厥声载路。"这是周公相成王时期歌颂远祖后稷诞生后奇异情况的诗，自传说的后稷诞生时期到当时已有一千多年，又无文字记载可考；

但这些诗句却写得如此之具体生动，不外就是诗人根据传说由形象思维予以增修而显现的。这些诗句表示所述各种情景的关系，也就是在思维活动过程中所形成的判断。只是我们在这里不是一两个句子，而是许多句子；因此其中也不只是包含着一两个判断，而是好几个判断的连续。下面我们再说明所谓新创的显现，则是对于原来根本上没有的实际的人物或事迹，也由于神话传说而成了思维的对象，而且是思维活动中活跃的形象。如屈原的《离骚》中有一长段诗句说："饮余马于咸池兮，总余辔乎扶桑。折若木以拂日兮，聊逍遥以相羊。前望舒使先驱兮，后飞廉使奔属。鸾皇为余先戒兮，雷师告余以未具。吾令凤鸟飞腾兮，继之以日夜。飘风屯其相离兮，帅云霓而来御。纷总总其离合兮，斑陆离其上下。吾令帝阍开关兮，倚阊阖而望予。"这一长段的诗词，是说诗人在天上地下日夜巡视求索，一直到帝阍前面叫他开关的情景。这种上下求索而游行的情景，可以认为就是屈原新创的。虽然其中有些人名、物名、地名等，可能是以前的神话传说中所有的，但是把这些作为素材而形成诗人上下求索过程的情景，则是他的新创。这样的显现的表现形态的思维活动，和上述的例子同样是表现一些情景的，也即表现一些有关事物的关系的，是形象思维活动过程的一些判断在显现的形象思维活动中，如上所述，有时是显现为一些相关的情景，从思维过程来说，是形成一些相关的判断，这些判断本身并没有表现出一个推理过程。但是有时有些相关的情景也可能表现为推理过程，或表现出一种推理倾向。所谓推理过程或推理倾向，前者就是指思维由判断进到了明确的推理，而后者则是虽然没有明确的推理，却隐含着有一个论断。如杜牧的《阿房宫赋》中有一段长长的描写文句说："长桥卧波，未云何龙？复道行空，不霁何虹？高低冥迷，不知西东。歌台暖响，春光融融；舞殿冷袖，风雨凄凄。一日之内，一宫之间,而气候不齐。妃嫔媵嫱,王子皇孙,辞楼下殿,辇来于秦,朝歌夜弦,为秦宫人。"这些文句的描写,并无多少根据,是凭形象思维重新创造出来的。它的前半描写宫殿的宏伟壮丽;最后几句就说到其中的宫人,原来就是从灭后六国俘虏来的妃子王孙。这里点明了过去六国的王室贵人的结局,不是可以暗示后来秦人的前途吗?也就是说,在这段所引的文句中,虽然没有由所写的情景再向前一步进行推理,得出一个结论;但是这种意向是隐含在文句中,实际上下文也明确说到了的。又如李白的《梦游天姥吟留别》的后半所说:"列缺霹雳,丘峦崩摧,洞天石扉,訇然中开。青冥浩荡不见底,日月照耀金银台。霓为衣兮风为马,云之君兮纷纷而来下。虎鼓瑟兮鸾回车,仙之人兮列如麻。忽魂悸以魄动,恍惊起而长嗟。惟觉时之枕席,失向来之烟霞。世间行乐亦如此,古来万事东流水。……安能摧眉折腰事权贵,使我不得开心颜!"这些诗句所描写的情景,虽有神话传说的影子,却不是根据曾有过的事物来的;除个别的人名物名外,都是诗人重新设想的。由前面所写的那些情景引起后面所说的意见,也可以说是由前面那些事物和后面那些事物的关系,就显然表现一个推理过程。从逻辑上说也就是推理了。

最后的表现形态是夸饰。夸饰作为形象思维的表现形态,在《孟子》中就论到过。关于《尚书·武成》篇中的"血流漂杵"和《诗经·大雅》的《云汉》篇中的"周余黎民,靡有孑遗",孟子就认为是言过其实的。《文心雕龙》有《夸饰》一篇又曾说:"虽《诗》《书》雅言,风格训世,事必宜广,文亦过焉。是以言峻则嵩高极天,论狭则河不容舠,说多则子孙千亿,称少则民靡孑遗。襄陵举滔天之目,倒戈立漂杵之论,辞虽已甚,其义无害也。"言过其实,义却无害,这就是夸饰的界定吧。然而即就这样的界定来说,也有两种情况:一是有因的夸饰,二是合情的夸饰。前者虽失实而有原因，即由于客观条件的影响；后者虽失实却合人情，则在于主观要求的意义。且就《文心雕龙》所举"《诗》《书》雅言"的几个例子来看，如"言峻则嵩高极天"及"襄陵举滔天之目"，当属第一种；而"论狭则河不容舠，说多则子孙千亿，称少则民靡孑遗"，以及"倒戈立漂杵之论"，当属于第二种。现在我们再分别予以说明。

关于有因的夸饰，如上所引"言峻则嵩高极天"及"襄陵举滔天之目"，前一句在《诗经》中的原文是："崧高维岳，峻极于天"；就是崧岳高到了天上。后一句在《尚书》中的原文是："汤汤洪水方割，荡荡怀山襄陵，浩浩滔天。"就是说滚滚的洪水为害，包围山陵，浩浩荡荡的要漫上天了。因为天无定形，也无界限，这样的说法，可以说它有客观条件的影响，也就不算悖理。而合情的夸饰，又如上所引，"论狭则河不容舠"，原文在《诗经·卫风》的《河广》篇中说："谁谓河广？曾不容刀。"按朱熹《诗集传》说是卫女适宋，因故出归于卫，思念其子欲去宋而不可得，故作是诗。这两句诗就是说：谁说河宽呢？一只小船就够了。这不过表明在她的心情上渡河本不算什么难事。又如"论多则子孙千亿"，原文在《诗经·大雅》的《假乐》篇中说："干禄百福，子孙千亿。"按《假乐》篇末章有"百辟卿士，媚于天子"的诗句，可知这诗原是歌颂周天子的。朱熹的注释也说："言王者干禄而得百福，故其子孙之蕃，至于千亿。"也就是说，这种夸饰是出于祝贺的要求，至于"民靡孑遗"和"血流漂杵"，上文已经说到，这里就不多谈。要之，前者本为愤怒之词，而后者又是颂扬之作，这种夸饰虽是失实，却是合乎心情要求的。从以上转引《文心雕龙·夸饰》篇的这些例子来看，都是表示有关事物间的关系：即嵩与天、河与舠，或洪水的襄陵、滔天等的关系，这就是说，这些形象的诗句，都是有判断的意义的。

现在再进一步来看，某些诗文中主要部分都是夸饰的词句，所表示的不只是已知的情景或事物间的关系，而且表示未知的情景或事物间的关系；即不只是表示判断的意义，而且也还表示推理的意义。如杜甫的《观公孙大娘弟子舞剑器行》的前头部分说："昔有佳人公孙氏，一舞剑器动四方。观者如山色沮丧，天地为之久低昂。㸌如羿射九日落，矫如群帝骖龙翔；来如雷霆收震怒，罢如江海凝清光。绛唇珠袖两寂寞，晚有弟子传芬芳。"这些诗句的夸饰，充分表现了公孙大娘舞艺高超的气势，即使说"天地为之久低昂"，却令人正感到它惊心动魄的力量。又如李贺的《浩歌》的前半部分也是说："南风吹山作平地，帝遣天吴移海水。王母桃花千遍红，彭祖巫咸几回死？青毛骢马参差钱，娇春杨柳含细烟。筝人劝我金屈卮，神血未凝身问谁？不须浪饮丁都护，世上英雄本无主。"这些诗句的夸饰，则是突出地表现了诗人对于世道沧桑深沉的感慨，即使所说"南风吹山作平地，帝遣天吴移海水"，也不叫人觉得有什么荒诞不实之感。而且两个例子最后的诗句，都是由前面所描写的那些情景引起的感叹，前一个例子的最后不禁有艺传而人亡的感慨，后一个例子的最后则是英雄只有自我做主的感想。这种感慨或感想，即是由前面那些情景的关系引起来的，从思维活动的过程来说，实际上就可以说是一种推理。

以上简单说明了形象思维活动的六种主要的表现形态，这是根据各种表现形态的思维活动所反映的客观事物的关系和主观意识的影响的不同情况为次序而排列的。前三种由描述、譬喻到比拟，是按认识中事物关系的不同为次第的。描述的表现形态是表示认识对象的物本身的某种关系，譬喻的表现形态则是表示认识对象的物和用以形容的物的关系，比拟的表现形态，无论是以物拟人或以人拟物，这人或是认识对象或是用以作为认识对象的媒介的人，不是认识中作为主体的人，也不因此要表示这人的对认识的主观影响。而后三种由兴感、显现到夸饰，则是按认识中主观意识影响的差别为次第的。兴感的表现形态是因物而引起的感觉或感受等，这种形态中主观意识的作用是主要的。显现的表现形态中，主观意识的作用更为重要；认识中的物象及其关系，虽有神话、传说等社会意识的原由，实际上是缺乏现实性的。夸饰的表现形态也是主观意识起决定性的作用，认识中的物象及其关系也是根本不符合实际的。只是由于有客观条件的、或主观要求的某种原因，却也往往是有感染力的。

我们认为思维活动的判断和推理，是思维活动过程的两个重要阶段，也是思维的普遍规律的一种主要表现，不仅抽象思维是如此，形象思维也是如此的。以上我们还按形象思维的主要表现形态分别考察了它们怎样由表示两个（或两个以上的）具象概念的关系而形成判断；又怎样由一个（或一个以上的）具象概念为媒介，表示其他两个具象概念间的关系而形成推理。因为形象思维的表现形态就是复杂的，它们的形成判断或推理的形式则是复杂的，有时还是根本不明确的，但是由思维形象暗示一种意向，则是无可怀疑的。因此，我们断言，那些反对形象思维的说法或认为形象思维不是思维的说法是完全错误的。

最后，我想还得补充说明一点。我们在上面所说的形象思维的六种主要表现形态，其中某些名称和所举例子，都参考了过去的修辞学著作，主要是陈望道的《修辞学发凡》和郑业建的《修辞学》。修辞学是一门早已发达了的学科，也经过了许多学者的努力探索，也取得了莫大的成绩。可是一则由于它的主要部分是和语法有关的，也有重要部分是和美学有关的。这部分正由于形象思维既未能更早提出，提出后又屡遭反对。我们现在试行把修辞学中这一部分结合形象思维来考虑，即把修辞学中某种"修辞格"，如譬喻、夸饰等，作为形象思维的表现形态来加以说明，可能也有利于形象思维的理解，也有利于美学的发展。

第三节　形象思维的逻辑规律

形象思维是真正的思维，有根本的思维过程，有根本的思维规律；这就是说，形象思维有它的逻辑性。自然，要论述形象思维的逻辑性，是有很大困难的。但是我们既然认为形象思维是真正的思维，也就要承认它有识别正误或是非的标准，也就要探索它作为思维的规律，论究它作为思维的逻辑性。这是一种探索性的工作，很可能有缺点和错误。

一说到思维的逻辑性，人们就会容易记起形式逻辑的那几条规律：同一律、矛盾律、排中律和充足理由律。这也许是一种自然的心理现象，是毫不足怪的。因为至今一般所谓逻辑规律就是那么几条，也只有那么几条。这样的逻辑规律，形象思维哪可能有呢！但是，思维既不能只是抽象思维，确实还有形象思维；逻辑也就不能只是有形式逻辑，还得有和形式逻辑不同的逻辑，即关于形象思维的逻辑。形式逻辑我们也认为是必要的，没有它，人们的思维就可能是混乱的。但它只是普通的逻辑，或者说是一种初级的逻辑，它作为逻辑学研究的对象，却局限于抽象的思维形式的范围之内，根本不管思维的具体内容；这就不仅不能解释形象思维，规范形象思维，而且一定要排斥形象思维的。

形象思维的逻辑规律根本的一条是形象真实性

形象思维为什么能够有它自己的逻辑规律呢？我们认为形象思

维就是艺术的思维，是艺术创作的思维。如果艺术创作的思维没有规律，那么，艺术创作也就不可能有规律可循，同时也就不可能有什么艺术理论可言了。然而关于艺术创作实际上是有艺术理论的，这就表示作为艺术思维的形象思维必定是有规律，也不能没有规律的。按我们的理解来说，形象思维的规律基本上和艺术创作的规律是一致的，也和正确的艺术理论是一致的。正确的艺术理论、艺术创作的规律应该是以形象思维的规律为基础的。因此从正确的艺术理论、艺术创作的规律来考察形象思维的规律，当不失为一条可以试行的道路。

  我们认为，形象思维的逻辑性，即在于规定形象思维怎样才是正确的，否则就是错误的。形象思维作为思维而不同于抽象思维首先在于它是有形象的，即有具体内容。又因为它是有具体内容的，于是它就有另一个和抽象思维不同的重要特点，即在于它的认识和客观现实有直接关系，表现它的认识有可能和客观现实事物是一致的，自然也有可能和客观现实事物是不一致的。形象思维和抽象思维虽然同样是思维，都是主观的，但是抽象思维正由于它是抽象的，思维的内容或者说概念的内容都和客观事物的现实形态很有差别，以至认识的根源究竟是在于物或在于心，作为哲学认识论的问题来说，从古至今一直是争论不休的。从自然科学方面说，由于所研究的对象就是客观事物，科学的认识总是离不开客观事物的，因而在科学研究上总可以取得一定的成绩，阐述一定的真理；但是自然科学家若是不甘拘束于自然科学领域之内，而要在哲学上显露身手，也就离开了客观事物，因而也难免离开了他原有的朴素的唯物主义的观点，陷入唯心主义的泥坑里了。如心理学家詹姆斯的成为实证主义者，物理学家马赫的成为经验批判主义者，还有精神病学家弗洛伊德的唯性欲说的非理性主义者，都是有名的例子。抽象思维不妨碍分科的自然科学的发展，却也不防止哲学家的流为唯心主义。加以形式逻辑的特点，只以思维的形式为研究对象而不涉及思维的内容，就和客观现实事物没有什么直接关系，也不可能注意到认识和客观现实事物的一致或不一致。在这一点上是抽象思维易于脱离客观实际，而和形象思维在逻辑性质上有根本区别的。形象思维既然和客观现实事物有直接关系，形象思维的内容有的就有可能和客观事物一致，也有的不可能和客观现实事物一致。这就是说，形象思维的认识，有的就可能具有真实性，也有的却不可能有真实性。按唯物主义认识论的原则来说，有真实性的认识就是正确的，而没有真实性的认识则是不正确的。因而我们可以由此初步得到在上面提出的问题的回答：即有真实性的形象思维的认识，就是正确的认识；而没有真实性的形象思维的认识，就不是正确的认识。所以关于形象思维的逻辑规律，首先就得考虑它要有形象的，其次还得考虑它要有真实性。那么，总的说来，是否可以认为形象思维的逻辑规律，根本就在于要有形象真实性？我们初步提出这点设想，作为我们要进一步证明的基本论点。

我们先从欧洲文艺理论史上的名家言论来考察，首先看欧洲最早文艺理论的系统著作亚理斯多德的《诗学》吧。其中就称诗起源于"模仿"，这所谓"模仿"就包括形象的认识，所以他说："人对于模仿的作品总是感到快感。经验证明了这一点：事物本身看上去尽管引起痛感，但惟妙惟肖的图像看上去却能引起我们的快感。"又关于事件或人物的描写主要是说："刻画性格，应如安排情节那样，求其合乎必然律或可然律：某种性格的人物说某句话，做某一桩事，须合乎必然律或可然律；一桩事件随另一桩事件而发生，须合乎必然律或可然律。"①从这两条引文可以看出亚理斯多德的诗的理论，着重论到了形象的重要意义，也要求所描写的人物性格和故事情节都要有一定的真实性。

再说到罗马时期，主要是贺拉斯的《诗艺》。其中提出的重要论点："诗人的愿望应该是给人益处和乐趣。他写的东西应该给人以快感同时对生活有帮助。"这就是说，诗人希望他写的诗的社会效益的两方面，即给人益处和乐趣。而如何能叫所写的诗取得这种效益呢？他说：如果一个人懂得各种世故人情，"他一定也懂得把这些人物写得合情合理。我劝告已经懂得写什么的作家，到生活中、到风俗习惯中去寻找模型，从那里汲取活生生的语言吧"。而且说，写诗要有虚构，"虚构的目的在引人喜欢，因此必须切近真实"。②这些话主要还是说，写诗要能给人益处和乐趣，就要把人物写得合情合理，要到生活中找模特儿，即使虚构也要切近真实。总的说来不都是要有真实性吗？

到文艺复兴时期，最著名的大作家首先就是英国的莎士比亚，他在《哈姆雷特》一剧里借主人公哈姆雷特的口吻向一个剧团的演员说："你应该接受你自己的常识的指导，把动作和语言互相配合起来；特别要注意到这一点，你不能越过自然常道，因为任何过分的表现都是和演剧的原意相反的。自有戏剧以来，它的目的始终是反映自然，显示善恶的本来面目，给它的时代看一看它自己的演变发展的模型。"③演剧本来是演员用动作和语言来表现，当然是有形象

---

① [希腊]亚理斯多德：《诗学》，罗念生译，人民文学出版社1962年版，第11页，又49页。

② [罗马]贺拉斯：《诗艺》，杨周翰译，人民文学出版社1962年版，第154—155页。

③ [英]莎士比亚：《莎士比亚戏剧集》，第九卷，第68页。

性的。但是要怎样的动作和语言来表演才合适呢？他说的主要是合乎"自然常道"的。而且说，戏剧从来就是要"反映自然"，显示时代"自己的演变发展的模型"，也就是要表现的真实性。因而莎士比亚的这些话，要求戏剧表现要有形象的真实性，似乎是说得比较明确而完全些。

又如德国启蒙运动后期的狂飙运动的大作家歌德，在《诗与真》里也曾说："经过了我种种思考和努力，我回到了我的老主意，那就是研究身内和身外的自然，让自然绝对通行无阻，用热爱的心情模仿自然，并在这模仿中跟随自然。"又在《歌德谈话录》中还曾说："总的说来，作为一个诗人，努力去体现一些抽象的东西，这不是我的作法。我在内心接受印象，并且是那类感官的、活生生的、媚人的、丰富多彩的印象，正如同一种活泼的想象力所呈现的那样。我作为一个诗人，是要把这些景象和印象艺术地加以琢磨与发挥，并且通过一种生动的再现，把它们展现出来，使别人倾听或阅读之后，能得到同样的印象；除此之外，我不该去做旁的事了。"[①]歌德的这两段话，是他作为最杰出的诗人的经验之谈，也是他的诗作的所以取得成功之道。他的第一段话主要是用热爱的心情模仿自然，并在模仿中追随自然；第二段话着重在生动地再现内心所接受的那些媚人的、丰富多彩的印象。很显然的，两段话都是非常强调形象的真实性的。

上面我们从欧洲文艺理论史上来看，著名的大思想家大作家的有关言论，都是强调文艺的形象真实性的。下面我们再摘要介绍马克思恩格斯关于文艺思想的主要论点，我们在这里只能各举最重要的能说明我们现在这问题的话来看。马克思曾说："现代英国的一批

[①] 伍蠡甫：《西方文论选》上卷，上海文艺出版社1963年版，第448页，又477页。

杰出的小说家，他们在自己的卓越的、描写生动的书籍中向世界揭示的政治和社会真理，比一切职业政客、政论家和道德家加在一起所揭示的还要多。他们对资产阶级各个阶层，从最高的食利者和认为从事任何工作都是庸俗不堪的资本家到小商贩和律师事务所的小职员，都进行了剖析。"①恩格斯在给哈克奈斯的信里论到巴尔扎克时也曾说："他在《人间喜剧》里给我们提供了一部法国'社会'特别是巴黎'上流社会'的卓越的现实主义历史，他用编年史的方式几乎逐年地把上升的资产阶级在1816年到1848年这一时期对贵族社会日甚一日的冲击描写出来。这一贵族社会在1815年以后又重整旗鼓，尽力重新恢复旧日法国生活方式的标准。……在这幅中心图画的四周，他汇集了法国社会的全部历史，我从这里，甚至在经济细节方面……所学到的东西，也要比从当时所有职业的历史学家、经济学家和统计学家那里学到的全部东西还要多。"②马克思和恩格斯的这两段话不都是说，杰出的文艺作品都描写出很多社会真理吗？不都是说，正确的形象思维能认识真理吗？这不等于说，正确的形象思维能有形象真实性吗？而且他们在这些话里所论艺术的形象思维的能认识真理，要认识真理、理论的证明，不是最明白的最高评价的吗？

以上我们引摘欧洲著名文艺理论家和作家以至马克思主义的创始人有关文艺的重要言论，来证明正确的形象思维能创造具有真实性的形象；换句话说，具有形象真实性的形象思维就是正确的形象思维。因此我们是否可以说，关于形象思维的逻辑规律，首先或根本上就在于形象真实性，这虽是我们的初步设想，却和欧洲文艺

---

① 《马克思恩格斯全集》第十卷，第686页。
② 《马克思恩格斯选集》第四卷，第462—463页。

理论史上的优秀遗产是一致的,也和马克思主义文艺思想的主要论点是符合的。也就是说,我们这是初步设想,也有一定的史实的证明、理论的证明,不是完全虚构或臆造的。

以后的三条为:排斥虚伪性、避免抽象性、传统理想性

然而所谓形象思维要有形象真实性才是正确的形象思维;若是没有形象真实性的形象思维就是不正确的形象思维,也就把形象真实性作为形象思维逻辑的根本规律,它的意义就特别重大了。虽然如上所说,这点初步设想也有了一定的史实的证明和理论的证明,但是我们还应该慎重地看待它,还可以从反面来考察它。关于形象真实性的设想,原是根据形象思维本身的两个根本特点提出的。一是由于它是有形象的,二是由于它可能有现实的真实性的。于是从形象的反面来考察,即看它如果缺乏形象性而是抽象的,是否也可行呢?而从真实性的反面来考察,即看它如果缺乏真实性而是虚伪的,是否也正确呢?按我们原来的初步的想法,首先,形象思维若是缺乏形象性,那不是就成了抽象思维吗?还怎么能行呢?其次,形象思维若是缺乏真实性,也就是虚伪的了;既是虚伪的又怎么能说是正确的呢?不过为了论述慎重而周到起见,我们应该从反面来考察,还是从文艺理论史上和马克思恩格斯的有关言论来看,文艺创作缺乏形象性究竟是否可行,或缺乏真实性究竟是否正确呢?

现在先来试看对缺乏形象性的文艺创作在我国义艺理论史上的有关言论究竟是怎样说的吧。如钟嵘的《诗品》中就有一段话说:"永嘉时,贵黄老,稍尚虚谈,于时篇什,理过其辞,淡乎寡味。爰及江表,微波尚传,孙绰、许询、桓、庾诸公诗,皆平典似

《道德论》，建安风力尽矣。"①所谓"理过其辞"，"平典似《道德论》"，实际上就是抽象说理，所以"淡乎寡味"。我们且举他们的诗作为例来看。据说许询仅存《竹扇诗》一首："良工眇芳林，妙思触物聘。蔑疑秋蝉翼，团取望舒景。"孙绰存诗较多，也有较好的，但多数确似《道德论》。如《与庾冰诗》中有一首说："浩浩元化，五运迭送，昏明相错，否泰时用。数钟大过，乾象摧栋。惠怀凌构，神銮不控。"这样的诗，不正是形象全无，诗意很少，读之趣味索然吗？

然而除了晋代的玄言诗之外，在我国文学史上单以诗来说，还有同样倾向的宋代理学家的诗，当时论者即曾指出："近代诸公作奇特解会，遂以文字为诗，以议论为诗，以才学为诗。"②虽然论者所指的原意较广，而其中当有理学家一派的理学诗，主要就是所谓"以议论为诗"的。如邵雍的《击壤集》中许多诗可以说是属于这种的一种，且举《闲吟》的四首之一来看吧。"平生如仕官，随分在风波，所损无纪极，所得能几何？既乖经世虑，尚可全天和。樽中有酒时，且饮复且歌。"又如程颢的《游重云》一诗说："久厌尘笼万虑昏，喜寻泉石暂清神。目劳足倦深山里，犹胜低眉对俗人。"程颢也还有别的较好的诗，但这首诗却基本上和前面邵雍那首诗一样，可以说是理学诗。理学的意味愈重，它们的形象性愈少，也愈缺乏诗味则是很显然的。

再看马克思恩格斯的有关文艺形象性的言论，主要是他们分别写给拉萨尔的信中批评他的剧本《济金根》时，两封信里都说到所谓"莎士比亚式和席勒式"的两种创作方法的区别。马克思的话说："这样，你就得更加莎士比亚化，而我认为，你的最大缺点就是席

---

① 吕德申：《钟嵘诗品校释》，北京大学出版社1986年版，第38页。
② 严羽：《沧浪诗话·诗辨》。

勒式地把个人变成时代精神的单纯的传声筒。"①恩格斯的话则是说："我认为，我们不应该为了观念的东西而忘掉现实主义的东西，为了席勒而忘掉莎士比亚。"②由他们两个人的话综合来看，大致可以明白，所谓席勒式的写法，主要就是"为了观念的东西"，也就是"把个人变成时代精神的传声筒"；而所谓莎士比亚的写法，则是和这相反，是为了现实主义的东西，也就是要描写现实的真实。他们的信除了从原则上指出这种创作方法上的错误之外，还具体说到描写上的缺点。马克思说："我感到遗憾的是，在性格的描写方面看不到什么特别的东西"，"甚至你的济金根——顺便说一句，他也被描写得太抽象了。"恩格斯又转述一位"在戏剧方面做过相当多的工作"的青年诗人的话说：这个剧本"由于道白很长，根本不能上演"。这也表明，这种写法就是缺乏"莎士比亚剧作的情节的生动性和丰富性"。我们在这里单举他们两个人对《济金根》剧本批评这个例子，表明他们认为它缺乏人物性格和情节的具体而丰富的描写，徒有长篇道白的政治说教，也就是完全缺乏鲜明、生动的形象性，实际上就等于判定它是失败的作品。

关于文艺创作要有真实性，我们从文艺理论史上已经作了比较充分的正面论证；现在我们要来作反面的考察，即对于文艺创作若是缺乏真实性是否正确的问题也可以作出论证，我们承接上文所引马克思恩格斯对一些文艺创作的批评说起。因为他们在给拉萨尔的信里，关于剧中主人公济金根还曾说到他是缺乏真实性的。马克思的话说："他（济金根）的覆灭是因为他作为骑士和作为垂死阶级的

---

① 《马克思恩格斯选集》第四卷，第340页，以下未说明马克思的话均引自第339—341页。

② 《马克思恩格斯选集》第四卷，第345页。

代表起来反对现存制度，或者说得更确切些，反对现存制度的新形式。"这就是说，济金根实际上是垂死阶级的骑士，而他却要作为他这反动阶级的代表人物组织暴动进攻诸侯，以致败亡。而拉萨尔在剧本中却是把他作为革命首领来描写的。所以马克思批评拉萨尔说：像济金根这样的人物"不应当像在你的剧本中那样占去全部注意力"；恩格斯也指出剧本中似乎要把济金根这个骑士阶级的代表人物，看做是打算解放农民的起义首领，这实际上是不可能的。要之，他们两个人的话，都指出剧本中把济金根这个垂死阶级的代表人物当作革命领袖来描写，不是真实的，而是虚伪的。同时也是指出拉萨尔的这种写法不是正确的，而是错误的；因而这个剧本也不是成功的，而是失败的。

我们还要谈到马克思对法国作家欧仁·苏的小说《巴黎的秘密》的批评。由于这部小说描写了巴黎社会的下层人民的贫困和苦难，也有一定的艺术性，为广泛的读者所接受，使作者也曾名噪一时。小说中的主人公鲁道夫是一个德国贵族的儿子，被作者在小说中描写成救世主一样的"善人"，马克思根据作品所写的实际情况，指出他不过是伪装慈善而作恶多端的坏人。他的批评说："好一个'善良的'鲁道夫啊！他那狂热的复仇心，他那嗜血的欲望，他那不动声色的深思熟虑的盛怒，他那诡诈地掩饰自己心灵的每一种恶念的伪善，凡此种种，正是他用来作为挖出别人眼睛的罪名的那种邪恶的情欲。只是因为幸运、金钱和官衔，这个'善人'才得以免受牢狱之灾。"① 那么，欧仁·苏又为什么要这样描写他呢？这又如马克思所说，他原来不过是一个"感伤的小市民的社会幻想家"，他的本性就不免要希望有一位老爷或老板能成为救世主的，即使实

---

① 《马克思恩格斯全集》第二卷，第265页。

际上没有，他也得创造出这样的一个救世主来，这就是《巴黎的秘密》的所以出现的原因。这样的作品自然是不可能有什么真实性，自然不可能是什么好作品。

我们对于形象思维的逻辑规律，即形象真实性这点的初步设想，又把它作为具体的艺术思维从反面进行了考察，认为它无论是缺乏形象性或是缺乏真实性，都不可能创造优美的文艺作品。因为形象思维若是缺乏形象性就成了抽象思维，而由抽象思维去创造文艺作品，写出的不外是玄言诗，理学诗或道德说教、政治说教的戏剧和小说，不可能写出优美动人的文艺作品。再则形象思维的内容若是缺乏真实性，那就是虚伪的东西，它的人物、情节、场景和思想感情既然都是虚伪的，也就是骗人的；即使是有一定的形象性，也不可能是有美感教育意义的好作品。因而我们对于作为形象思维逻辑规律的形象真实性这点设想，根据文艺学的优秀传统和马克思主义的文艺思想，从它的反面来考察，也可以证明它是正确的。而且还启发我们为了加强形象真实性这点作为形象思维逻辑规律第一条的重要意义，可以进一步提出排斥虚伪性作为它的第二条，并提出避免抽象性作为它的第三条。

也许以为我们提出的这第二条规律排斥虚伪性和第三条规律避免抽象性，原不外是从第一条的形象真实性中抽绎出来的，各说明它的一部分，毫无新意，又何必另立两条呢？然而我们认为逻辑规律所要求的，首先是各条间相互一致，而不是各有新意。我们不是熟悉形式逻辑规律的那几条吗？形式逻辑的第二条矛盾律和第三条排中律，不都可以看作是从第一条的同一律中抽绎出来的吗？不是也并非各有新意吗？它们作为逻辑规律的意义不也正是为了和第一条同一律的意义一致、不也正是为了加强第一条作为形式逻辑规律的意义吗？自然，形式逻辑规律还有第四条充足理由律，似乎不是简单地从第一条抽绎出来的，不是和第一条同样而是另有新意的。实际上只是由于推论复杂些，条件不同而已；至于它的作为形式逻辑规律的意义，也不得不和第一条是一致的。

到这里我们也得说到形象思维的认识的真实性，由于社会意识随着历史发展而演变和积累，形成一种比较复杂的情况，就是历史上人们认为是真实而可靠的事物，现在我们认为那是不真实的而是虚伪的。如神仙、精灵、天堂、地狱、御风飞天、凌波渡水等，这些不真实的观念，不仅在神话传说中附着于一些历史的人物和事件上，而且描写在许多文艺作品中。如果它作为艺术形象是美的，我们现在也会欣赏它，决不会因为它是虚伪的而抛弃它。即使现在的艺术家或诗人，当描写历史题材的人物时，也不能不写到历史上人们原有的意识的本来面目，不能不写到他的这种虚伪的观念。而观赏者或评论家也不能因为文艺作品中写了这种虚伪的东西即贬低它的意义；更不能因为我们现在的人们承认这种艺术作品并欣赏它的美，就认为我们意识中有迷信或美学观念中有错误，这首先是由于这种历史上的传统观念，从一方面说，它们在历史上也不是实际存在的，它们本身原来就是虚伪的；但是从另一方面说，这是由于历史上人们的实际生活和知识水平所规定而必然产生的意识，也是他们的精神生活的一部分，对于人类历史发展过程是必然有的，应该说这也就是人类历史的一部分，是不可少的。因而这可以说是具有历史真实性的。何况有些这种观念，还是表现我们前人要求克服实际生活中的困难和苦恼，希望要有更高的智慧，更强的能力，生活得更美好而幸福，总之可以说是我们前人传统的理想。于是在我们的艺术思维即形象思维中，传统的理想性也是有它的历史真实性的，它和前面的形象思维逻辑的三条规律不仅不是矛盾的，而且是必要的补充。因此我们认为传统理想性是形象思维逻辑的第四条规律。这条规律虽说是补充的，实际上也是重要的，如果没有这一条规律，不仅艺术创作和艺术欣赏中有些问题说不清楚，就是实际生活也不免会遇到一些困难的。

试用六种表现形态的例句检验四条逻辑规律

既然认定了形象思维逻辑的这四条规律，我们可以试行考察这些规律是否与形象思维的主要表现形态相符合。先从描述的例子说起。如从白居易的《忆江南》一词来看："江南好，风景旧曾谙。日出江花红胜火，春来江水绿如蓝，能不忆江南？"这是一首非常脍炙人口的好诗，它为什么能那样令人喜爱诵读呢？根本是它描写了江南风景的美。虽然是短短的小词，只是两句就把江南景色写得那么鲜明、生动、有感人力。其次还写到诗人对于这种景色旧时就很熟悉，留下深刻的印象；现在也还萦系于心中，而不得不想念它。这就正是写出了一片实景、一番真情，也就正是符合于形象真实性的规律的，正是一首好诗。

再说譬喻的表现形态的例子。如从鲁迅在《故乡》中所说希望正如地上的路那段话来看："我想：希望是本无所谓有，无所谓无的。这正如地上的路；其实地上本没有路，走的人多了，也便成了路。"我是非常喜爱这两句话的，它是人生警句。本来"希望"这问题是比较复杂难以言说的。但经鲁迅这么一提示，就觉得是可以明白、可以把握的东西了。路不就在我们自己的脚下吗？是很实际而具体的东西了。而且所说这条希望的路还有个前提，就是引文之前说到的"新的生活"的路，最后还有个条件，就是"走的人多"的路。这样的路是一定会走得通的，也就表明这样的希望是一定会实现的。

第三就得说到比拟的表现形态的例子，如从李商隐的《蝉》一诗来看："本以高难饱,徒劳恨费声。五更疏欲断,一树碧无情。薄宦梗犹泛,故园芜已平。烦君最相警,我亦举家清。"这是咏蝉的诗,却也是诗人借以抒发自己感情的诗。如果这诗的写法,要直接描写自己的感情,说自己怎样的高洁,又怎样的清苦,不仅要发感慨、鸣不平,难免就有自我吹嘘之嫌,而且直接说来还得多费笔墨。现在的写法以蝉拟人,从蝉的高洁而不得饱食,却因怨恨而不断哀吟,也是徒劳精神的;到五更时竟陷于力竭声嘶,而自己所托身的树木依旧只是发绿而毫不动情。这是诗中咏蝉的主要四句的意思。在这里蝉的特点都点明了,它的形象虽不够具体却也明白了。关于蝉的高而清等生活特征,过去人们都是这样理解的。诗里借以喻人是有原因的,也就是从历史上看是有真实性的。因此我们认为这诗所描写的内容,基本上是合乎形象思维的逻辑规律的。

第四要说兴感的表现形态的例子。我们用《诗经·伐木》篇的话说:"伐木丁丁,鸟鸣嘤嘤。出自幽谷,迁于乔木。嘤其鸣矣,求其友声。相彼鸟矣,犹求友声。矧伊人矣,不求友生?神之听之,终和且平。"这些诗句描写幽谷中的鸟雀,听到伐木"丁丁"的声音,便惊地的飞到高树上去:"嘤嘤"的叫唤它的朋友。关于鸟的这种情景还是描写得生动活泼的。下文说到人的友好就能得到神的保佑,从历史上人们的理想上看也有一定的真实性。虽然诗的后半说理多了点,而从全章说来还是符合形象思维的逻辑规律的,也就是比较好的。

第五,关于显现的表现形态的例子,如李白的《梦游天姥吟留别》的后半有段诗句说:"列缺霹雳,后峦崩摧,洞天石扉,訇然中开,青冥浩荡不见底,日月照耀金银台。霓为衣兮风为马,云之君兮纷纷而来下。虎鼓瑟兮鸾回车,仙之人兮列如麻。忽魂悸以魄动,怳惊起而长嗟。惟觉时之枕席,失向来之烟霞。世间行乐亦如此,古来万事东流水。"这首诗是李白的有名的好诗,也是一首具有奇特的诗风之作。写的既是梦游天姥山，而这里引的又是梦游山里的洞天中所见的神仙世界的奇景。这些都不是现实中所能有的事物，诗中也表明是作为梦来写的，还说到惊醒时则失去了"向来之烟霞"。要之，这里写的虽是虚伪的，也是作为虚伪来写的，却又是古代人们所梦想的，即使今人读时也能在惊奇中感到愉快，这就是合乎传统的理想性，也有一定的历史真实性的。

最后还要说到夸饰式的表现形态的例子，如李贺的《浩歌》所说："南风吹山作平地，帝遣天吴移海水。王母桃花千遍红，彭祖巫咸几回死？"我们在这里就引诗的开始这四句吧。每句话都是极力夸张的写法，每句诗的内容都是具体的一种事件或一两个人或物的激烈的变迁；主要是借用神话传说中的人物故事，以表明世事的变化无穷，并暗示人生的成败难定。形象是鲜明生动的，而且还可以说是触目惊心的。因为所写的人物或事件大致都是从神话传说中来的，却比神话传说中的人物或事件更为神奇。这些当然是很虚伪的，却也还有神话传说中的渊源，而所表明的世事变化无穷这种认识又是有真实性的，于是这里所写的内容是合乎形象思维的逻辑规律的，这首诗也就是好诗。

以上关于形象思维的逻辑规律，我们不仅首先从一般认识论上加以探讨，继而又从文艺理论史的优秀遗产和马克思和恩格斯有关文艺思想言论上得到论证；现在又从形象思维的主要表现形态的各种例子进行考察，也可以说是符合一致的，还可以说和过去文艺作品某些名篇名句，也是符合一致的。那么，我们认定下列四条：一、形象真实性，二、排斥虚伪性，三、避免抽象性，四、传统理想性，就是形象思维的逻辑规律。

关于形象思维的逻辑规律，我们就说这些粗略的意见。因为是一种试行提出的新说，虽然我们也尽可能做到让它有相当的根据，同时却也担心会有错误。如果一旦认识错了，我们一定改正。至于说是"粗略"，那也是不可讳言的实情。我们首先感到作为艺术的掌握世界方式的形象思维，和作为理论的掌握世界方式的抽象思维，虽然两者都是作为并列而不同的思维方式，可是形象思维的内容确是更为复杂而丰富些，应该有更详细的分析，更周到的论述和更充分的证明。然而这样做，却不是我们现在所能完成得了的。我们在这里就只能主要论证形象思维确是一种思维，和抽象思维同样有它自己的特殊形式的判断和推理，也和抽象思维同样有它自己的特殊性质的逻辑规律。

形象思维和抽象思维，两者作为不同的思维方式，是并列平行的，而从性质上看又是相互对立的。形象思维的具象性和它的逻辑，由于内容具体而又结合实际，形式也多样而富于变化，可以说是它的优点；但内容又往往不够明确，而形式也不够稳定，这又是相应的缺点。而抽象思维的抽象性和它的逻辑，只是关于思维形式的研究，它的根本规律的同一律，也只是对于作为思维基础的概念自身的规律，根本不涉及思维的内容，也就是根本没有客观现实的关系。这就是说，形象思维和它的逻辑规律或抽象思维和它的逻辑规律，都有各自的片面性，因而就必须在这两者之上有全面的思维规律，这就是辩证逻辑。但是形象思维和抽象思维在出发点上虽然相同，而由于形象思维和客观现实的关系，因而在这一点上又和一般认识论是一致的，也和辩证逻辑是比较接近的。

此文是《新美学（改写本）》第二卷（中国社会科学出版社1991年）的第四编第五章《形象思维论》。

美的观念论

我们在上面已经简单地论述了形象思维的活动过程和逻辑特性，论证了形象思维也是一种真正的思维。而我们之所以论述形象思维，本是为了要说明形象思维是关于美和美感的认识作用，也是关于艺术创作和艺术欣赏的思维活动。因此我们在这里就要论述形象思维作为思维活动的认识的重要成果，即我们所说的美的观念。

我们所谓美的观念，不是过去有的哲学家所谓先验的美的观念或客观的美的观念，而是和他们那种唯心主义论点相反，总的说来是客观现实事物的美的反映。自然，美的观念所关系的理论范围可能是广泛的，它的形成过程也可能是复杂的；但是我们认为主要是经过形象思维活动，由具象概念发展而形成意象，再由意象发展而完成为美的观念。这是我们认为美的观念形成的主要的思维过程，也是我们关于美的观念所要着手考察的主要的理论线索。关于这样的美的观念的论点，对于我们也是一个新的难题，且在下面分节来试行论述吧。

第一节　由具象概念到意象的形成

具象概念经思维活动过程，形象性丰富、意识性增强

　　形象思维是从具象概念开始，也是以具象概念为基础的。具象概念本身不用说就是形象的。只是具象概念的形象是对于客观事物的反映而来的，虽然也有它的主观性，但主要是由于自然的或社会的外在条件的限制性，如所谓目所不能视或耳所不能闻，生活中不能接触的限制等。而所认识到的具象概念，基本上是根据客观现实事物的形象来的，或者说是客观现实事物的映象。因此这种具象概念，一般来说，还不是具有明显的意识性。而在以具象概念为基础的形象思维活动的进程中，首先达到判断阶段、即表明这一个具象概念和另一个具象概念的关系；或者更进一步达到推理阶段、即以一个以上的具象概念为媒介，表示这一个具象概念和另一个具象概念的关系。要之，在形象思维的活动过程中，原来的具象概念的意义就有了相应的变化，即按各种不同的表现形态及概念间的关系，而有不同程度的主观意识性。

　　到这里我们还要说明，形象思维和抽象思维由于它们的思维活动本身即有不同，而在思维活动成果上也表现有重大的区别。我们已经知道抽象思维首先是以抽象概念为基础的，它的逻辑规律也规定它是抽象的。在这里我们还要说明：主要就演绎法的抽象思维活动来说，它本身就是抽象的，它的思维活动成果也是抽象的，甚至可以说是更抽象的。而和抽象思维正相反，形象思维既是以具象概念为基础的，它的逻辑规律也要求是形象的；除此之外，我们在这

里还要说明形象思维活动本身就是形象的,它的思维活动成果也是更为形象的。

我们现在就可以分别举例来说明它,先且从抽象思维的判断来说,例如"玫瑰是显花植物",这个判断是建立在两个概念的关系上,也就是表示这两个概念之间的关系。不用说,这两个概念都是抽象概念,这个判断也是抽象思维的判断。原来由于思维对于它的两个概念进行分析之后,把玫瑰断定为显花植物,也就是把玫瑰看作是显花植物,这个判断本身无异于把玫瑰的其他特性都撇开了,都抹煞了,因而这个判断本身就是抽象的,结果是把玫瑰这个抽象概念变得更加抽象了。再就形象思维的判断来说,我们再引《诗经》中的句子为例。如"桃之夭夭,灼灼其华",这两句诗表明"桃"和"其华"的关系,也是一个判断,它是形象思维的判断。原来作为思维对象的"桃之夭夭"是形象的,接着增加来的"灼灼其华"也是形象的。这两句诗作为两个事物的关系构成的判断,是在"桃之夭夭"之上再加上"灼灼其华"来形容它,不仅没有把它抽掉什么,反而增添了形容它的东西,于是原来的思维对象的形象是更丰富、更具体的新的形象了。这个新的形象的构成,首先根据的是"桃"和"其华"的自然关系。桃的夭夭,华的灼灼,属于自然现象,或者说有自然的根源;但是它的这种关系的构成,究竟还是由于作者的观察、比较、选择、综合而形成的,也表现有作者的意思。

我们再举抽象思维的推理的例子来看,如关于文艺理论的基本原理有几句话说:"上层建筑都是为经济基础服务的,文艺是上层建筑,文艺也是为经济基础服务的。"从马克思主义的根本观点看,这样的理论是完全对的;而从普通逻辑来看,这样的三段论式也是非常正确的。但是多少年来,多少人,包括某些美学家、文艺理论家都曾表示怀疑,有的人就公然提出反对意见,也曾得到有力的支持。我们同意这个三段论式,也理解怀疑者和反对者的原因。原因就在于抽象思维的抽象性,在于形式逻辑的片面性。且看这个三段论式的大前提:"上层建筑是为经济基础服务的",就把各种上层建筑自身的特性抽象掉了;它的小前提"文艺是上层建筑",又把文艺本身的特性也抽象掉了。于是结论就只是"文艺是为经济服务的",成为双重抽象的东西了,也就是既抽去了它是某种上层建筑的特性,又抽去文艺自身的特性。如文艺要是美的,要有感人力的,要能启发人、鼓舞人、教育人和娱乐人等特性都没有了,因而未免怀疑或反对文艺是上层建筑、是为经济服务的结论。其实这是一种误解,说文艺是上层建筑,是为经济基础服务的,并无意于否认文艺有自己的特性,只是这里没有说到它,这里不要说到它罢了。这就正是抽象思维的抽象性的必然表现。

我们再举形象思维的推理的例子来看。如左思《咏史》的几句诗说:"荆轲饮燕市,酒酣气益震。哀歌和渐离,谓若旁无人。虽无壮士节,与世亦殊伦。高眄邈四海,豪右何足陈。"所引这些诗句里的前四句,对主人公荆轲加以多方面的描写,他的饮酒、哀歌、气势和态度等,把他的形象轮廓和特点大致描述得比较清楚了。而第五、六两句则是由前四句推演出来的评语。第七、八句:"高眄邈四海,豪右何足陈",就更突出了他的侠义气概。作为逻辑上的推理来看,结构是比较复杂的,中介性的概念是较多层次的,但是诗的思想的主要线索是荆轲的侠气藐视豪右,表示荆轲和豪右这两者的关系的,可以看作是一个推理的形式。自然,这些诗句主要都是形象的,都是描写荆轲这个历史人物所具有的特点的。而我们读这些诗句,确是由此得知他对于权势者是藐视的,只是把这些诗句作为推理来看,也可以看出形象思维和抽象思维的区别更是显而易见的。

上面所说关于形象思维的判断和推理的两个例子，都是采取描述的表现形态的；也就是说，与判断和推理有关的概念都是作为思维对象的概念本身而存在的，而不是作者另外取来附加给它的。因而这个判断或推理的语句就是描述思维对象的。我们在下面还想举譬喻的表现形态的例子来考察。例如在前面也曾说到过谢朓的名句"澄江静如练"，这也是一个判断。作为判断也是表示两个具象概念间的关系。由于思维对于两个具象概念的分析，根据它们相似之处，成为譬喻的表现形态。按这个判断的意思就是说，江水澄清得好像透明、闪亮又柔软的白绸子一样。而从作者的构思来说，"静如练"是对于"澄江"的形容，白练是附丽于"澄江"的。在这样的思维过程中，不仅对于原来的具象概念的"澄江"没有抽象掉什么东西，反而增加了一些东西，使它成为一个更丰富而鲜明的形象。

我们又举另一个可以说明形象思维推理的例子来看。如毛泽东同志的《沁园春》中的几句词说："山舞银蛇，原驰蜡象，欲与天公试比高。"我们先看它的第一句，"舞银蛇"是形容山的，是把银白色的蛇的飞舞的样子附加到山峰上去。这句就是说，雪后秦晋高原山峰的蜿蜒，像是银白色的长蛇在飞舞一样。再看它的第二句，基本上和前者是一样的句式。"驰蜡象"又是形容它的高原的，又把白蜡似的大象在奔驰的样子附加到它的高原上去。这句话就是说，这些连绵不断的高原的起伏是蜡似的大象在奔驰。这两句中的具象概念，不仅没有在文句中被抽去什么东西，而是相反的，却增加了一些形象的东西，成为一个丰满、鲜明的形象。然后第三句则是概括前两句山峰与高原的情况，看来这些山峰高原在冰天雪地中似乎要和天比高了。这一比就思维对象的山峰高原来说，不仅形象更丰富、具体，而且具有人情似的更生动了。再从思维逻辑的过程来说，又是由前两个判断推论得出的一个新的判断，虽然前后的概念关系，和抽象思维的形式逻辑的推理不同，而从思想实际来说也就是一种推理。要之，原来的具象概念的意识性也增强了。

形象思维使具象概念成为意象，或是艺术形象的初胚

以上关于抽象思维和形象思维的判断与推理所表现的认识成果来看，抽象思维的成果愈来愈抽象，以至是片面的；而形象思维的成果愈来愈形象，以至于非常之生动。两者同样是思维活动的成果，但是抽象思维的成果，一般来说，本是原来的概念的内容早已有了的，抽象思维活动只是从中抽去了一些东西。形象思维的成果，一般来说，则是增饰了一些东西，往往可以使它成为一个新的形象，这个形象还体现着人的意思，因而我们认为可以称它为"意象"。

我们在这里用来说明形象思维的判断和推理的两个例子，都是用的譬喻的表现形态。"澄江静如练"是明喻的例子，而"山舞银蛇"三句则是暗喻的例子。这是我们在前面已说明了的。因为譬喻的表现形态的例子，对于意象的形成和意与象的关系比较好说明些；描述的例子就不够明显，其他的表现形态的关系都比较复杂，我们就不多举了。

"意象"一词，在我国古代的哲学和文艺理论著作中，是早已有了的。如《周易》中就曾说："圣人立象以尽意。"这所谓"象"主要是象征性的形状，"意"主要是指宗教、伦理的思想内容，和后世文艺理论中的所谓意象不尽相同。如刘勰在《文心雕龙》的《神思》篇中所说："独照之匠，窥意象而运斤。"又皎然在《诗式》中也曾说："取象曰比，取义曰兴；义即象下之意。"而在司空图的《诗品》又曾说："是有真迹，如不可知；意象欲生，造化已奇。"张彦远在《历代名画记》中还有近似的说法："夫物象必在形似，形

似须全其骨气。骨气形似皆本于立意而归于用笔。"文艺理论的"意象",显然是沿袭哲学中的意思来的。《周易》《系辞》还说:"夫象,圣人有以见天下之赜,而拟诸其形容,象其物宜,是故谓之象。"因此两者都要求是有形象的,也都要求是可以寄意的。

我们认为形象思维自具象概念开始,并以具象概念为基础,而在它的前进中,经过了判断阶段或推理阶段,原来作为思维对象的具象概念(我们拟称之为主概念),在思维过程中,由于别的具象概念(我们拟称之为宾概念)的陪衬、形容或修饰之后,因而原来作为主概念的具象概念,在不同的思维活动过程中,即有相应的不同程度的变化。也就是说,在判断阶段,由于有个别的宾概念加以形容,原来的主概念即有初步的变化,而在推理阶段后,又由于有更多的宾概念加以形容,又有更大的变化。它的变化一般都表现在两个方面。即一方面是它的"象"表现得更丰富、更具体,更鲜明也更生动些了;而另一方面它还或多或少体现着作者(或其他认识者)的主观意思。而且应该说:它已成了作者创造的新的形象。其所以是新的形象的特点,即在于它虽然还不是完成了的艺术形象,却已初步体现了作者的主观意思。如上面所举的形象思维活动成果的一句诗或三句词,都还不是完整的一首诗或词,而只是它的一部分,却是诗或词的组成部分;有的还可以说是一点美的认识,或是艺术认识的初胚。有时诗人开始时仅得一句或两句,稍有诗意,却也不是完整的诗。在形象思维的活动过程中,补足完成为一首好诗。应该承认这样初步的过程,所以我们就采取"意象"这个术语来称呼它。这个传统的术语,对于形象思维初步成果的主客观两方面的因素,表现得是比较明白的。

由于意象这种认识成果,在文字上即已表明有意有象,即是有主客观两方面的因素的。但它的主客观因素的结合,并不都是一样的。这首先就是由于形象思维的表现形态的不同，直接影响到意象的主客观因素的结合情况的不同。上面曾说，形象思维有六种主要表现形态，自描述的到比拟的前三种表现形态，是以思维对象的形象为主的；而自兴感的到夸饰的后三种表现形态，则是以主观意思的影响为主的。但是无论前三种或后三种，各种之间的主客观因素的关系都是有些差异的。

但是这并不是说，因为各种形象思维的表现形态的不同，因而就有各种不同的意象，不是的。如上所说，形象思维和抽象思维之间虽是有区别而无界限，形象思维的各种表现形态之间也是有区别而无界限的。关于形象思维的初步认识成果的意象，虽因各种表现形态的影响而有差别，却又不能说意象也因此而可以分为不同的几种。我们知道《诗经》是早就有赋、比、兴三体之说，它的根据我们可以想到是和形象思维的不同表现形态有关系。我国古代理论家提出这三体来是很有意思的，可见他们对《诗经》的研究是很认真而仔细的。但是能不能果然按这三体来分类呢？朱熹在《诗集传》中曾努力用它划分诗的篇章，这些诗篇的各章是可以按这三体来分，但是许多诗的全篇各章往往不是一体，而且每章诗也往往不是一体，因此而有所谓"兴而比也""赋而比也""比而兴也"等的情况。在《诗经》中完整的诗章既是如此，初步认识成果的意象之间的区分未免也有困难，而且是没有必要的。只是我们必须肯定，意象是形象思维的初步认识成果，这是和抽象思维在认识过程中不同的一种标志。

关于意象，可以看作是艺术的初胚，这不过是大致的说法，因为它的作为艺术的初胚还是要有相应的条件；否则对于一般人虽也能引起一点感触但旋即就消失了。而对于敏感的诗人或艺术家就因它引起了注意，对它产生了兴趣，在心中一酝酿，即得到富有情趣的诗句，或鲜明意境的画面。《新唐书·李贺传》中记述他的作诗有段话说："每旦日出，骑弱马，从小奚奴，背古锦囊，遇所得，书投囊中。未始先立题然后为诗，如他人牵合程课者。及暮归，足成之。"这里所记李贺出游中"遇所得"的"所得"当即我们所谓"意象"，其中定是含有诗情的语句。又葛立方的《韵语阳秋》中记谢朓的事迹说："玄晖在宣城，因登三山，遂有'澄江静如练'之句。""登三山"是诗题中有了的，可能这句诗就是当时得到的。因而和上述的例子也有相同的意义。至于我国的山水画家常要游览名山大川，对景草图，归而成画的事也是习以为常的。如最早的山水画家宗炳，凡所游历，归则图之于壁，必须览景会心，默而志之才是可能的。

陆机与刘勰论文思的通塞与意象的显晦的关系

关于意象还有一个麻烦问题，就是它作为形象思维的活动成果，也同具象概念、形象思维本身一样，往往是形象多变而不是稳定的，同时也往往是意义朦胧而不是明确的，因此使美学及文艺理论的研究也增加了很大的困难。意象的形成过程，最初还要由记忆、联想以至想象即形象思维的活动，把原来的具象概念（主概念）加以丰富、具体、充实，创造成为能体现人的意思的新的形象。在这样的创造过程中，一般来说开始时确是混沌的、朦胧的、不确定、不明晰，逐渐变得明晰而确定了。但是即使它一时形成明晰而确定的意象了，如果不继续抓紧它，不继续琢磨它，不继续充实而发展它，它在不知不觉之中就又淡而模糊，以至于消失而没有了。自然，如果要把原有的"意象"作为初胚而创造艺术，无论是诗也好，绘画也好，又必须在意识中追索它，修补它、再创造它，那就是又从朦胧中使它再明显起来,由不确定中使它再确定起来。

关于意象的这种变化不定的情况,我国古代的杰出的文艺理论家早就反复论述过的。首先如陆机在《文赋》中有两段话说到这种情况。第一段话说:"其始也,皆收视反听,耽思旁讯,精骛八极,心游万仞。其致也,情瞳昽而弥鲜,物昭晰而互进;倾群言之沥液,漱六艺之芳润;浮天渊以安流,濯下泉而潜浸。于是沉辞怫悦,若游鱼衔钩,而出重渊之深;浮藻联翩,若翰鸟缨缴而坠曾云之峻"。这一段话主要是说,写文章开始时,由于作者多方思索,反复考虑,情意由朦胧而逐渐鲜明起来,物象也清晰地纷至沓来。真是文思泉涌,词藻流畅,有许多意思、有许多话语,都汇集到心上,奔流到笔下来了。第二段话说:"若夫应感之会,通塞之纪,来不可遏,去不可止,藏若景灭,行犹响起。方天机之骏利,夫何纷而不理。思风发于胸臆,言泉流于唇齿;纷葳蕤之驭遢,唯毫素之所拟;文徽徽以溢目,音泠泠而盈耳。及其六情底滞,志往神留,兀若枯木,豁若涸流;揽营魂以探赜,顿精爽而自求;理翳翳而愈伏,思轧轧其若抽。是故或竭情而多悔,或率意而寡尤;虽兹物之在我,非余力之所戮。故时抚空怀而自惋,吾未识夫开塞之所由。"这后一段话引自《文赋》的结尾处。头几句总说文思的或通或塞的情况,似乎它是自来自去,或行或藏都是不可捉摸的。然后讲到"天机骏利"时,思想文词都是痛快之至,只管任笔伸纸写下去就是。但是到了"六情底滞"时,文思枯竭,怎么样也想不出如何去写。于是一代文豪的作者也竟然说:虽然文章由我来写,却不是我的力量所能对付的。于是自己叹息着说:我并不知道文思的或开或塞的原因啊!

上面我们简单地介绍了陆机《文赋》中的两段话,虽然他的话中并没有讲到"意象"这个词,但不能说所论和意象无关。我们认为"意象"在文思中是一个重要内容,是一个中心环节,一般文思都不得不和"意象"有关系。至于文思的或开或塞,我们也不能说果然比一千五百多年前的陆机进步了多少,大约还只能说是"吾未识夫开塞之所由"比较实际些。当然,我们也知道许多往古哲人、当代贤士在提倡天才、灵感的,以至于直觉等的解答,我们并不一概否定,而且是明白肯定天才、灵感的;只是觉得这种解答也还没有说明它的真正的原因。天才或是灵感又怎么能使塞者变通或使通者不塞?若说"直觉"学说,我们从克罗奇、朱光潜那里领教过,如那样的想用直觉排除理智的说法,我们是决不相信的。我们因为肯定文思和意象有关系,在这个前提下,我们试行设想当意象丰富、鲜明、生动的时候,大约也就是文思畅通的时候;而意象的单薄、晦暗而枯涩的时候,大约也就是文思滞塞的时候。因此文思的开塞问题,陆机虽不能解答,但他明确提出这个问题也是很有见地的。

现在我们再看刘勰在《文心雕龙·神思》篇中的有关言论,主要就是开始时的一长段,我们按它的内容,分作两次来引,便于作简单的说明。首先就是:"文之思也,其神远矣。故寂然凝虑,思接千载;悄焉动容,视通万里;吟咏之间,吐纳珠玉之声;眉睫之前,卷舒风云之色;其思理之致乎!故思理为妙,神与物游。神居胸臆,而志气统其关键;物沿耳目,而辞令管其枢机;枢机方通,则物无隐貌,关键将塞,则神有遁心。是以陶钧文思,贵在虚静,疏瀹五藏,澡雪精神,积学以储宝,酌理以富才,研阅以穷照,驯致以绎辞,然后使玄解之宰,寻声律而定墨,独照之匠,窥意象而运斤。此盖驭文之首术,谋篇之大端。"这段话可以说是关于文思的功能、性质及其修养的总论。从语法结构上看,基本上是三段话,恰好每段话说明文思有关的一个方面。第一段关于它的功能,说明文思可以达到长久而辽远的领域,可以包罗万象,而且有声有色。

第二段关于它的性质，总的说是"神与物游"，即心思总是和物象结合的，而且说到两者或有内的联系、或有外的表现，因而两者往往是不分离的。第三段关于它的修养要求：主要说的是"虚静"；后又补充说的是"积学""酌理"等四点。这些要求做到了，就是有很好的文学修养。最后四个分句，从语法上看是第三段的结语。而从意义上，实际上也是这几段话的结语。

我们再引下文的那部分来看："夫神思方运，万涂竞萌，规矩虚位，刻镂无形。登山则情满于山，观海则意溢于海。我才之多少，将与风云并驱矣。方其搦翰，气倍辞前；暨乎篇成，半折心始。何则？意翻空而易奇，言征实而难巧也。是以意授于思，言授于意，密则无际，疏则千里。或理在方寸而求之域表，或义在咫尺而思隔山河。是以秉心养术，无务苦虑；含章司契，不必劳情也。"这一些话总的是说明：写作之前的想法到写作时实际上又不如意。为什么会是这样呢？该怎样对待它呢？他的回答基本上也是三句话。第一句话概括说明是"言难逮意"；第二句则是进一步说明这点的两种情况：一是言和意之间有时不一致，二是两者甚至悖离，相距很远；最后一句是以"秉心养术"照应前文"虚静"数语作结。

以上所引刘勰的这两段话，关于文思的所论，显然受了陆机《文赋》很大的影响，却又比之陆机在理论上前进了一大步。特别是对于文思的性质所作深刻的理论分析，是我们应该好好地理解的。他在这里总的提出所谓"思理为妙，神与物游"，显然是关于文思的根本原则。接着就分别论述：神（理智）在心里要受意气的支配，而物由耳目感官得以和语言有联系，语言的这种联系通畅时，物的象貌就都可以表现；而意气支配的线路若是阻塞了，神（理智）就失去了意义了。其中提出"物沿耳目，而辞令管其枢机"以至"物无隐貌"，这些话是说得很有意义的。虽然他的词句是绕了个弯子，但是他的意思是明显的。既然说是物沿耳目进到人的思维里，即可以由具象概念进而成为意象，即可以用语言鲜明地表现它的象貌，所以外物也就没有隐貌了。

从文思出发，提出神与物的结合关系，广义地说，也即精神与物质结合的关系，这样的提法在文艺思想上是很重要的。对于物的认识，特别是对于物的形象的认识，提出"沿耳目"这两种感官以进到意识，这在我国古代文艺理论史或美学史上是绝无仅有的。因此我们认为，刘勰这种论点，作为我国美学和文艺理论的历史遗产，是十分珍贵的。刘勰似乎没有留下诗赋之作，不以诗人闻名。而作为文艺理论家也承认"神有遁心"，对于这点，则是提出"陶钧文思"的修养。如何"陶钧文思"呢？首先是说"贵在虚静"，却又不只是"虚静"。以下六句之中头两句是说明"虚静"的。关于"虚静"这种说法，显然是从当时流行的老庄玄学思想来的。却又和当时山水画论中所谓"澄怀味象"一样，对于艺术创作有好处。因为虚可受物，静不扰物，故能接受"沿耳目"而来的物象。而再加以"积学""酌理"，并能"穷照""绎辞"，于是心就按照"声律"去措词，看定"意象"去雕塑吧。关于如何"陶钧文思"，不使滞塞的说法，除所谓"虚静"外，其他四点，我们认为是切实可行显然有积极意义的。要之，杰出的诗人陆机，根据自己的创作体会，畅述文思的活跃情况，所谓"观古今于须臾，抚四海于一瞬"，或"笼天地于形内，挫万物于笔端"，兴会淋漓，文词华美，读之令人倾心。即使当他论到"六情底滞"时未免抚怀自愧，也足见他爱文艺的真诚。而刘勰作为非常杰出的文艺理论家，在陆机所论的基础上，再深入细致地分析，提出"思理为妙，神与物游"，"沿耳目"以启"枢机"，由"辞令"而显"物貌"的论点，并以"陶钧文思"来回答陆机提出的文思"开塞之所由"的问题。这些卓越的见解，虽历千数百年也没有丧失可资借鉴的意义。

意象自身的根本矛盾要求不断发展达到美的认识

我们可以看到作为形象思维认识成果的意象，是具有多层的二重性的，根本在于意与象的结果的真正矛盾的统一。象是来自客观的物，而意是由于主观的神或心。心要受物而不扰物，即需要虚静。但是心是不可能如竹筐石臼那样，既不可能真正的虚，也不可能真正的静，总有生理的条件，心理的要求和先人的成见，因而所认识的对象，就不可能是客观的物象一样，总有一定的限制、干扰和改造。但是认识的本质却又要求对客观的物能有真的认识，即要求所认识的内容是客观的，或者和客观的物象是同样的、一致的，而实际上所认识的内容却往往不是客观的，或和客观的物象不是一致的。也就是说，认识因此有正确的或错误的。于是在意象的认识过程中，由于心不能"虚静"而形成的意与象的矛盾，转变为意象认识的本质要求和实际成果的矛盾，具体表现为意象认识的正确与错误的矛盾。这是意象认识中矛盾的主要情况。

在意象的认识活动中，主观的心或意总是起主导作用的。而意识又是经常进行多种活动，或者说，意识的活动经常是流水一样不断的，一波未平一波又起，或者说一舟刚过一舟又来。如果在一种相当具体而鲜明的意象形成后，不能用艺术手段把它表现出来，它在主观意识中却是无法使它固定不变的。当意识不得不转移到别的情景时，它必然逐渐暗淡以至消失了。待到另一个机缘又要从记忆中把它追拥回来时，实际上是要有相当的条件才是可能的；否则即不可能，至少是不能容易如原有那样具体、鲜明而突出，以至于令人欣慰的。因此意象在意识中的这种变化，即意象经历着一个由无到有、由混沌到明确；然后又由明确到混沌、由有到无的过程，其间即是不断的矛盾变化的过程。而且意象的确定与混乱，鲜明与晦暗，我们认为即和文思的开塞有关。意象具体、鲜明而突出时，显然是能令人思绪奋发、情感欣慰的；而意象晦暗、单薄而平淡时，未免令人索然无味、漠然寡欢，也就是未免文思顿塞了。这大约可以说是物既隐貌，也就未免神有遁心了。这也许就是物象对于心思的一种反作用吧。

意象既是一种认识，它的本质要求当然也是对于物象的正确反映。但是在意象认识阶段实际上还不能排除错误，因此它为实现它作为认识的本质要求，比较妥当地解决上述有关的根本矛盾，它必然要发展，必然要前进。于是我们还需要了解意象作为形象思维的认识成果，还是带有中介性的，还不是完整性的认识成果，它要前进到作为艺术认识、美的认识的地步，前进到体现形象思维的逻辑规律、体现美的规律的地步。关于这些，我们就在下节去谈它吧。

第二节　意象的典型化

意象的发展从反映事物的多方面而使形象更丰富

上面我们已经说到，意象作为一种认识成果，只是艺术的认识的初胚，因而是中介性的，它还是要发展、要前进的。现在我们在这里就要来探索它将怎样才能走上这样发展的途径或前进的方向。对于这种问题要作出回答，可能也是有困难的。

我们认为意象的发展首先关系它自身的条件，因为意象就是主观的心意和客观的物象两种因素构成的。它的发展首先就关系它自己的这两种因素。当然也有其他的条件，而其他的条件若要对于意象的发展有影响，也不外要和它的主观心意或客观的物象有关系的，也就是都要通过主观的心意或客观的物象才起作用。因而我们的考察，首先还得从意或象的考察开始。意象作为认识的成果来说，意原是要起主导作用、有支配意义的，似乎应该先谈意的因素。然而从认识的渊源和认识的本质要求来说，我们倒想从象的考察开始。

意象的发展从它所反映的，也即作为思维对象的物象来看，首先就是对于它本身的各个部分、各种现象，都可以适当地加以描述。如以自然事物的对象来说，我们在前面曾举《诗经·周南》的《桃夭》篇的第一章的头两句："桃之夭夭，灼灼其华"为例子，来说明它作为形象思维的判断的意义，即已形成了一个简单的意象，而从全篇诗来说，还不只是第一章写了"灼灼其华"，第二章还写了"有蕡其实"，第三章又写了"其叶蓁蓁"。因为《桃夭》这篇按旧说是"兴体"诗，要由"桃之夭夭"以"兴"起下文的"之子如归"，所以关于桃的情况是分作三章来写的。若是单以桃为主题对象集中地来写它的各种情况，那么，关于桃所描写的就不只是简单的意象，很可能是较为丰富的意象。如《楚辞·九章》的《橘颂》的开始，就有几句诗关于橘的描述是说："绿叶素荣，纷其可喜兮！曾枝剡棘，圆果抟兮；青黄杂糅，文章烂兮；精色内白，类任道兮。"这些诗句，写到了橘树的叶、花、枝、刺，特别是关于它的果实写了几种情况。于是通过这样各方面的描述橘树的形象，就显然要比一般简单的意象更丰富也更完整得多。

又从意象所反映的对象和其他事物的关系来看，也能够使它取得相当的发展。我们在前面还曾举《楚辞·九歌》中的两句诗："袅袅兮秋风，洞庭波兮木叶下"为例子，说明这两句诗所表现的秋风和其事物的关系构成为一个普遍的意象，它反映的关系还是简单的。又如有名的汉武帝的《秋风辞》，开始即有两句说："秋风起兮白云飞,草木黄落兮雁南归",又是直接描述秋风和其他事物的关系的。它所描述的这秋风的关系稍为多点,它的意象就显得丰富些。再如杜甫的《茅屋为秋风所破歌》,也是一开始就有几句诗说:"八月秋高风怒号,卷我屋上三重茅。茅飞渡江洒江郊,高者挂罥长林梢,下者飘转沉塘坳。"这里所描述的秋风和其他事物的关系,既写出了秋风的形态,也写出了秋风的声势,还写出了它对其他事物的破坏作用,因而这里所描述的比之前面的那样的普通的意象要具体、丰富而生动得多。

关于自然事物的意象,可以按照它本身的各个部分或各种情况以及它和其他事物的关系,加以多方面的描述,可以使它的意象得到相当的发展。而关于人的容貌、行为、性格和其他精神现象,也可以按照他的各种情况,加以多方面的描述,也可以表现为较之一般的意象更进一步的认识。如《诗经·郑风》的《有女同车》篇的第一章有几句诗说:"有女同车,颜如舜华。将翱将翔,佩玉琼琚。"这几句诗,是描写了一位女人的容貌、体态和服饰,可以说是表现了一个意象,也还是比较简单的,因为切实的描写只有"颜如舜华"一句。但如上文所引《卫风·硕人》篇关于庄姜的容貌的描写说:"手如柔荑,肤如凝脂,领如蝤蛴,齿如瓠犀。"又如上文所引宋玉《登徒子好色赋》中关于东家之子的描写说:"眉如翠羽,肌如白雪,腰如束素,齿如含贝。"这两个例子所描写的形象,就显然比之前者也是丰富而具体得多了。《硕人》和《登徒子好色赋》中除关于两位女主人的容貌描写之外,还有其他的形容词句,我们在下文还要引来再谈,单只从这里所引诗句看,就显然是比之一般简单的意象已有相当的发展了。

现在我们再从人的精神状态的意象来看,是否也可以把它和其他事物的关系加以多方面的描写呢?我们在上面也曾论到对于人的愁恨感情的描写，先引了李煜的《虞美人》的词句："问君能有几多愁，恰似一江春水向东流。"又引了辛弃疾的《念奴娇》的词句："旧恨春江流不断，新恨云山千叠。"还引过李清照的《声声慢》的下半阕云："满地黄花堆积，憔悴损，如今有谁堪摘？守着窗儿，独自怎生得黑？梧桐更兼细雨，到黄昏、点点滴滴。这次第，怎一个愁字了得？"按上面三个例子所描写的愁恨的词句，可以看得出它们是一个比一个地写得丰富而充分。虽然它们各自都是写愁恨的，也各有自己的意义；但是我们在这里只是就上面所引的词句而说的，而不是对于它们各个全篇的论述。在文学史上还有江淹的有名的《恨赋》，单是提到这个篇名，就可知道它专写人的这种精神痛苦的，是会描写得淋漓尽致的。

以上是从意象所反映的现实对象本身的不同情况及其和别的事物的关系，来考察意象发展的途径的主要方面。艺术的认识对象本是很广泛的，我们在这里不能多谈，我们只是从自然事物和人本身，根据前面所引用过的诗词文句，各举了两种例子。在自然事物方面，一种是关于描写自然事物实体的，如树木的桃或橘的例子，另一种是关于描写自然事物的关系的，如秋风和其他事物的关系的例子。而就人本身来说，一种是关于人的容貌的例子，另一种是关于人的精神状态如愁恨的例子。我们是有意要谈这四种情况，但在这里之所以举这些例子，主要是由于这些具体例子在上面曾引用论述过，是我们比较熟悉，也是我们便于说明的。

从意识表现看，因系主观性，难以确认实质上的进程

现在再从意象的意的方面，来考察它对于意象的发展又将起什么作用。关于意象的意，我们按习惯的用法作广义的理解，即意识

的意。关于意识，我们认为首先就是由于认识，也就是客观存在的反映，而社会意识即社会存在的反映。但在意识中还有一个文化素养的因素，也是一般人或多或少都有的。这种文化因素主要就是一般所称的"间接知识"，因而也不外是一种认识。这里说的意识是广义的泛论，若是扣住意象中的意来说，它的范围就小得多了。由于它反映的物象往往是部分的，也往往是无关于思想原则的，因此关于意识在意象中的具体表现，大致主要是生活感想和文艺思想的影响，而后者倒往往是表现较多的，特别是关于自然事物的意象中意的表现是如此。于是我们不拟分别作为两种影响而是合在一起来谈它。

关于意象中的意在它的发展中的影响究竟如何，我们也还是沿用前面的例子，并按前面的顺序来看。如《诗经·桃夭》篇的那两句诗关于桃树的描述，形成一个关于桃树的简单的意象。因为这首诗的主题不要求集中描写桃树，也由于这首诗原来是一首民歌，用朴素的描写手法。即使如此，用"夭夭"和"灼灼"描写出桃树的柔嫩和桃花的艳丽，也就表现桃树的可爱之感。而《楚辞·橘颂》关于橘树的描写，则不仅写出了它多方面的景象，而且也写得细致、准确，文字华美。所描写的橘树的形象，也不仅是丰富具体，而且还表现了它是可爱可喜的。这是由于屈原当时在橘树中寄托了自己的情思，把橘树的一些特征作为美德歌颂，也由于屈原是伟大的诗人，有很高的艺术修养。

再看关于自然事物关系描述成为意象的例子，先说《楚辞·九歌》中两句诗关于秋风的描述。所描述的物象虽是简单的，而作为意象却表现有点悲凉气氛。这就是由于伟大诗人的感伤心情和他的细致的表现力。其次是汉武帝的《秋风辞》的那两句诗，从它所反映的景象说，基本上和前者是一样的，所表现的意思也和前者颇有一致之处。但是从它的文字表现来看，则是色彩鲜明，音调铿锵，于是使这个意象中的哀思带有一种轻快的形式，不同于前者的低沉。至于杜甫的《茅屋为秋风所破歌》的几句诗关于秋风的描述，秋风怒号而来，"卷我屋上三重茅"而去，茅屋完全破坏了，不用说，它给诗人带来了严重的灾难。所以他在描述中不得不渗透着沉痛的悲愤感情。伟大诗人杜甫的某些诗，如《三别》《三吏》及《兵车行》等歌行体诗中，常见的寓沉痛悲愤于寻常词句中的风格，在所引的这几句诗中也可以看出它的苗头。这里不仅表现了他的思想面貌，也表现了他的艺术作风。

现在就来考察关于人的容貌及人的愁恨的意象中意的影响问题。也按前面所引的例子的顺序，先看《诗经·郑风》的《有女同车》篇的那两句诗所描写的妇女的意象。关于它的描写虽是简单的，但在容貌之外，还有关于行动姿态的"将翱将翔"的形容，这不是切实的描写，却显然表明诗人欣赏的意想。其次《卫风·硕人》篇关于庄姜的容貌的描写，《楚辞·登徒子好色赋》关于东家之子的容貌的描写，都是相当丰富而具体的。两相比较，如所谓"肤如凝脂"或"肌如白雪"，"齿如瓠犀"或"齿如含贝"，同物异词，都能形容得曲尽其妙，也可以看出诗人欣赏之情和词藻之巧。"风"诗虽为民歌，但庄姜本是"齐侯之子，卫侯之妻"，诗的作者虽已失名，想来定有相当的文艺才思的。

最后我们来考察在描写愁恨的意象中关于意的表现情况。本来愁恨也是意，但是作为认识对象来描写的意和在描写中表现出的作者的意，在意象中的情况不同，是可以分别来考察的。先看李煜《虞美人》中那两句词所描写的愁恨的情况，可以说是形容得够沉重的了。而辛弃疾《念奴娇》那两句词所描写的愁恨，从文字上看似乎是双倍的沉重，实际上也是很沉重的。至于李清照《声声慢》那几句词所描写的愁恨，仅从最后一句的词意来看，那愁也似乎是了不得的沉重，但从有关景物来看，可以知道那是由于诗人感情的纤细和措词的巧妙形成的。这里的三位作者，都是杰出的词家，我们所说的意见只是关于所引的几句词的感想罢了。

对于意象中的意和象，我们根据一些诗词名句作为例子，分别进行了初步的考察，说明它的构成情况及其发展影响，虽然在意象的发展中，象的影响是比较明显的，而意的影响却不能说也是明显的。如上面所举的关于秋风三诗的诗句或关于愁恨三词的词句，若从它们所描写的物象来看，它的发展就表现得比较明显；而从它们所表现的心意来看，其间差异虽是有的，却很难说表现有什么发展。而且还应该说，即使它的象的发展也是很有限的。上面所举的各种例子，又如《桃夭》和《橘颂》或《有女同车》和《登徒子好色赋》中那些诗句中所描写的意象，其中象的变化发展，主要是由简单到复杂，主要是描写事物现象的增加，认真说起来只是表示了量的变化，而不能说是质的变化。因而关于意象的发展，无论从意的方面或从象的方面来看，我们认为都是意象作为艺术认识的初胚的特征。这表明它作为艺术的认识的成果还不是充分发展了的，还不是完全成熟了的。因此它还要发展，也还是有条件发展的。我们在上面从它的象的方面考察时已经看到了那些诗词文句，对于事物现象的描写是比较复杂而丰富的，难道不可以更进一步通过现象的描写以表现它的本质吗？自然，作为艺术的认识基础的具象概念总是有形象的，总是要反映事物的现象的；而如何通过描写事物现象以表现它的本质，这就不仅是关于物象方面的发展，而同时也关系着心意方面的提高，因而这虽可以说是意象的发展，而实际上也可以说是艺术的认识的前进。

若意识正确，描写事物的本质特征，意象得以典型化

我们认为主观意识对于客观事物的反映，必然有所取舍、有所改造，这也是我们在上面说过了的。因此意识对于事物的形象的反映，也都有相当的主动性。而且由于社会生活本身是复杂的，还往往是矛盾的，因而它对于人的意识的影响，对于人的认识的影响，也是复杂的，还往往是矛盾的。这样的影响若是表现在意象上，就可能出现两种倾向相矛盾的情形。即对于某一意象的影响既可能表现为这一种倾向，也可以表现为相反的那一种倾向。于是就要发生一个问题：这样相互矛盾的两种倾向，究竟有无是与非之分？又如何识别这种是与非呢？更如何能求其是而去其非呢？我们在上面考察意象中关于社会生活观点影响时，没有谈到这种矛盾情况。这是由于自然事物的意象有的是和社会生活观点没有关系，也有虽和社会生活观点有关系，却又不表现为意象本身的矛盾或不表现为艺术的认识上的矛盾。因而上面所举的例子多数是关于自然事物的，而且在当时所谈问题的性质不同，即使也有社会事物的例子，也无暇顾及这种观点问题。但是现在由于论述意象的再发展，就要在描写事物的现象以表现事物的本质，因而提出了主观心意影响的是非问题来了。

现在我们就来看上面所引用过的自然事物的两个例子。如《橘颂》中的橘树本是自然事物，但它既是《橘颂》中几句诗所描写的意象，是寄托着作者屈原情思的橘树形象，作者还赞美它是"类任道兮"的嘉树，显然不可能把它看作是自然物了。又如《茅屋为秋风所破歌》中的秋风，原来虽是自然物，但是写在这个歌里的秋风，也已不是原来的自然物，而是吹破了诗人杜甫的茅屋，并带给

了他以严重的灾难而为他所愤恨的东西了。那么，屈原赞美橘树的美德、杜甫愤恨秋风的暴行，不是显然不合科学的，是错的吗？但是我们在这里所谈的不是科学而是意象，不是原来的自然物而是含有主观性的一种认识成果了。而且屈原的赞美是符合橘树的特点的，而杜甫的愤恨也是符合秋风的实情的，于是作为意象中意与象的结合是并不矛盾的，也就是说这样的形象思维的认识成果是正确的。

这样说来，形象思维的认识成果或艺术的认识成果，是不是就没有正确与错误之分，就没有是与非之分呢？当然不是的。由于我们在前面论述意象的发展时所引的各种例子，都是从古代文学的名篇中选取来的。因为要说明有关理论问题只好找有名的作品为例就更有说服力；而且一般说来，那些诗词文句所描写的意象大致是合适的、妥当的。至于对屈原的赞美橘树的美德、杜甫的愤恨秋风的暴行，大约由于理论的认识方式的习惯，未免产生怀疑。而从艺术的认识方式来看，这正是譬喻的表现形态或比拟的表现形态，是形象思维应有的、常用的表现形态，是毫不足怪的。

上面论到意象的发展从象的方面来看，还要求通过描写事物的现象以表现它的本质；而要求表现事物的本质根本上还要求意识的观点的正确性，这是我们已经说过的了。不过在这里还得补充说，在形象的描写方面还要求能抓住事物的特征。如果形象描写果然能抓住特征，这就既能表现它的本质，也是适合艺术的认识方式或形象思维的认识成果的根本要求的，因而也许可以说这就是创造了艺术形象，或者说这样的形象是具有艺术性的。至于这样的艺术形象是否可以认为是意象发展到了一个决定性的阶段呢，我们认为还很难这样说。因为关于艺术形象，从来就是没有确切的标准；即使艺术也是从来就有各色各样的，艺术形象也是有各色各样的，艺术性就更有不同的理解。不过我们可以说，艺术创作若能写出形象的特征，可以说是它取得成就的基本条件之一；而从意象的发展来说，可以认为是它前进过程中达到了的一个重要步骤。

因为一般认识都要求反映本质，艺术的认识的特点或形象思维的特点，则要求把握现象以表现它的本质，也就是达到形象思维逻辑规律所规定的形象真实性，我们认为关键的一点在于描写形象的特征，或者说在于描写形象的表现本质的特征。我们现在还是沿用前面所举诗词文句的例子，来考察它们的描写形象究竟是怎样能够表现它们的本质，也就是究竟怎样能够达到形象思维的逻辑规律所规定的形象的真实性。

先看两个简单的意象的例子。如《诗经·桃夭》篇的"桃之夭夭，灼灼其华"："夭夭"形容桃树枝条的柔嫩，"灼灼"形容桃花的火红，这是形象的特征的描写，确实表现了桃树作为植物的枝条和花的繁华喜人，也就是表现了作为植物的生机旺盛的本质。又如《诗经·有女同车》的"有女同车，颜如舜华"，这两句诗说的那位女子的脸如木槿的红花一样，也正是说出了她的美的特点。我们在这两个例子里只是各引了两句诗，如上所述，它们形成的意象是简单的；但是在这里再引来要说明的是它们大致都描写了形象的特征，这样的描写可以说是对的，这样的意象也是好的。

现在再看描写丰满的意象的例子。如《橘颂》的一段词句所描写的橘树的意象和《登徒子好色赋》中一些词句所描写的东家之子的意象，就是值得我们特别注意的。先且说《橘颂》关于橘树的描写，不仅写到它的叶和花的茂盛繁荣，表现了它作为植物的本质是叫人欣喜的；还写到它的枝的层叠，刺的尖利，果的抟圆；更写到果皮色泽的文彩鲜丽，果实颜色的外靖内白等，也就是着重表现它的特征，因而它的形态更是叫人赏心的。这样既描写了橘树的特异的形象，也比较充分地表现了橘树的本质特征，于是这种意象（不必说到它作为屈原寄托情思这点），我们认为可以说是典型化了的意象，或者降低一点说，是具有一定典型性的意象。再看《登徒子好色赋》所描写的东家之子的意象，除了我们在上面曾引过的"眉如翠羽"等四句之外，实际上在它的上下文都还有关于东家之子的容貌形体描写的词句。在上文的几句是说："天下之佳人莫若楚国，楚国之丽者莫若臣里，臣里之美者莫若臣东家之子。东家之子，增之一分则太长，减之一分则太短，著粉则太白，施朱则太赤。"在下文的几句则是说："嫣然一笑，惑阳城，迷下蔡。"这些文句，先就从天下的佳人说起，再说楚国的丽者，又说到臣里的美者，经过几个层次的比较，然后归结到"臣东家之子"是天下最美的女子。东家之子究竟是怎样的美呢？先是概括地说：她的身材是非常恰当的，既不能增长一分，也不能减少一分；她的颜色也非常恰当的，既不能敷一点粉，也不能抹一点胭脂。然后是说到上引的具体描写的四句，即她的眉毛、肌肤、腰肢、牙齿都是美的。最后还说到她的这样的美貌，真叫楚国有名的繁华城市的贵人们都不禁迷恋倾倒。由于这样细致、周到而有力的描写，东家之子就以她特异而突出的形象充分地表现了作为天下最美的美女的本质特征，于是东家之子这个形象显然就是典型化了的意象。这样典型化了的意象，是意象发展所达到的最高、最好的认识成果，也即我们在上面所说的合乎形象思维逻辑规律的、基本上也是合乎美的规律的认识成果。

若意识错误，描写事物的形象是拙劣的或是丑恶的

到这里我们想到还要补充讲到两种新的、但是作为形象思维认识成果的意象及其发展途径不好的例子。这本来是早就要讲的，却因为前面所论自成系列，未便插入，故一直拖延到现在，在这里就

不得不讲到它了。要补充讲的两种意象，虽然也是形象思维的认识成果，却是有缺点和错误的。我们先说第一种，也以关于自然树木描写的诗句为例。如钟嵘《诗品》中曾批评说："学谢朓劣得'黄鸟度青枝'。""黄鸟度青枝"这句诗，是南齐虞炎《玉阶怨》中的一句，虽然也写到了一种景物，却没有表现任何特征和关系，这就是钟嵘所以说是劣诗的缘故吧。和这句诗非常相似的是北宋石曼卿在《咏红梅》一诗中有两句说："认桃无绿叶，辨杏有青枝。"当时即有人批评它的拙劣；苏东坡还曾有诗句嘲笑他说："诗老不知梅格在，更看绿叶与青枝。"这也就是说，他的这两句诗，没有写出梅的品格。这不正是指出那两句诗没有描写它的本质特点吗？由此可知，描写事物的形象不能写出它的本质特点，这样的意象是有缺点的，即不符合形象思维的逻辑规律。另一种也举关于女人的容貌体态的诗句为例子，如梁萧衍的《子夜歌》的一首说："恃爱如欲进，含羞未肯前；朱口发艳歌，玉指弄娇弦。"这还是南朝写美人较好的一首诗，但后两句的"朱口""玉指"只是平淡的常用语，而前两句的"恃爱""含羞"则是故作的姿态，并没有写出她的什么特点来。其后萧纲的《美女篇》里则是说："约黄能效月，裁金巧作星，粉光胜玉靓，衫薄拟蝉轻"。这是全诗中描写美女的主要的四句，却只是描写了她的装饰，一点也没有她的美的特点。而到陈叔宝的《玉树后庭花》里主要描写美人的诗句则是说："映户凝娇乍不进，出帷含态笑相迎。妖姬脸似花含露，玉树流光照后庭。"这几句诗所描写的已不是美人的美，而只是妖姬的媚姿淫态了。因此南朝这些君主的诗歌所描写的美人，真是每况愈下。到了《玉树后庭花》的地步，那种美人形象不仅不能看出什么美的特点，却完全是美的反面，完全是丑恶的东西了。以上两种意象，前者主要是对于物象描写所形成的，可以说是艺术态度的缺点；而后者则是由于意识影响所表现的,是作者品格上错误。除此之外,关于形象思维的认识成果的前进或意象的发展,还有其他问题,只是情况比较复杂,我们在这里也就不用谈了。

最后我们还要概括地说一遍,关于形象思维的认识成果意象的发展,如果没有正确的思想意识,不能走上正当的途径;或者缺乏相应艺术态度,不能恰好地描写形象的本质特征,那认识成果往往不能符合形象思维的逻辑规律。只有在正确的思想原则的指导下,走上正当的途径,并有相应的艺术修养和艺术态度,能恰好描写形象的本质特征,使创造的艺术形象能符合于形象思维的逻辑规律,也就是使意象的发展达到典型化的高度,我们认为艺术形象的典型化,也就是符合于美的规律的形象。而具有美的规律的意象,也就是我们所说的美的观念。关于美的观念,我们就要在下一节里去论述它。

第三节　美的观念

西方美学史上由唯心的"理念的美"到唯物的"美的观念"

美的观念并不是我们现在才提出来的,而是早就有了的。若是从它的思想渊源来说,在西方哲学史上也许可以上溯到柏拉图。当然柏拉图没有说到美的观念这个词,但他认为"观念(理念)的美"是"上界里真正的美"。"这种美是永恒的,无始无终,不生不灭、不增不减的。……一切美的事物都以它为源泉,有了它那一切美的事物才能成其为美。"[①]柏拉图是欧洲最早的一位大哲学家,也

[①] [希腊]柏拉图:《文艺对话录》第124—125,又272—273页(译本中的"理式"一词,现改为"理念")。

是最早的大美学家,他的美学有关的言论既多,影响也大。自然,他的哲学思想是客观唯心主义,他的美学言论也是根本成问题的,但他的美学思想的影响还是值得注意的。

罗马时期的普罗丁,在哲学方面称为新柏拉图派,在美学方面也显然是柏拉图思想的继承者。只是他的时代,宗教的神学思想正在抬头,他的理念论也表现着神学化的倾向。他的美学思想的根本论点,认为世界事物的美来自理念。如他所说:"为什么它们都美呢?依我们看,它们之所以美,是由于它们分享了一部分理念。""因为理念本身是整一的,而由理念赋予形式的东西也就必须在由许多部分组成的那一类事物所可允许的范围之内,变为整一的。一件东西即化为整体了,美就安坐在那件东西上面。就使那东西各部分和全体都美。……这样,物体美是由分享一种来自神明似的理念而得到的。"对于那种"神明似的理念"的美,人们怎么能够观赏呢?他的说法是:"美是由一种专为审美而设的心灵去领会的,"或者说,"心灵凭理性判定它美"①,"至于最高的美就不是感官所能感觉到的,而是要心灵才能见出的"。或者说:"只有这种(心灵的)眼睛才能观照那伟大的美","才能观照神和美。"②要之,他反复强调的所谓"神明似的理念"的美或神一样的美,只能是特有的心灵的眼睛才能观赏它,一般眼睛是不能观赏它的。他的这种美学理论,在以后欧洲中世纪千余年间,经过圣·奥古斯丁和圣·托马斯把它和基督教教义结合就成了神学的婢仆,直到文艺复兴时期才逐渐从宗教中解脱出来,但他的"理念(观念)的美"和相关的"理性"及"心灵"的眼睛等说法,都还间接地直接地影响

---

① 《西方美学家论美和美感》第54—55页,第60页。
② 同上。

到十七、十八世纪欧洲的哲学和美学的各派。

经过文艺复兴时期的人文主义和宗教改革之后，欧洲的哲学主流已由本体论转到了认识论，如在英国主要流行的是经验主义，而在德法主要流行的则是理性主义，在美学方面也同样有这两种倾向。如十七、十八世纪英国的夏夫兹贝里和哈奇生，在经验主义的思潮中，继承普洛丁的"心灵的眼睛"说而提出了内在的眼睛或内在的感官（也称为第六感官）说。夏夫兹贝里就认为对于最高的美或精神美，要由先天的"内在的眼睛"才能观照。①这样先天的、而且是内在的眼睛说，虽也有"感官""眼睛"的字眼，实际上不是经验主义的，而是超经验主义的。哈奇生基本上继承了夏夫兹贝里的说法，更把普洛丁的"观念的美"倒转过来提出了"美的观念"。但他所谓这种"美的观念"，既是由先天的内在的感官所掌握的，这种观念当然也是先天的。如他所说："我很想把掌握这些观念的能力叫做一种内在的感官……把这种较高级的接受观念的能力叫做一种感官是恰当的，因为它和其他感官在这一点上相类似：所得到的快感并不起源于对有关对象的原则、原因或效用的知识，而是立刻就在我们心中唤起美的观念。"②就在这段话里也表明他所谓美的观念原是先天固有的。由此看来，夏夫兹贝里和哈奇生的美学理论，虽有它的历史意义，而根本上也是唯心主义的。

又在这个时期的德国的莱布尼兹和沃尔夫，在哲学方面走上了理性主义的道路，而在美学方面也同样受了普洛丁的严重影响。如莱布尼兹也认为关于美的鉴赏是一种感性能力。他曾说："鉴赏力和

---

① 蔡仪：《新美学（改写本）》，第二卷，第四编第四章第一节，中国社会科学出版社1991年版。

② 蔡仪：《新美学（改写本）》，第二卷，第四章第一节，中国社会科学出版社1991年版。

理解力的差别在于鉴赏力是由一种混沌的感觉组成的，对于这些混沌的感觉我们不能说明道理。"①也就是认为关于美的观赏力只能是感性的，而不是理性的。这是他的基本论点，也是影响很大的。继承他的思想的沃尔夫，首先就是接受了莱布尼兹关于美的鉴赏是低级感性的认识这点，却从理性主义观点出发，又提出了美在于事物的完善的理论。他的话说："美在于一件事物的完善，只要那件事物易于凭它的完全来引起我们的快感"。又说："美可以下定义为：一种适宜于产生快感的性质，或是一种显而易见的完善。"②他的这两句话，显然是颇有意义的。

到十八世纪后期，美是观念之说，已为一些学者所采用，而含义却不相同。主要如英国的柏克，在他的一篇《关于崇高与美的观念的根源的哲学探讨》中，论题的提法和论述的根据，都和哈奇生的有些近似。如哈奇生认为对象的美引起鉴赏者的反映主要是"快感"，据他所说："事实显得很明白，有些事物立刻引起美的快感"③，为什么说是美的快感呢？因为这所引起的快感，是它"立刻在我们心中唤起美的观念"。这样说的"美的观念"原来是早已在心中有的，所以也是天生的。柏克又认为对象的美引起人们的反应主要是"爱"，他的话说："我们所谓美，是指物体中能引起爱或类似的情感的某一性质或某些性质。"然后他又说"美和崇高"它们确实是性质十分不同的观念，后者以痛感为基础，而前者则以快感为

---

①蔡仪：《新美学（改写本）》，第二卷，第四章第一节，中国社会科学出版社1991年版。

②同上。

③蔡仪：《新美学（改写本）》，第二卷，第四编第四章第一节，中国社会科学出版社1991年版。

基础；而且说，"它们的起因"在于"直接本性"。①这所谓"直接本性"也相当于"天性"，因而在这点上柏克的所论也和哈奇生的论点是相同的。

也是十八世纪的鲍姆加登，在题名为《埃斯特迪卡》(《Esthetica》)一书里也论到了美的观念。接受了莱布尼兹的美的认识只能是低级的、混沌的即感性的认识，又接受了沃尔夫的美在于一件事物的完善，改成为美是感性认识的完善。而且他又说："由低级认识官能所接受的观念叫做感性的观念。"②但他的这两个主要论点："感性认识的完善"和"感性的观念"，实际上表示他当时关于感性和理性的划分还有不够明确的地方，因而在具体说法上不免有矛盾。虽然理性主义是他们哲学思想的主潮，也是他们思想批判的武器。他们以此来判定感性认识是低级的、是不可靠的。既然如此，那么，所谓感性认识就不可能有所谓"完善"，也不可能有所谓"感性的观念"。观念即使可以有形象，却和思想是同样属于理智认识的。因此鲍姆加登的这样的论点，显然是成问题的。

也就是在这个时期英国的杰出的画家和艺术理论家雷诺兹在他有关的言论中，一方面对于上述的主要论点提出过批评。如他有段话说："我们无法设想有一种超越自然的美，正如无法设想有一种第六感官，或是有什么优美是在人心界限以内产生的。最不哲学的莫过于这样一种假设：说我们可以设想有一种美或优异品质是在自然之外或自然之上的。自然是，而且必须是我们一切观念所自出的源

---

① 古典文艺理论译丛编辑委员会：《古典文艺理论译丛》第5辑，人民文学出版社1963年版，第56页。

② 蔡仪：《新美学（改写本）》，第二卷，第四编第四章第一节，中国社会科学出版社1991年版。

头。"①他在这里就明显地表示反对观赏美的第六感官之说，也反对美的观念是先天的或根源于天性的说法。而另一方面，他对于"完全"和美或美的观念的关系，却是基本上是肯定的。如他所说："艺术家应该攀登神圣的领域，为其心智提供完全的美的观念。"又说："这种伟大的理想的完全和美并不存在于天上，而存在于地上。它就存在于我们的周围。而且到处皆是。"②由这些话看来，雷诺兹是明确断定美的观念来自客观现实，没有什么天生的美的观念。他的这样的论点是唯物主义的，而且是说得明确的、坚定的。

以上我们简单地回顾了西方美学史上关于美的观念的产生和发展的历史线索，可以看出它是由观念（理念）的美到美的观念，由先天固有的美的观念到现实根源的美的观念，是经历了怎样漫长而曲折的过程，也就是说，经历了由客观唯心主义到主观唯心主义，再由主观唯心主义到唯物主义的过程。到十八世纪后期，可以说是西欧唯物主义的盛期，又有位法国唯物主义代表的哲学家狄德罗，也谈到"美的概念"。③他所谓"美的概念"基本意义也和美的观念是一样，那正如他自己所说是"更为哲学的"说法而已。

由文艺史实论证美的观念对美感和艺术创作的意义

我们在这里提出美的观念，是按照唯物主义的观点，考察形象思维中意象的发展过程，当它在正确的途径上达到典型化的意象时，这种意象既是符合形象思维的基本规律形象的真实性，是形象

---

① 北京大学哲学系美学教研室：《西方美学家论美和美感》，商务印书馆1980年版，第115页。
② 《美学论丛》第6辑，第262页。
③ 《文艺理论译丛》第1辑，1958年，第24页。

思维的最好的成就，也是体现了美的规律即典型的规律的。换句话说，我们所提出的美的观念的论点，是承继了唯物主义的美的认识理论的传统，并按照我们关于马克思的美的规律论的体会，在美的认识上的具体应用和说明。

由于人们在日常生活中都接触过许许多多的事物，都留下一些或深或浅的印象；更由于许许多多的同类事物的印象，在不知不觉之间进行了比较、分析和概括而形成了具象概念；又在不自觉或自觉地进行了形象思维的判断和推理，而形成意象以至于成为典型化的意象。其中有许多是认识者本人不关心的，即使形成了意象或一时也有某种典型性，其后自然而然地淡忘而终于完全消失了。却也还有些事物原是认识者本人很关心的，一开始就留下有深刻的印象，也容易形成意象或典型的意象；虽然也有是不自觉的，却能短时期或长期留存在自己的心底里。这样的事实可能是许多人都有的，特别是青年人对于异性对象，画家对于某些山水风景，文学家对于某种人物或事件，容易形成特定的意象或带典型的意象。这是有些文艺作品或文艺事实可以证明的。

现在且说大家都知道也感兴趣的故事，《红楼梦》里有一段关于林黛玉和贾宝玉第一次见面情况的描写：黛玉初到贾府，贾母正在问他话时，"只听外面一阵脚步响，丫环进来报道：'宝玉来了。'黛玉心想：这个宝玉不知是怎样一个惫懒人呢！及至进来一看，却是位青年公子。……黛玉一见便吃一大惊，心中想到：'好生奇怪，倒像在那里见过的，何等眼熟！'"当再写到宝玉见了黛玉时又说："宝玉看罢，笑道：'这个妹妹我曾见过的！'贾母笑道：'又胡说了，你何曾见过！'宝玉笑道：'虽没见过却看着面善，心里倒像是远别重逢的一般。'"①这里就描写得非常明白，两个人一见就都在心里或在嘴里讲，好像哪里见过，这正表明他和她心里都已有个如对方那样的映象，这就是我们所说的美的观念。因此他们两个虽还年轻，却真可谓一见倾心，而且还要永订终身，以至于成为这部小说中主要的矛盾斗争线索之一，也是这部小说成为悲剧的主要原因之一。

现在再看我国绘画史上宋代郭思的《林泉高致集》中就曾说：天下的名山巨镇，"奇崛神秀，莫可穷其要妙。欲夺其造化、则莫神于好，莫精于勤，莫大于饱游饫看，历历罗列于胸中，而目不见绢素，手不知笔墨，磊磊落落，杳杳漠漠，莫非吾画。"这就是说名山胜景看得多了，胸中自有丘壑。明人王履《华山图序》中也曾说："吾师心，心师目，目师华山。"②也就是说华山图是师心画的，而终究是师华山的。优秀的画家在画之前已有他想画的来自真实山水的美的观念，否则他是不可能画出真正的美的山水来的。

还有文学家关于人物的形象，一般地说，在写作之前，应该早有一个意象。我们大家都会记得鲁迅在《阿Q正传的成因》一文中有段话说：那时孙伏园正在编晨报副刊，他要我为新添的《开心话》一栏写点东西。"阿Q的影像，在我心中似乎确已有了好几年。晚上便写了一点，就是第一章。以后每周就要写一篇。这样一周一周挨下去，于是就不免发生阿Q可要做革命党的问题了。据我的意思，中国倘不革命，阿Q便不做，既要革命，就会做的。我的阿Q的命运也只能如此。人格也恐怕并不是两个。"这就是说阿Q这个人物形象，早在鲁迅写《阿Q正传》之前好几年就已有了他的意象，而且是一个相当成熟了的完整的典型性的意象，虽然以后陆陆续续的每周写一

---

① 曹雪芹：《红楼梦》，人民文学出版社1957年版，第1册第34，又36页。
② 本段所引画论都见俞剑华著《中国绘画史》（上、下册）。

章,他的性格也是一致的,没有矛盾的或不实际的地方。

以上我们举了几个具体例子,证明美的观念确实是人们在一般实际生活中也可能有的。虽然有的是从文学作品中引来的,有的是从艺术史实中引来的。而文学作品中所描写的青年男女一见倾心,一方面他们的思想感情正足以表明这对青年男女早有关于美的青年对象的观念;另一方面读者也承认他们这种情思,实际上是相信他们具有关于青年对象的认识能力。而所引文学艺术史实有关理论,表明关于山水、人物的认识都可以形成美的观念。还表明一般文学艺术家在创作之前往往要有描写对象的典型性的意象或美的观念。要之,这些具体事例都可以证明关于美的认识过程的美的观念,是实际存在而无可怀疑的事实。

美的观念的特性和根本要求

我们在上面曾说,美的观念是形象思维的最好成就,在这里还可以补充说,它也是关于艺术的认识的关键步骤。因为在艺术的认识过程中能达到美的观念的地步,首先表明它和从来科学上与哲学上论究的一般思维即抽象思维相关的概念或范畴的不同,它是从来的认识论没有恰当论究过的形象思维的认识成就。它是思维的即智性的认识成就,却又是带有形象的、也即带有感性因素的认识。这是形象思维原有的特点。也是美的观念必然有的特点。这是它的根本性质之一,是丝毫也不能忽视的。其次再说形象思维的认识即是智性的。也就是关于事物的本质或普遍性的认识;又是感性的,也就又是关于事物的现象或个别性的认识。于是这样的认识能否说是关于事物的真实的认识呢?因为认识总有它的主观的制约、取舍和改造,这就未必是关于事物的真实的认识。一般地说,形象思维都有可能反映某种现象和某种本质，但是更要两者都能适当、一致而形成完整的认识，这就先要有正确的观点，只有这样，形象思维的认识才可能有一定的真实性。这是合乎形象思维逻辑的根本规律的，也是它应有的根本性质。最后还要说到，形象思维的认识即使能够反映事物的现象和本质，能够形成事物的完整的、也有一定真实性的认识，但是这样的认识，还可能只是关于个别的具体事物的认识，它的真实性是很有限的，也可能还是片面的认识，因而形象思维的认识还要具有更广泛的作为种类典型事物的形象认识，也就是如上所说的典型意象的认识，这就是有高度真实性的认识，这就是形象思维很好的成就，也就是美的观念的根本性质。

所谓美的观念是美的认识过程中的关键步骤，这一方面是说，它并不是美的认识过程中的最后结果。不用说，美的认识的最后结果，主要表现为另外的两种情况：一种情况由于遇见美的事物符合于美的观念，因而产生美感，引起心情的愉悦。这种情况是大家都能理解的，也可以说几乎是每个人都可能有的实际经验。另一种情况是由于美的认识引起内心的冲动从而进行艺术创造，这也是一般艺术家都可能有的体会，这也是艺术家的创作经验谈中往往说到，也是不成问题的。世间的艺术品虽然有许多是不美的，但是艺术的美是艺术创作的本质要求；而要创造艺术的美，先就要有美的认识。所谓美感之前的美的认识，或创作之前的美的认识，关键在于要有美的观念，实际上正是由于美的观念的中介作用，对于客观的美的对象的观照即产生了主观的美感。试看上面所举的例子，如《红楼梦》里所描写的贾宝玉和林黛玉第一次相见就各自认为见过面一样，以至于就互相爱恋起来，就应该可以明白了这点。如果没有美的观念的中介作用，这样一见倾心的美感迷恋是不可能产生的。和美感的产生同样，艺术的创作也要有美的观念为中介。正是由于"胸中自有丘壑",然后才能画出美的山水画;正是由于心中早已有了人物影像,然后才能写出活生生的完整的人物来。由上面所引文艺家的言论,也可以理解美的观念的中介性的重要意义了吧!

关于美的观念的特性,我们还必须说到重要的一点,它既是形象思维认识的一种成果,也和形象思维的一般认识一样,往往是不很明确而有时混沌,不能确定而有时变幻。如上所说。形象思维由于它的形象根本是有许多现象因素形成的,又经常受到一些主观心理活动的影响,于是从它的作为基础的具象概念起,各种情况的意象以至于美的观念,都往往是不很明确也不够稳定的,只是到了美的观念在自觉的酝酿中形成时,由于形象思维在正确的途径上发展得也比较适当而取得很好的成就,它可能有鲜明的形象以充分地表现它的本质,或有突出的个别性以充分地表现它的普遍性,这就是具有美的规律的观念,也就是美的观念。这样的美的观念既是在自觉的意识中形成的,也能给予理智的满足和心灵的愉悦。然而人们的意识,又如上面所说是千头万绪的,也就有千变万化,当别的生活情景或别的意识活动起来的时候,就自然而然地把原有的美的观念压到心底里了,它也就不免成为模糊、渺茫而暗淡的了。然而美的观念即使模糊、暗淡而压在心底里了,若是还留有它的影子,它还是要求明确而稳定,偶有机缘触发,它又可能由回忆或联想而恢复成为较为鲜明而完整的美的观念。特别是见到客观的美的对象,更能引起愉悦而陶醉,形成强烈的美感。或者是有才能的诗人或画家,还将进一步要把他们心中的美的观念,无论是关于人的或关于物的形象,用语言或彩色等物质工具,把它们巧美地描绘出来,这也就是他们关于美的认识的形象的明确而稳定的要求终于得以实现,同时也是一般所说的艺术美的创造得以完成。

我们到这里还得说明:所谓美的观念,既不是具有确定的某种内容的观念，也不是空洞的并无具体内容的观念。它既是由具象概念及意象发展来的，它的根本性质也和具象概念及意象一样，是对于外物认识的一种成果，是对于一种外物的认识过程中取得的该事物的合乎美的规律的观念，因此人们只要是对于他所关心的事物、并注意观察的事物，都可能自觉或不自觉地取得于该事物的一种合乎美的规律的观念，基本上都是形象的。因此人们的美的观念，往往可能有各种各样的。凡是他所关心的各种各样的人或自然物，只要他所能多接触、观察、理解的人或自然物，就有可能形成各种各样的美的观念。这所谓美的观念，不能误认为美的规范似的是抽象的原理，也不能误认为是美的模式似的是特定的具体形式，实际地说，就是关于物的美的意象。

此文是《新美学（改写本）》第二卷（中国社会科学出版社1991年）的第四编第六章《美的观念论》。

美感性质论

我们在上面主要谈了美感中美的认识。所谓形象思维和美的观念,根本上都是关于美的认识的。我们本来认为美的认识是美感活动的基础,先谈美的认识,也是为了便于论述美感活动。现在已经谈了美的观念,最后还说到美的观念在美感活动中有中介性的重要作用,那么,我们现在就来开始论述美感活动吧。

所谓美感(Sense of beauty)的意义本也是广泛的,首先就是包括关于美的感觉或感知,同时也包括关于美的感受以至于包括关于美的感动。虽然在我们看来,这样的解释,在认识方面还有不够的地方,却也可以说是相当复杂的了。然而在西方美学史的发展中,特别是到了现代,逐渐把它原有的关于认识方面的意义缩小,以至于基本上抹煞了;逐渐把它关于感情方面的意义扩大,以至于成了独占的地位了,一谈美感似乎就是指感情的感动。诚然,感情的感动是美感的突出的特点,但是美感果然只是指的是感情的活动吗?难道感情的活动果然和认识没有关系吗?不用说,我们决不是这样相信的。

自然,美感活动问题原是很复杂的,也是很烦难的,不仅关系着很多方面,主要还是内在的心理现象。加以现代西方美学界流行的非理性主义的美感思想也弥漫到我国来了,认为美感主要是感情活动而和认识无关的。我们既要论述美感活动，必须先要考察美感中的感情活动问题，这在当前可能是理解美感活动问题的关键。只要我们认真地实事求是地探索，大致还是可以理解的。

第一节 美感中的认识因素和感情因素

美感是以认识为基础，而总的说来则是复杂的

在前面论美的认识时，我就曾说，美感首先就是人的意识对于客观的美的反映，也就是人的意识对于客观的美的认识。对于客观的美的认识，是美感心理活动的第一要义，也是美感心理活动的一般基础。由于主观意识有了对客观的美的正确的认识，才能有和客观的美相适应的心理活动，也就是才能有正当的美感。这是我们关于美感论的根本认识。自然，我们也承认感情的活动是美感的显著的特点，也可以说没有感情的活动就不可能是美感。但是反过来更可以说，如果没有对于客观事物的美的认识，也就既没有对于美的感情的活动，当然也就没有什么美感了。也许以为人们也有自发的内在的感情活动，未必都是由于对外物的认识引起。关于这种情况，我们也是知道的。人们的心理现象本是多种多样的，有出于本能的，有由于病态的，还有因错觉或幻想而引起的感情活动；然而这样的感情活动，决不能认为是美的感情活动，这是可以断言的。

要之，根据我们的理解，所谓美感就是由于对外物的美的认识而引起的心理上的反应，主要是感情上的感动。具体地说，客观事物的美引起我们主观的美感，根本是由于它的所谓美的规律为我们所认识；这就是说，既要认识它的特异的现象或突出的个别性，又要认识它的这种现象所充分表现的本质，或它的这种个别性所充分表现的普遍性；这既是特别的感性认识，又是特别的智性认识，而且这两种认识还是同时进行的。这才是对美的事物的所以美的规律的认识。我们试着来分析这样的美的认识，它既有特别的感性认识因素，又有特别的智性认识因素，而且这两种特别的认识因素，又各自都有认识的内容或认识的形式这样的两个方面。这就是关于美的认识的基本情况。它的具体表现如何，我们还要有分别又有联系地进行考察。

现在先从感性认识的第一步的感觉的认识说起。与美的认识相关的感官主要是视觉，其次是听觉。视觉的内容方面，又无论是关于美的事物的鲜明的色彩也好，还是漂亮的形体也好，作为它的感觉的认识的内容来说，都是属于物的，都是客观的。而且由于它的现象是特异的，是不同于一般事物的现象，因此和感觉的认识同时发生的主观的感受，也就是感觉认识的主观形式。如美的颜色是鲜明的，它的形状是漂亮的，因而它就引起人们的主观的感受是舒服的、快适的。

除了感性认识因素的这两方面的情况之外，同时还有关于智性认识因素的两方面的情况。由于美的事物的现象所充分表现的本质或它的个别性所表现的普遍性，又为智性所认识；同时美的事物的所以美的规律也为智性所认识，于是智性认识得到这样的客观内容，因而得到相当的满足，这是智性认识因素的一个方面。此外智性认识了美的事物之所以美的规律而得到的满足，也相应地使感性认识所感受到的快适，即上升为感情的愉悦。当然感情不同于感受，但感情很显然是由感受升华的，是由感受发展来的，感受本是关系着感性认识的因素，甚至于关系着其他的生理的条件，而感情则是由智性规定的，却又是以感受为基础的，因而也联系着感性的以至于生理的条件，但从本质上看，感情是精神的或意识的活动。

于是从各方面概括说来，美感实际上是整个身心的欢畅。

强调美感的感情特点，以为它和认识无关是错的

这里有个问题，我们应该说清楚。因为在西方哲学史上有个时期，有些人认为感情和理智是各自为政，互不相关的。我们在这里却说，由于认识的从感性进行到智性，于是把感受的快适升华为感情的愉悦，难道感情不是独立的心理活动却要受理智的支配吗？关于这点诚然可以作为理论问题来讨论，我们也可以借此更多地说明我们的意见。关于感情和理智的各自独立的哲学思想，大约是自康德哲学的体系开始的。在他之前，沃尔夫曾提出智和意的二分说。在康德之后，主要是新康德派的文德尔班和里克尔特等人，则是更明显地提倡智、情、意三分说。虽然这种三分说在十九世纪末到二十世纪初在西欧资产阶级哲学界也曾流行过，但是离开认识而独自存在的感情或意志的说法，根本是不符合实际的，而且也和马克思主义世界观背道而驰，也和现在科学的心理学是不一致的。

马克思主义认为哲学的重大的根本问题，是思维对存在、精神对自然界的关系问题。凡是断定精神对自然界说来是本原的组成唯心主义阵营；凡是认为自然界是本原的，则属于唯物主义的各个学派。马克思主义认为自然界是本原的，第一性的；而思维或精神是派生的，第二性的。因此人的精神、意识，包括感情、意志，也都和思维一样，都是存在、自然界的反映。而人的意识、精神的反映存在或自然界，首先是通过认识，通过感性的感觉以及智性的思维等。而感情或意志固然各有它的生理的或本能的根源，却也还有认识的基础和影响。列宁曾说："感觉的确是意识和外部世界的直接联系，是外部刺激力向意识事实的转化。这种转化每个人都能看到

千百万次，而且的确到处都可以看到。"①这也就是说，作为重要的意识的活动的感情的反映外物，也不得不通过感觉，不得不通过认识。毛泽东同志也曾说："我们的知识分子出身的文艺工作者爱无产阶级，是社会使他们感觉到和无产阶级有共同的命运的结果。我们恨日本帝国主义，是日本帝国主义压迫我们的结果。世界上决没有无缘无故的爱，也没有无缘无故的恨"。②这就是说，如果不知道对方的可爱，就决不会爱他，如果不知道对方的可恨，就决不会恨他。爱或恨的感情，只能是在认识的基础上才能发生的，难道这不是事实吗？然而我们有的美学家认为，艺术就是要把"主观感情予以客观化、对象化。"因而艺术创作"主要属于美学和文艺心理学的研究范围，而不只是，也主要不是哲学认识论问题"。③这也就是认为艺术创作既然主要是感情的对象化，因而主要是属于美学和文艺心理学的研究范围，而和哲学认识论是没有什么多大关系的。可是这样的美学理论或文艺心理学的说法，难道是什么新的学说吗？早在八十多年前，里蒲士在他的《空间美学》里提出了感情移入说，又早在五十多年前，朱光潜在他的文艺心理学里也照样宣扬过这种感情移入说，他们的所谓感情移入到对象上去，不就是我们的美学家所鼓吹的感情的客观化、对象化吗？这样的美学或文艺心理学我们不是也早已领教过吗？

也许以为当代的文艺心理学，已大不同于五十年前朱光潜的《文艺心理学》了，当前的心理学更不同于八十多年前里蒲士的心理学了。当前的心理学已大有进步而完全科学化了。而感情问题既

---

① 《列宁全集》第十四卷，第40页。
② 《毛泽东选集》第三卷，第872页。
③ 李泽厚：《美学论集》，上海文艺出版社1980年版。

不同于认识问题,那就当然不能用认识论去研究,而只有用心理学或主要用心理学来研究。

对于这样的意见,我想先得说明,我在这里不是反对用心理学去研究美学或艺术理论,也不是反对一般的文艺心理学,我只是反对那种反对我们认为感情和认识有关系的论调,反对那种反对我们用认识论去研究美学和艺术理论的论调。我没有研究过心理学,却也学过心理学,看过当前心理学的著作。据我了解当前的心理学也不是否认感情和认识的关系,而是承认感情和认识的关系,也不是否认心理学和认识论的关系,而是承认心理学和认识论的关系的。当前的心理学首先就是从它本身的角度来研究认识论,用实验的科学的方法,切切实实地来研究认识的各个步骤及其发展的各种心理活动过程,自感觉、知觉、表象(认知)以至思维;并且也还结合认识的发展研究感情和意志等心理活动。而且心理学的关于认识发展过程的研究,不是和哲学的认识论并无关系,也不是有何矛盾,而是密切相关、根本一致的。现在我们就根据我国科学心理学的代表著作,曹日昌主编的《普通心理学》一书的有关论述来考察吧。

心理学也肯定认识是感情的基础,美感是对美的体验

在《普通心理学》的《情绪和情感》一章中,在编者的论述之外,还曾简单介绍国际上现代心理学者有关研究的成就,我们先且摘要转述有关感情与认识的一部分。如阿诺德在本世纪五十年代提出的情绪与个体对客观事物的评价有关。她给情绪下定义说:"情绪是对趋向知觉为有益的、离开知觉为有害的东西的一种体验的倾向。这种体验倾向被一种相应的接近或退避的生理的变化模式所伴

随。这种模式在不同的情绪中是不同的。"①简单说来，情绪是由人对外界事物影响的评估而引起的。其间还说到，在森林里看见一只熊引起恐惧，而在公园里看到一只关在笼子里的熊就不产生恐惧。又如沙赫特和辛格于1962年的实验证明：环境影响、生理状态和认知过程三种因素在情绪产生中的作用，结论是说："尽管人的情绪的产生与生理激活状态紧密地联合在一起，而人的认识过程可以对情绪进行控制和调节的。"②其后又由林斯里和诺尔曼把前人有关理论，加以综合化成为一个工作系统、一个模型，其中包括几个动力分析系统。第一个是对现实情景信息的知觉分析，第二个是基于过去经验的认知加工的内部模式，第三个是把现实情景的知觉分析与基于过去经验的认知加工：这两者之间进行比较的系统，可以称为认知比较器。认知比较器附带着庞大的神经系统和生化系统的激活机构，并与效用器官相联系。当第一、第二两个系统不相配合时，认知比较器发出信息，使身体适应当前情景的要求，这时情绪就发生了，云云。以上是本书介绍当前国际心理学家关于情绪与认识关系学说的重要情况。这些国际著名的心理学家，由于实际的研究证明，情绪是由认识引起的，或者说情绪是由认识可以控制或调节的，情绪是由认识的影响下发生的。总之，情绪并不是和认识无关的，而是密切相关的。

现在我们再择要摘引《普通心理学》的编者的有关论述，先引关于情绪和情感的最初说明："情绪和情感，是伴随着认识活动和意志行动而出现的。它具有独特的主观体验的形式和外部表现的形式，具有极为复杂的神经生理、生化的机制，包括着有机体在心理

---

① 曹日昌：《普通心理学》下册，人民教育出版社1980年，第60页。
② 同上，第64页。

的和生理的许多水平上的整合。"① 而在介绍国际心理学家的关于感情和认识关系问题的诸说之后,编者还有一段总结性的话说:"通观情绪理论和实验研究的主要资料,看来情绪的认知评价学说具有较大的说服力。从情绪、情感的发生上来说,它与认识活动的根本区别就在于它是在认知的基础上,受认知的'折射'而出现的。"② 又在本章最后还论到美感时又说,"美感是对事物的美的体验。美感是在欣赏艺术作品、社会上的和谐现象和自然景物时产生的。美感与道德感一样,受社会生活条件的制约。不同的社会历史阶段、不同的社会制度和不同的风俗习惯,影响对客观事物的美的评价标准,因而对美的感受体验也是不同的。"③

以上我们择要摘引了当前国际的和国内的心理学家关于感情和认识关系的理论。总的说来,他们都认为感情和认识的关系是密切的,甚至还明确地说感情是在认识的基础上产生的。关于美感,他们也认为是对于事物的美的体验。那么,有的美学家的所谓感情不同于认识,主要不能用哲学认识论去研究,而是主要用心理学去研究的说法,是不是颇成问题呢?我们认为是成问题的。当然,文艺创作表现感情,却不能说不要认识;文艺创作要从心理学去研究,却不能说不要从哲学认识论去研究。心理学家既然承认感情的发生也要以认识为基础,心理学中关于感情的研究也就有认识论的基础。即以《普通心理学》这部书来说,它的上册的绝大部分都是关于认识心理的研究,也就都是认识理论。虽然它的认识理论的研究和哲学认识论的研究,两者的范围和角度有些不同,但是究竟都是

---

① 《普通心理学》,第41页。
② 同上,第65页。
③ 同上,第71—72页。

以由感觉到思维、由感性到智性的实际的认识活动和意义为对象,两者本是可以相辅相成,而不是各自独立并不相干的。然而我们的美学家却搬用什么文艺是"感情对象化",主要是文艺心理学才能研究感情的对象化,这实际上是排斥文艺的认识作用,也否定感情的认识基础,既不符合文艺创作的实际,也不符合科学的心理学的理论原则,还能说不是错误的吗?

在美学研究中,特别是美感理论中,感情问题从来是,现在仍然是各种意见争论不休的问题,关键就在于感情是不是要有认识的基础。如上所说,有的美学家是否定的,我们则是肯定的。正因为我们认为认识是感情的基础,所以在美感的论述中我们首先论述美的认识,而后在初步说明美感活动的具体情况时,着重论述了感情与认识的关系,由此进一步肯定认识是感情的基础。并将否定论者所借口以为论据的心理学,也从当前科学心理学有关言论加以切实考察,指明否定论者的错误。我们对于当前科学心理学的研究成果,包括它关于美感的说法,基本上是赞同的。当然我们只是从美学研究的角度考虑美感中感情活动有关问题,也要受美学范围的限制和美学理论遗产的影响,因而有的用语和说法,未免和心理学的不一定相同,这些都得进一步研究,而基本理论原则和心理学显然一致,则是无可怀疑的。

然而美感确是很复杂的,其中有关的心理活动,有的虽在上面说到了却没有说清,有的要说也还没有说到。而且美感既是客观的美的反映,就要随着对象事物的美的不同,而美感也必然有些不同。这些不同实际上主要就是有关心理活动的不同或有关心理活动的表现的不同。而这些却正是对于美感和有关心理活动的理解,是不可缺乏的,是必须予以分别说明的。

第二节　美感的实际情况

关于自然美的三种事例的美感的实际情况

我们在上一节里，关于美感的性质，只是就美感中美的认识的两种因素和两个方面，做了一些简要的说明，然后主要说到美感中感情和认识的关系，实际上关于美感的具体情况是说得远不够的，自然，美感的具体情况是复杂的。它的复杂，除了我们简要地说到那些之外，主要还有由于所反映的事物的美的不同而有各种各样的不同表现，这也是使美学的一些问题难于解决的一个原因。

而且美感的心理现象也是更为复杂的。我们在上面对于有些心理现象就没有说到或虽然说到也没有说清的，还要在下面的论述中补充说到或说清一些。我们在这里首先就按现实美的不同种类分别来考察和它相应的美感的情况。因为现实的美都是具体的，从原则上说，纵然是同类同种事物的美，各自都有其独特之处，和它相应的美感也或多或少又有不同的表现。然而究竟同类同种事物的美的差别，一般的说总是比较少的，同类同种事物的美的相同之点总是主要的。我们也只能举些各类各种的美的具体的例子，来说明和它们相应的不同的美感的情况。

关于现实事物的美，我们按照它们原有的顺序，先谈自然美，而在自然美中则先谈现象美。又按我们所理解的自然美的三种和社会美的三种，各举我们曾经论述过的也是我们比较熟悉的事物作为例子，然后对于由它引起的美感的具体表现加以比较的具体的考察。下面我们就来谈现实事物中各种美和相应的美感的情况吧。

关于自然界的现象美，我们先举明月的美的例子，这是我们谈过的，也是大家好了解的。马克思曾经说到白银的美，在于它反射出一切光线的自然的混合，这是银子属性所以美的原因。我们认为明月的银白色的光芒，比银子的银白色更辉耀些，比银子的美更美些。如在秋夜晴空，万里无云，唯有一轮明月高悬，将银白色的光辉洒下大地。这时大地上一片月光如水，四周景色迷茫，游人不仅得以娱目，而且不禁畅怀。具体地说，由于月亮的银白色的光辉，看起来非常纯净而柔和，眼睛也很舒服；尤其是四周景色朦胧好像是笼罩在轻纱似的薄雾里，什么也看不清楚。于是心境宁静而无外物的牵惹。而且这样的皎皎明月，可以说是亘古不二，千里同辉，明月就以它的非常广泛的普遍性，使人意念内向，或者思乡，或者怀人，追忆种种旧情，不禁留恋缱绻，难于排遣；这时的胸怀往往既是若有所失，却又沉酣好像有点微醉一样，也许这种胸怀正是富有诗意的吧。所以在我国关于明月的有名的诗篇，从来就是很多的。我曾在别的文章中具体地谈到它的代表作品，短小的如李白的《静夜思》，寥寥二十个字，就把明月所引起的美感表现得扼要而突出，容易引起人们的同感，流传也最为广泛。长篇大作如张若虚的《春江花月夜》，前面十多句就是描写明月照耀着的美景，天上空中地下的景象又无处不是弥漫着迷人的月色。后面的二十多句，则是关于美感中情绪和感想的描写，可以说是兴会淋漓而韵味无穷。这首诗大约是文学史上关于明月美感描写得最为杰出的诗作之一。

关于自然界的种类美，我们曾举荷花为例子，作过稍为详细的论述，主要是说："荷花作为水生植物，它的花朵特大而瓣多，花瓣椭圆形，尖端深红而下端浅红。花盛开时，中露一丛鲜黄的花蕊，外衬数张更大而有光泽的绿叶。在夏天强烈的阳光照耀下，亭亭挺立水中，于是红花显得更为鲜红，绿叶显得更加碧绿，而整个花显得更有活泼泼的生机。这就是荷花的美的所在了。"①由于荷花的形状的整齐有序,颜色的鲜丽无匹,不仅眼睛看起来明快舒适,心情也因之清爽欢畅。在那炎热季节,若凭栏眺望,朵朵红花高耸在湖水上绿叶丛中,顿觉一洗尘嚣,心情愉悦,恍如置身清凉境界。我们认为这就是荷花的美引起人们的美感表现的一般情况。在我国古代诗歌史上,早在《诗经》《楚辞》里就已咏到荷花,虽然在后世诗中不及菊花梅花出现得那么频繁,但在唐宋诗中就有描写对它欣赏的名篇了。首先叫我们想到的就是杨万里那首西湖绝句,是专咏西湖美景即在于荷花的美的诗。所谓"接天莲叶无穷碧,映日荷花别样红",不正是把荷花(包括它的叶子)的美写得够充分吗?由杨万里的诗,我们自然而然地想到白居易的诗。他也曾在诗中屡次咏到荷花,并在新建宅旁凿池种荷,使他闲居生活,因"养鱼种荷,日有幽趣"。这种"幽趣"自然和欣赏荷花的美是有关的。

关于自然的个体美,主要就是个人容貌形体的美,我们在上面也曾举过别的例子,现在再举《西厢记》张君瑞和崔莺莺的例子来说吧。当张生第一次见到莺莺时激动地感叹道:"颠不刺见了个千万,似这般可喜娘的庞儿罕曾见。则着人眼花缭乱口难言,魂灵儿飞在半天。"后面还写到张生看见莺莺临去时又说,"怎当他临去秋波一转?休道是小生,便是铁石人也意惹情牵。"究竟张生眼里所看到的莺莺的美貌又是怎样的呢?它又有一段长长的描写说:"则见他宫样眉儿新月偃,斜侵入云鬓边……未语人前先腼腆,樱桃红绽,玉粳白露,半晌恰方言。恰便似呖呖莺声花外转,行一步可人怜。解舞腰肢娇又软,千般袅娜,万般旖旎,似垂柳晚风前。"张生正因为看到了莺莺的这种容貌、体态、风度等各方面的美,再一次

---

① 蔡仪:《新美学(改写本)》第二卷,中国社会科学出版社1991年版,第275页。

感叹地说:"刚刚的打个照面,风魔了张解元。"然后又一次感叹地说:"小姐呵,则被你兀的不引了人意马心猿。"①从最初的一见,张生便是"眼花缭乱口难言,魂灵儿飞在半天",到以后的再而三的无可奈何的感叹,就充分地写出了他引起的美感心理的突出表现了。

关于三种社会美的美感的实际情况

我们在这里又来谈关于社会美的美感情况,首先要举行为美的例子,也再引前面已经论过的革命烈士夏明翰的慷慨就义的事迹,主要是说:"在大革命运动失败后的1928年初,在反革命势力非常嚣张的武汉,身为湖北省委的夏明翰,虽然知道'省委机关多被破坏,许多同志不知下落'的危险的情况,他还坚持工作,到处奔走,终于被捕。当凶手问他有无遗言,他即执笔写下四句话说:'砍头不要紧,只要主义真。杀了夏明翰,还有后来人。'这些话就充分表示了他对于共产主义的坚贞,对于革命事业的忠诚,特别是面对敌人凶杀的大无畏精神的表现,是令人不胜钦佩而无限感奋的"。②究竟怎样的不胜钦佩而无限感奋呢?在前书里没有说到,但在这里我们是要说到的。我们从《革命烈士诗抄》里选取这首诗并简述夏明翰的革命事迹,首先出于这首虽然短短的仅二十个字的诗句,把革命的道理说透了,也把他的革命精神表现得够足了。他明明知道情况非常危险,还在为恢复党的工作而奔走。这样的事迹和气概,就是叫我们非常感动的。我们现在再引在《革命烈士诗抄》序中,编者的老革命诗人萧三的几句话:"当我每次背诵夏明翰同志

---

① 王实甫:《西厢记》,古典文学出版社1957年版,第8—9页。
② 蔡仪:《新美学(改写本)》第一卷,中国社会科学出版社1985年版,第306页。

就义时的四句绝笔诗,都不禁低下头来向他深深地致敬,然后又立起身子愿作他所说的'后来人'。"①我认为这是对他钦佩因而感奋的最好的表现了。

我们还要进一步论到人的性格美的例子。鲁迅的人格美是我国当时一代革命青年所私淑和宗仰的,这是我们在前面早已论述过。主要是引用毛泽东同志一段重要的话说:"鲁迅是中国文化革命的主将,他不但是伟大的文学家,而且是伟大的思想家和伟大的革命家。鲁迅的骨头是最硬的,他没有丝毫的奴颜媚骨,这是殖民地半殖民地最可宝贵的性格。鲁迅是在文化战线上,代表全民族的大多数,向着敌人冲锋陷阵的最正确、最勇敢、最坚决、最忠实、最热忱的空前的民族英雄。"鲁迅这样的伟大的人格美,不仅哺育了我国当时的一代革命青年,也为全世界的进步的学者文人所敬佩的。虽也有某些人对他诋毁,究无损于他的光辉。我们现在就从《鲁迅诞辰百年纪念集》中摘引两位作者的话,来看他们从鲁迅所受的美感教育的实际情况如何吧。丁玲在一篇《鲁迅先生于我》的纪念文章里,首先记述她在青年学生时期到北京读了鲁迅的好些作品,感到"'鲁迅'成了两个特大的字,在我心头闪烁"。"鲁迅!真是一个非凡的人吧!我这样想。我如饥似渴地寻找他的小说、杂文,翻旧杂志,买刚出版的新书,一篇也不愿漏掉在《京报副刊》《语丝》上登载的他的文章,我总想多读到一些,多知道一些,他成了唯一安慰我的人。"②还有刘弄潮在《缅忆终生难忘的鲁迅先生》一文中也说:"他的思想孕育和培养了一代新人,像我这样现在年逾古稀的人,就是在青年时代,受到他思想的巨大影响,开始摸索人生的道

---

① 萧三:《革命烈士诗抄》(增订本),中国青年出版社1962年版,第4页。
②《鲁迅诞辰百年纪念集》,湖南人民出版社1981年版,第7—8页。

路,踏着丛丛荆棘,一步一步向前迈进的。他是给予我影响最深,使我终生难忘的一位老师。"①正是鲁迅这样伟大的思想家、伟大的革命家的人格美,使当时的许多进步青年,受到他的启发和感召,惊醒起来,奋发起来,追随他的脚迹走上艰苦的革命道路,以至于终生也敬爱他,景仰他。

最后我们还要论到环境美所引起的美感问题,就说巴黎公社这个例子吧。关于巴黎公社的成立及其失败的历史事迹,我们在本书第一卷里已经简单地叙述过,这里就不用重复了。我想先引当时参加过公社战斗的利沙加勒在《1871年公社史》一书中那段话,我们在前面也曾引过,主要是说,由于公社这个无产阶级的新型政府一成立,"帝国(时期)和围城时期穷苦人又站起来了,他们准备开始新的生活,自力更生,使法国所有重新建立的公社都跟着他们走。在这种新生活中,一切都恢复青春。一个月以前还是绝望的人,现在满心欢喜,脸上闪耀着光辉。人们彼此祝贺,互相握手,虽然他们并不相识。啊,我们并不生疏,我们都是具有同样愿望、同样信仰和同样爱好的儿女。"这虽然是一段简单的话,却把当时巴黎穷苦人们那种欢乐无穷的心情描写得淋漓尽致。公社一成立,原来那些剥削他们、奴役他们、凌辱他们的老爷官吏就逃跑了,他们自己成了巴黎的主人了。穷苦的人们都是兄弟和朋友,都是一家人,都得相亲相爱吗!这时他们之间的关系的融洽,情谊的深厚,又是多么美啊!作者在当时就能体会到这种心情,事后回忆起来还能以满腔的热情来赞赏它。后面我们还要引马克思在《法兰西内战》中最后一段话说:"工人的巴黎及其公社将永远作为新社会的光辉先驱受人敬仰。它的英烈们已永远铭记在工人阶级的伟大心坎里。那些杀

---

① 《鲁迅诞辰百年纪念集》,湖南人民出版社1981年版,第117页。

害它的刽子手们已经被历史永远钉在耻辱柱上,不论他们的教士们怎样祷告也不能把他们解脱。"①这是对于巴黎公社最高贵的赞美之词,巴黎公社确是无产阶级政权的光辉先驱,为公社战斗到死的英烈们,是非常伟大的、是无限光荣的。公社的光辉、公社的美是开创一个历史时代、照耀人类前进道路的。

自然美和社会美两类美感的不同情况

以上分别论述关于自然美和社会美的几个例子。由于自然美的一些特性,必然影响到对于它的美感,于是它的美感也有一些不同的情况。先且说自然事物都是实体事物,自然美即在于自然事物本身,自然美即在于自然事物的实体。这从一方面说,它的现象、个别性都是直接诉之于感官的,有时还是特别鲜明的,因而在关于自然美的美感中,感性的因素总是重要的。特别是对于现象美的美感,感性的感觉和感受,还是主要的因素。而对于各种类美和个体美的美感,还要有由多种感觉形成的知觉以及表象形成的因素。当然,对于自然美的美感,即使是现象美的美感,由于它的现象也要充分地表现它的普遍性,于是也就要认识它的普遍性、认识它的现象和普遍性的这种特定的关系或规律,也就都要有智性的因素,有时这种因素还是非常活跃的,试看《春江花月夜》所描写的月夜的美感便能明白。正是由于智性的思维(或想象)和伴随它的记忆、联想等的活跃,还掀起了欣喜、缠绵而又幽婉的感情波动,这样的美感就是很复杂的。而从另一方面说,自然美既是在于自然事物本身,也就是无关乎人的社会生活和人的社会意识,虽能为人所认

---

① 《马克思恩格斯选集》第二卷,第399页。

识或欣赏，却不是依赖于人而存在的。即使对于自然美的美感，从原则上说，美感总是主观的，当然是有社会性和阶级性的，是要因历史时期而异、因人而异的；但是从实际情况来说，正当的美感首先是由于对美的正确认识，美感中也就可能有客观内容，因而关于自然美的美感却又是普遍性的。如对于黄山的青松、西湖的荷花，旧时代的地主士大夫能欣赏，今天的工人和农民也能欣赏，如果认为欣赏荷花就在于看出它的"出污泥而不染，濯清涟而不妖"的清高品格，提出这种欣赏观点来排除工人农民的来欣赏它，这大约只能说是旧时代理学家的见解吧。我们认为对于自然美的美感，一般的说，是有颇广泛的普遍性的。

关于社会美的美感和关于自然美的美感显然有很大的不同。我们认为社会美既在于社会事物本身，也就关系于它的社会性。而社会性主要是人的社会关系形成的，根本上则是人的生产关系决定的，在阶级社会中也就是由阶级关系决定的。于是社会美就不同于自然美那样依存于自然物的实体，而是依存于人的社会关系，在阶级社会中主要就是阶级关系。在对立的阶级关系中，就只有代表历史前进的阶级中的代表的人或物，就是美的；而相反的，代表历史上反动阶级中的代表的人或物，就是丑的。而且社会事物的现象和个别性对于美感的影响，也不是如自然事物的那样是直接而简明的，却往往带有一定的间接性和复杂性。因此在社会美的美感中当然还有感性的因素，而主要是智性的因素，而且在社会美的美感中还明显地具有主观倾向性，特别是在阶级社会中更明显地具有阶级性，有时还是强烈的战斗性。如我们在上面所举的例子，无论是行为美、性格美或环境美，都是和革命斗争有关的。对于这种社会美的美感，就不是一般所说的具有智性的因素或主观倾向性，而是具有更坚强的思想基础的。

我们且就具体例子所表现的对于社会美的美感，再进一步试行分析。如萧三这位老革命诗人所称："当我每次背诵夏明翰同志就义时的四句绝命诗……都不禁低下头来向他深深地致敬，然后又立起身子愿作他所说的'后来人'"。萧三这几句话是简单的，意思却是很真挚、很深刻也很激动的。这不只是对于革命烈士的就义诗的赞赏，而是对于革命烈士在诗里所表述的英勇就义的壮举、革命必胜的豪情的不胜景仰、感奋以至于愿作"后来人"。也就是对于这种社会美的美感，不仅不是如一般自然美的美感那样愉悦的感情，而是带着满腔悲愤的深挚的激情和坚决的斗志的。又如刘弄潮对鲁迅纪念的文章所说："他的思想孕育和培养了一代新人，像我这样现在年逾古稀的人，就是在青年时代，受到他思想的巨大影响，开始摸索人生的道路，踏着丛丛荆棘，一步一步向前迈进的"。我们引的这几句话也是简单而且是自然的谈话似的。但是当时作者还不过是十几岁到二十多点的青年，在大革命前后那几年间所受鲁迅思想的巨大影响，所谓"摸索人生的道路，踏着丛丛荆棘，一步一步向前迈进"，走那样的路，显然是要受苦，且是要流血的，决不是容易走过来的。只有老是望着前面鲁迅的高大的身影，耳边响着鲁迅的谆谆教导，以至于几十年后还以不胜感激的心情来写纪念文章。在这样的敬佩、景仰、感激的心情中也显然是有坚强的意志，热烈的情怀的。要之，我们在这里所论的是关于社会美的最诚挚、最丰富也最高的美感。

以上我们所说的各类各种美所引起的美感，综合说来，它包含着的心理现象是很复杂的，几乎一切有积极意义的心理现象，都可以成为美感的心理因素。而且有时即使是消极性的心理现象，如在衬托对美的欣赏的同时，也不能不有对丑恶的忿恨，这虽是伴随的，却也是美感中可能有的。自然，一般美感中的心理因素也并不都是复杂的，也有颇为简单的。只是由于种种原因和条件的影响，美感的具体表现往往还是很不相同的。我们在上面虽然也曾说到，由于自然美和社会美的根本性质不同而引起美感上的差别，前者偏重感性而后者偏重智性，前者若是正当的美感也可以说并不一定表现阶级性，而后者则是根本上有阶级性。这就是说，在美感性质上也有这种根本差别。美感性质上的差别和由此而形成表现形态的差别，也是美感理论比较麻烦的问题，我这要在下面分别去谈它。

第三节　美感的性质及其特点

美感的根本性质简述

美感究竟是什么？一般美感中究竟根本上有些什么共同的东西？我们在前面早已谈到过。在这里我们主要想较细致地说明我们的意见。我们认为美感根本上是由于对客观美的认识，引起感性的快适和理智的满足，主要是美的观念的满足，以致心灵的愉悦，或者警悟而感奋，这就是我们关于美感的简单的说明。我们在上面所论述的美的认识、形象思维以至于美的观念等，都是为着回答这个问题的。换句话说，我们对美感这个问题的简单回答，就是根据上面三章的论述来的。

上面三章所论，首先认为美感是由于对客观的美的认识。美感既然是美感，就必然要和客观的美有关系。而客观事物的美又怎么能引起主观意识的美感，这首先是也主要是对于客观美的认识。这是我们不同于美学上的主客观统一论或美和美感不可分论的根本论点。而且我们还认为美的事物之所以美的原因，是由于它具有美的规律，于是对于美的认识就不能如从来人们所说的是所谓感性的、直觉或直观的说法,我们认为主要还是理智;所以我们认为美感中的美的认识不仅是感性的认识,主要还是智性的认识。这又是我们不同于直觉说的那种非理智的重要论点。我们不仅是说关于美的认识不能限于感性的,主要还是智性的。而且还认为理智对于美的认识,即是认识,又得到满足。也许以为这种说法是奇怪的。其实我们在上面也早已说明过,还曾引用过去的哲学家和文艺理论家的言论以为佐证。

关于理智的满足,如人们在日常生活中,凡是对于新的事物有所了解,或对一般问题得到解答,都会感到喜悦。这种喜悦就是理智的满足。我们一般常识的所谓求知欲,也就是为了求得知识的欲望,这种欲望的满足是精神的不同于生理欲求的满足。至于美的观念的满足的说法,则是进一步表明理智对美的认识要求的满足。关于美的认识或美的观念都是形象的认识,不是如形式逻辑的抽象概念那样,是明确的、稳定的;相反地却往往是混沌不明的、变幻不定的,因而在一般情况下,又要求它如理论认识那样成为明确而稳定的。如果一旦遇到和美的观念相一致的客观事物的对象,于是原来本是不明确的突然明确了,原来本是不稳定的突然稳定了。即使是一时所得的外物映象与之符合,也使美的观念得到了渴望的满足,因此心灵不禁非常愉快了。

关于美的观念的满足,我在原本《新美学》中有一段话是说:"我们认为美感是根据着美的观念,但是美的观念,尤其是日常生活中获得的美的观念,往往是不自觉的,也就不是自我充足的。因为它不是自我充足而完全的,所以它常是渴求自我充足而完全。……(由于)日常生活中变化无穷的万物众象,也在意识里反映而变化无穷,所以这种形象依然常是空洞、模糊而不是自我充足,也就常常渴求着自我充足。这种美的观念的渴求自我充足而完全的欲望,一旦得以满足,便发生美感、美的情绪的激动,发生精神的愉快、陶醉。"[1]这些话虽然是简单的,却是扼要的明确的。

以上所论美感中根本上相同的东西,我们认为也就是规定美感的根本性质的东西。那么所谓美感的根本性质,我们认为首先就是关于美的认识,没有美的认识就不可能有美感;而且还可以进一步说,没有正确的美的认识,就不可能有正确的美感。因此美的认识是美感的重要性质,而且是它的第一个重要性质。然而美的认识原是形象的认识,如上所说,既有它的优越性,也有它的局限性。前者是由于它和现实事物可以有直接联系,这种认识就可以有真实性,而后者则往往既是模糊不清的,且是变幻不定的,于是美的认识可以说是具有二重性的。当然在它的前进过程中就要求发扬它的优点,克服它的缺点,因此我们可以说,美感的根本性质,首先就是美的认识的二重性。

美感的关键在于美的观念的满足

现在我们要着重论述美的观念,因为它是美的认识的重要成果,也可以说是它的最高成就。而在美感活动中又可以说是美感的关键环节,当然更是对于美感性质有影响的。本来由于一般的美的认识发展而成为美的观念,已是发扬了一般美的认识的优越性,却仍未能彻底克服它的局限性。这就是说,虽然美的观念已经表明是美的认识的最高成就了,却还有模糊而不明确、变幻而不稳定的情况。而作为理智认识的重要成果的美的观念,对于它的局限性是不满足的,于是不断要求自我充足,达到明确、稳定,也可以说是达到完

---

[1] 蔡仪:《美学论著初编》上卷,第312页。

整或完满的地步。这是理智自身固有的要求，也是人类的知识、文化不断进步的主观方面的原因，是无数历史事实证明而不可否认的。

那么，美的观念的自我充足的要求，怎样能够实现呢？我在原本《新美学》中还曾说"至于美的观念的自我充足的欲求，究竟是怎样得以满足呢？很显然是由两方面：第一是美的观念虽然在平时往往是空洞而模糊的，但是它原有和个别表象结合的倾向，可以借助以记忆、联想为基础的想象，使它成为一个鲜明的形象，于是美的观念得以自我充足而完全，遂发生美感。……这时若把鲜明而完整的、栩栩如生的形象，用艺术的工具表现出来，便是艺术的创作。因此在艺术创作时，美的观念得以充足而完全，引起强烈的美感。创作者获得精神的愉快。第二是和第一的方向相反，美的观念的渴求自我充足的欲望的满足，是由外物所予的印象。这种外物之或为现实事物的美，或为艺术的美，都是一样的。这种外物所予的印象，也就是意识获得的新的表象（映象），与原有的美的观念相适合时，美的观念得以充足而完全，于是而发生美感，美的情绪的激动。这种外物的美与美的观念愈一致，则美感愈强，一致性的大小，则是决定美感的强弱的一个条件。"[1]这些话是四十多年前的，一些用语也许不够准确，不够规范化，却也表现新提出的这样的论点的丰富性、复杂性，而美的观念由两个方面得以克服它的局限性而完成自我充足的要求，这是艺术的认识或美的认识，得以达到思维的更高阶段的主要表现。因此关于美的观念作为理智认识的满足感，我们认为可以说是美感中最重要的根本性质。

关于心灵的愉悦：愉悦不用说主要是属于感情活动的，但是我们认为不妨提得广泛一些。我们知道有些美学家特别强调美感的感

---

[1] 蔡仪：《美学论著初编》上卷，第313页。

情作用，主张要按照"感情逻辑"去研究它，断言只能从心理学上去研究它；同时并主张美感和认识无关，甚至和哲学也无关系，没有什么唯物唯心之分的。实际上是主张美感的非理性主义，正和强调美感的直觉性是一致的。不用说，我们是否定这种论调，并且也早已批评过。我们在上面一直论述美感以认识为基础，并在论述关于社会美的美感中，表现的也不是一般的愉悦的感情，有时却是具有坚定思想支持的情操，或者还是具有强烈意志的激情；而且愉悦固然常常是含笑的，有时却是含恨的，也有时还是含泪的。要之，美感是复杂的，而强烈的美感往往是震撼心灵的。因此我们认为心灵的愉悦，可以说是美感的最后的也是重要的根本性质。

我们现在再引用梁启超和鲁迅的有关美感的重要言论来看。梁启超在《论小说与群治之关系》一文中说："人之恒情，于其所怀抱之想象，所经阅之境界，往往有行之不知，习矣不察者。……欲摹写其情状，而心不能自喻，口不能自宣，笔不能自传；有人焉和盘托出，彻底而发露之，则拍案叫绝曰：'善哉善哉，如是如是'，所谓'夫子言之，于我心有戚戚焉'。感人之深，莫此为甚。"[①]这些话所论关于小说的美感，就是说它对于人的理智的满足而产生的心灵的愉悦。鲁迅在《摩罗诗力说》一文中也曾有段话说："盖世界大文，无不能启人生之閟机，而直语其事实法则，为科学所不能言者。所谓閟机，即人生之诚理是已。此为诚理，微妙幽玄，不能假口于学子。如热带人未见冰前，为之语冰，虽喻以物理生理二学，而不知水之能凝，冰之为冷如故。惟直示以冰，使之触之，则虽不言质力二性，而冰之为物，昭然在前，将直解无所疑沮。惟文章亦然，虽缕判条分，理密不如学术，而人生诚理，直笼其辞句中，使

[①] 梁启超：《饮冰室文集全编》卷九，学术类（下）。

闻其声者，灵府朗然，与人生即会。……故人若读鄂谟（Homeros）以降大文，则不徒近诗，且自与人生会，历历见其优胜缺陷之所存，更力自就于圆满。"①这里所引的话似乎太长，但关于文学的美感也是说得最好的。所谓"灵府朗然，与人生会"，而且"历历见其优胜缺陷之所存，更力自就于圆满"，不是可以为我们做更好的证明吗？因此我们认为美感根本上是由于外物的美的认识，引起理智的满足或美的观念的满足，以至心灵的愉悦。这一点从我国优秀的文艺理论遗产可以得到证明。

美感作为意识活动的三个特点

美感作为意识活动和作为认识活动的特点，从它对外物的美的认识引起美的观念的满足这种根本性质来说，首先就表现为理想和现实的一致。理想和现实的一致是人们的认识活动，也是人们的一般意识活动的重要要求。我们说美的观念，既不是唯理主义的固有的观念，也不是主观唯心主义的纯主观观念，而是在正确的观点的引导下，在反映现实事物的基础上经过概括和提高而形成的合乎美的规律的观念。这样的美的观念，对于实际的具体事物来说，都是经过了主观意识各种各样的加工改造，而成为理想化的观念了。本来观念和理想从其根源上来说是相通的，而合乎美的规律的美的观念也就是正当的意识的产物。如上所说，由于对外物的美的认识而引起理智满足这样的美感，它的特点首先就是理想和现实的一致，而且是美的观念（理想）和美的现实的一致。一般的理想和现实的一致，就是认识取得良好的成果的证明，而美的观念和美的现实的

---

① 《鲁迅全集》第一卷，人民文学出版社1956年版，第203—204页。

一致，不用说是美的认识取得可喜的良好成果的证明。因此美感的这种特点，表现出它是人的意识活动中重要的有益的活动。

其次，美感的启发感奋作用，可以说是它的另一个重要特点。过去的文艺理论中总得谈到文艺的社会作用，文艺对人的启发感奋作用，这种理论无论在西方或中国都是早就有的。我们认为文艺的这种作用，主要在于文艺创造的典型，在于文艺创造的美。凡是美的欣赏都在一定程度上有这种作用。艺术的美是如此，现实的美也是如此。现实中社会美是如此，自然美也是如此的。关于艺术美的美感中这种作用，我们在上面所引梁启超的话"于我心有戚戚焉"，鲁迅的"更力自就于圆满"，都表示有所启发、有所感奋的。关于社会美的美感，我们在上面也论到萧三对于革命烈士夏明翰的就义和他的绝命诗读后而誓作"后来人"，刘弄潮对于鲁迅的敬爱、景仰而终生愿意跟着他踏着荆棘前进；即如因赏明月而"但愿人长久"，虽简单也是感兴之词，至于为爱美人而发奋的故事就可以不用多说了。我们认为美的规律就是典型的规律，美的事物是充分体现它的本质和普遍性的，是充分体现事物的发展和前进方向的。体现美的规律的美的事物、体现美的规律的美的观念，都也体现人类社会现实世界的发展和前进方向的，美的本质就是叫人愉快的，叫人乐观的。因而美感给人们以启发、感奋，正是符合美的本质的，也是美感必然有的特点。若从社会观点看来，也就是更有重要意义的美感教育作用的基础。关于美感教育作用，我们将在后面另行论述它。

最后还有美感的相对持续性，是我们还要说到的。因为美感是理智的一种欲望的满足，基本上是一种求知欲的满足。一般欲求的满足都是有持续性的，也就不是一次就能永远厌足的，美感也正是如此。在第一次鉴赏时，美的观念得以自我充足而完全，就是说美的观念得以和外物的美的映象相结合而成为具体鲜明的形象；但在不鉴赏时，因为日常生活中对于其他事物的认识，又渐渐把这具体而鲜明的形象弄得淡漠而模糊了。这淡漠而模糊的美的观念，依然要求自我充足而完全，于是在第二次鉴赏时，它的这种要求又得以满足，便又发生美感的愉快。所以有人说真正的伟大作品能"百读不厌"，便是这个道理。对于这种现象，英国文艺批评家文却斯特认为感情是迅速消失的东西，因此而说："倘使是有文学价值的书，我们一定希望再读，伟大的文学便是反复读几遍也是不会厌倦的，这样的书，对于我们是永久不灭的书。"[①]

但是事实也还有另一方面，因而美感的愉快既是由于精神欲求的满足，而一切欲求的满足的愉快，都有一定的限度，超过了这个限度便要感到厌倦，美感也是如此。在美的事物经常当作鉴赏对象而不变化时，美感的愉快要渐减而至于完全消失。而且在日常生活在美感的鉴赏中，我们的美的观念得有更高的发展。即使在我们的美的鉴赏中，那个引起我们美感的美的事物，无论是现实事物的美或艺术的美，都已经是我们新的美的观念构成时的所概括的对象，因此我们新的美的观念可以是更美。于是它要求更高级美的事物才能适合而一致。所以虽说有"百读不厌"的杰作，但是究竟不能老是读而不厌。无论一幅怎样杰出的画，若是叫我们年年月月与之相对，它所给予我们美感愉快便要逐渐减少，而到了相当时期甚至一点也不能引起我们的美感了。要之，美感也是有变化的，它有相对的持续性，却没有绝对的永久性；这相对的持续性，就是美感的变化的主要表现。

此文是《新美学（改写本）》第二卷（中国社会科学出版社1991年）的第四编第七章《美感性质论》。

[①] 蔡仪：《美学论著初编》上卷，第319页。

美　育

第一节　美的意义

美育的概念　美育是人的全面发展的教育的组成部分之一。

对儿童进行美育，任务有两方面：一方面是通过绘画、音乐、诗歌、戏剧、雕刻、建筑、舞蹈等艺术作品的内容和形式，也通过对自然和社会的实际观察，发展儿童认识世界的能力，陶冶儿童感受和鉴赏自然美、社会美和艺术美的情感；另一方面是培养儿童创造艺术作品的愿望和技能。在自己动手创造的过程里，儿童可以养成用艺术的形式表达思想和感情的技巧，可以提高认识自然和社会的能力。

在教学过程里，这两方面的任务是应统一起来完成的。

美育的实施，首先是使儿童的感官接触美的东西，引起他们爱美的情感；再引导他们去观察和分析艺术作品所反映的现实问题，进一步加深他们对现实的认识。随着儿童年龄的成长，结合着智育、德育和体育的实施，在正确地认识社会、认识自然的基础上，使儿童产生追求美好生活的各种理想，并逐渐形成改造社会生活和自然环境的愿望和行动。

优美的艺术作品是能够以艺术的渲染力和思想性丰富人们的情感和思维的。譬如我们读毛主席作的《沁园春》词，它那谐和铿锵的韵律可以引起我们兴奋和豪放的情感，它那形象性的词句可以使我们想象到祖国锦绣河山的雄伟壮丽。我们的想象里展开了一幅灿烂无比的图画：好像我们飞升到祖国的天空，俯瞰着祖国的大地。又好像看到蜿蜒曲折的千里冰封宛如玉带的黄河，看到巍峨的崇山峻岭，看到肥沃广阔的平原……这样美好的河山，怎能不使我们感到伟大祖国的可爱，因而发生热爱祖国的情感呢？此外，我们还能体会到我们祖先几千年来经营和缔造祖国的艰难，而发生建设祖国和保卫祖国的愿望和热情。——当然，《沁园春》不是小学儿童所能理解的；这里只是举例说明艺术作品在美育上的作用罢了。

由这个例子，我们可以理解这篇艺术作品所反映的美育的意义：通过谐和铿锵的韵律，富于形象的词句，我们的头脑里呈现出一幅祖国大好河山的图画，从而激动了感情，产生对祖国大自然的热爱，产生了民族自豪感，因而巩固和加深了爱祖国的认识和热情。

美育和智育、德育、体育的关系　在新中国的教育学里，美育不是孤立的，它是和智育、德育、体育密切联系着并且共同向前发展着的。

美育和智育有广泛的联系，这可以从许多事实看出来。例如组织儿童到长城去旅行，让儿童欣赏中国古代建筑的雄伟，一定要给儿童讲清楚长城建筑的历史和地理情势；儿童有了这些知识以后，欣赏和观察的兴趣就更加浓厚了。又如儿童有了光学的知识以后，绘画时用光的明暗表现物体的远近就可以更加准确了；有了人体组织的知识以后，画人的姿势就可以更加准确了。一切自然、历史和地理等科的知识，都能够加深儿童观察自然和社会的能力，都能够帮助儿童欣赏和创作文艺作品。因此，美育是以智育为基础的，美育离开科学知识就会走到错误的方向去。

另一方面，美育又能促进智育的发展，因为人类认识自然和社会的各种事物，都是从感性的认识逐渐提高到理性的认识的。美育是通过对各种艺术作品和具体事物的观察进行的，儿童接触的都是具体的形象，这就是进一步认识事物本质的开端。对于低年级儿童，这种形象的认识有特别重要的意义。因为低年级儿童的智力还不容易接受抽象的东西，还需要用具体的形象来培养。例如图画教学就是通过艺术形象发展儿童认识事物的能力，发展儿童的想象力、思考力和判断力，以使他们能在个别事物的认识中逐渐积累经验，锻炼思考，逐步提高抽象的思维能力。

用艺术作品观察自然、社会进行美育的时候，同时就进行了道德教育。爱祖国的天空、大地、海洋、河川和森林，爱祖国的物产、宝藏和历代劳动人民的创造，都是爱国主义道德教育的内容。例如歌唱我们伟大祖国的国歌——《义勇军进行曲》，可以激发儿童保卫祖国的情感。他们从这个歌曲里可以了解，今天和明天的幸福生活，正是他们的父兄们在昨天为保卫祖国而战斗的成果。美育还能培养儿童爱护美好事物的情感，只有懂得什么是可爱的，才能产生憎恨丑恶事物的情感。中国人民解放战争中舍身炸毁敌人碉堡的解放军英雄董存瑞，抗美援朝战争中用身体堵住敌人机枪射孔的志愿军英雄黄继光，都因为对祖国对人民有无比的热爱，对祖国和人民的敌人有无比的憎恨，才表现出舍生取义崇高的英雄行为。

在课内外的各种体育活动里，也贯穿着美育。体格发育得健康丰满，体态和动作姿势的优美匀称，各种操作的敏捷、准确而有力，都能助长美的感觉和活泼愉快的情绪。集体动作的雄壮和整齐，表现在集体活动中的组织性和纪律性，都能培养儿童健康而高尚的感情。

由此可见：美育和智育、德育、体育不但在内容方面是互相联系和发展的，而且在教育的过程中也是有机地联系和统一起来的。

第二节　美育的内容和方法

美育的内容是很广泛的，它包括大自然和社会环境里的美好事物和人物，以及反映这些美好事物和人物的各种艺术作品。美育的方法也是多种多样的，它包括课内外和校内外一切美育的活动，那就是观察和欣赏自然和社会里的美好事物，欣赏和创造各种艺术作品。在这里，我们根据我国的现实条件，只把小学美育的一般内容和方法介绍如下：

文艺　课内和课外的文艺活动是进行美育的一种重要手段。

小学儿童能够接受的文艺形式有儿歌、民谣、童话、寓言、小诗和短篇故事等。

教师要先使儿童知道这些作品的内容和人物，认识这几种文艺形式的特点；然后使儿童掌握作品里的艺术语言，如形容语、比较语、譬喻语和读起来音韵协调的句子等。

达到上述的学习目的以后，教师可以进一步要求儿童初步理解每篇作品对社会生活的影响和作用。

在文艺教学过程里，教师作示范性的朗读是很重要的。这样做的时候，儿童就能从教师的朗读里学习语言的抑扬顿挫，学习正确的表情。讲故事的时候，教师也应该先行示范，然后逐步训练儿童朗读和口述。对于内容优美、韵律和谐的作品，还可以采用集体朗读的形式。

在课外文艺活动的小组里，可以组织儿童朗读儿童自己的创作；有条件时还可以请作家来朗读他自己的作品，或集体讨论作品的内容和形式。

此外，教师应该鼓励儿童创作，培养儿童的创作能力，用各种方式训练他们说话和作文。还可以在教室的墙报上或另订剪贴本，选刊比较优良的儿童作品，作为范例，以便他们互相观摩，互相学习，提高创作的热情。

课外的文艺活动里，还有戏剧和电影。

儿童能从事的戏剧活动，从看戏、演戏以至编剧，是多方面的；表演形式有歌剧和话剧，从二三人的轮流朗诵到多数人的综合表演，也是多方面的。

小学儿童看戏，应该有计划有组织地由教师领导去看，因为一般适于成人看的戏未必都适于儿童，必须加以选择。看戏之前，要对儿童简略地解说剧情；看后还要组织儿童讨论，以使他们能加深理解，能得到生动具体的思想教育。

组织儿童看电影也应该这样。

除了看戏以外，教师还应该注意培养儿童的表演才能。这对于低年级的儿童，只能结合他们的游戏进行。教师应指导儿童做有内容有创造性的游戏，然后由此过渡到多少带有戏剧性的形式。也可以让儿童分担人物轮流朗诵儿童剧本，朗诵的时候还可以附带简单的动作和表情，作为培养表演能力的初步。高年级的儿童可以演出简单的戏剧，特别是儿童剧和寓言剧。教师要适当地注意演技的训练，先要让儿童大致理解剧情和人物性格，体会剧中人物的语言和动作姿态，以便儿童能够发挥表演的才能。演出戏剧需要全体儿童合作，因此要加强集体主义的教育才能收到优良效果。

高年级的儿童还可以在教师指导之下编写小型的剧本。剧本首先要主题明确，其次要人物性格明确，然后要语言明确。通过剧本的创作，儿童能更深刻地体会人物的性格、行为及其社会意义。编写剧本，最好通过集体讨论来进行的。

戏剧是综合性的艺术，它的演出和音乐、跳舞以至建筑、美术都有密切关系。电影在这一点上是同样的。戏剧和电影是对儿童进行美育的有力手段。

绘画 小学的绘画课是教儿童把生活中观察和想象的事物的形象用绘画表现出来。儿童在生活中观察和想象的美的事物，很希望能够表现出来；因此绘画是他们非常感兴趣的科目。绘画能训练儿童的观察力和想象力，加强他们对社会生活的认识，对社会生活中美的事物的爱好。

绘画教学，一方面要求准确地表现现实生活中具体事物的形体、颜色、空间位置以及与其他事物的关系，这就要逐步训练儿童掌握写实的基本方法。儿童对事物的认识往往是不全面的、不周到的，因而也不能把事物的形体、颜色、空间位置等表现得准确。绘画可以训练儿童的观察能力，同时可以培养他们的技巧，加深他们的认识。另一方面要求恰当地表现想象的事物的形象，它的形体、颜色、空间位置等。这就是要在掌握写实方法的基础上，根据教师的命题，或者根据看文艺作品、戏剧或电影时所得的印象，或者根据自己在日常生活中所得的印象，进行绘画的初步创作。这种创作的练习，不但能训练儿童的观察力，还能训练儿童的理解力、想象力和创造力。对于儿童的绘画创作不宜要求太高，只要能用形象表现正确的主题思想就可以了。

绘画教学要有计划地教儿童作画，也要有计划地教儿童看画。把古代或现代容易懂的好画给他们看，简单地解释这些画的历史意义和艺术上的优点，可以引起他们的作画兴趣，可以使他们领会自己习作的缺点而加以改正。

在绘画教学中要适当地给儿童以图案画和美术字的基础知识和技术训练，以培养他们对于形体美的兴趣。这种知识和技能是日常生活中常常需要的。

小学儿童还可以做些工艺的美术活动，如扎花、剪纸、做玩具、做小型用具或其他事物的模型等。

　　美术教学也可以结合种种课外活动进行。如演剧要有布景、服装和化装等，就属于美术范围；墙报要有报头、栏头、插图等，也属于美术范围。在墙报上发表儿童的美术习作，对儿童是很好的鼓励。为了配合墙报的内容，要有漫画、宣传画等，也可以在教师指导之下让儿童进行习作。

　　此外，在纪念节日，在举行群众性的集会或展览会时，如布置会场、装饰校舍等工作，也可以在教师指导之下让儿童去做。通过这些工作，不但能对儿童进行美育，而且能锻炼儿童的热情和毅力。

　　音乐　小学的音乐教学主要是教唱歌，目的在使儿童获得音乐的初步知识、初步的歌唱和欣赏的训练，熟悉节拍、调子等。儿童很喜爱唱歌，也最容易受歌声感动，因此唱歌对于儿童的影响很大。通过唱歌，儿童更能深切地体会歌词的思想感情，敬爱歌词中所歌颂的祖国、领袖和人民英雄。

　　音乐教学也要循序渐进。选择教材时要按照儿童的条件，曲调和歌词都适合儿童的年龄特征、生活和心理。在音乐教学中，还要组织儿童听某些有名的歌曲，使他们欣赏甚至能熟悉这些名曲。

　　对于儿童生活，唱歌能起鼓舞和调节作用。在课外活动中，可以用唱歌或其他音乐演奏使儿童的动作一致、精神奋发。

　　小学中常有相当数量的儿童具有音乐的才能，或者能唱歌，或者能演奏某种乐器，教师应加以适当的指导，使他们的才能得以更进一步地发展。可以叫儿童在自愿的原则下组成合唱队或音乐队，在集体中互助合作。这样，不仅音乐的知识和技能易于增进，组织性和纪律性也能加强。有了合唱队或音乐队，学校的群众性的文娱活动容易活跃起来；就是其他群众性的集会，也因为有了音乐节目，可以搞得更生动活泼些。儿童学会了歌曲，无论在家庭、学校、街道或其他活动场所，都可以生活在愉快的气氛里。

通过各科教学进行美育　美育不仅限于主要的艺术课程和课外活动，还应该结合其他课程进行。如在自然科教学中，一切美丽的植物、动物如牡丹、玫瑰、紫藤等花，孔雀、锦鸡、黄莺等鸟，蝴蝶、蜻蜓等昆虫，苹果、葡萄等果实，或是实物，或是插图和标本，都能使儿童感到愉快，得到美感和关于自然的一些知识。又如地理科的教学，用彩插图或挂图、地理模型或风景名胜图片来讲解，不仅可以丰富地理课的内容，使讲授具体而生动，便于儿童理解和记忆，而且可以促进儿童审美能力的发展。此外如历史科，特别是本国历史，用英雄人物的画像、古迹和美术品图片、有关的诗歌等帮助教学，可以一面使历史教学内容丰富，一面进行美育。还有，就是在算术科的教学中，也可以利用绘画或图表进行美育。

培养儿童对于祖国自然美的热爱　新中国学校的美育，要培养儿童对祖国自然美的热爱。热爱祖国要具体到爱祖国的一草一木。由于儿童对自然现象比较敏感，对自然美容易感受，培养儿童对祖国自然美的热爱是对儿童进行爱国主义教育和美育的最好方法。

我们祖国的气候温暖，物产丰饶，到处有名山胜水、珍花奇木和美丽的自然景物。真是如方志敏烈士所说："不但是雄巍的峨眉，妩媚的西湖，幽雅的雁荡、与夫'秀丽甲天下'的桂林山水，可以傲睨一世，令人称羡；其实中国是无地不美，到处皆景，自城市以至乡村，一山一水，一丘一壑，只要稍加修饰和培植，都可以成流连难舍的胜景；这好像我们的母亲，她是一个天姿玉质的美人，她的身体的每一部分，都有令人爱慕之美。"[①]教师应该指导并启发儿

[①] 方志敏：《可爱的中国》，人民文学出版社1952年版，第21页。

童，使他们认识祖国的自然景物的美，因而热爱这种自然美。教师还要有计划地组织并领导儿童到风景名胜或动植物园去游览；必要的时候，要给他们讲解这些自然景物的美的特点，或举出他们能了解的著名诗词、美术作品或神话传说作为参考，使他们观察得更深刻、体会得更亲切，因而能把自然美的印象深深地印在脑子里，在回忆中还会为这些美丽的印象所激动，并因而更加提高热爱祖国和艺术创作的热情。

学校环境的美化　美育的一个主要要求是生活的美化，而生活环境的美化又是美育的最好的条件。小学儿童容易受环境感染，特别是学校环境对他们的影响更大，因此对小学儿童进行美育，更要求学校环境的美化；同时，学校环境的美化，也可以说是美育的必然结果。如果小学的美育在主要的艺术课程方面和课外活动方面都进行得很好，那就不会容忍学校环境的丑恶；反之；如果学校环境是丑恶的，倒可以证明学校的美育进行得不很好。美育必须结合现实生活，美育的理论也必须联系实践，进行美育而不要求学校环境在可能条件之下的美化，那是错误的。

学校环境的美化，首先要保持室内外的清洁整齐，如教室桌椅打扫干净、没有乱涂的墨迹、乱抛的字纸等；其次要有秩序地培植花木，绿化学校，使校园里开着美丽的鲜花，长着常青的树木。这些工作都要儿童自己去执行或参加，以便他们能由爱美而追求美，以至创造美。也只有儿童自己动手去做，学校环境才能更美化。儿童生活在美化的环境中，才能有健康的身体和愉快的精神。

此文转引自《蔡仪文集》第2卷（中国文联出版社2002年）中的《美育》。

美感教育

美感教育（简称美育），顾名思义，它不是一般的知识教育，而是与美感有密切关系的特殊教育，即是通过美感来进行的教育。这是一种与美的感动相结合的有教育作用的思维活动。它能同时影响人的思想和感情，对改变人的整个精神面貌——思想修养、道德情操、艺术趣味等，都有着重要的作用和意义。

美感教育作用虽然是由对现实的一种认识而引起的，虽然能够帮助人们认识现实生活并充实精神境界，但是它首先是通过对美的感受和感动而实现的，因为美感既不能离开形象性的特征，又不能仅仅停留在形象的表面上。真正的美感认识应该是对客观现实的现象与本质、形与神的认识，也即感性认识与理性认识的高度统一。美的认识中产生这样的愉悦之情才成为美感。它不同于哲学和自然科学的认识。它要由感性的快适达到理智的满足、心灵的愉悦，使人们受到特殊的积极的教育作用。

我们所说的美感教育，就它的目的来说，有这样两个主要的方面：一是培养人们对于现实美和艺术美的审美能力，即发展人们正确理解美并获得愉悦的能力；一是培养人们根据美的规律塑造美的产品的创造能力，即发展人们的艺术欣赏的知识和在艺术创作方面的能力。这两个方面有密切的关系，艺术家等专业人员必须具备这两个方面的能力,一般读者、听众、观众则主要应当具备审美能力。

就接受美感教育的对象来说,我们所指的决不仅限于青少年或学生,而是整个社会成员。这是因为,首先,学校固然是进行美感教育的良好场所,青少年时代也是接受美感教育的良好时机,但是要建设社会主义精神文明,是关系到每一个社会成员的大事。其次,由于资产阶级腐朽思想和封建残余思想的影响,特别是由于"文化大革命"的破坏,社会上一些人的思想修养、审美趣味、欣赏能力不仅没有提高,反而处于停滞以至下降的状况。我们只有在全社会着力提高政治思想认识、完善道德风貌,提倡高尚的健康的审美情趣,才能彻底清除"文化大革命"的遗毒,有力地反对一切剥削阶级思想的腐蚀,促进高度的社会主义精神文明的建设。

就接受美感教育的内容来说,中外各个时代几乎都把文艺作品当作进行美感教育的主要手段。这当然是对的。在现实生活中,由于文艺作品本身的特殊性质,由于它的鲜明生动的形象性和直观的可感性等特点,再加上人们对文艺作品的普遍爱好,所以它具有巨大的感染力,因此古今中外的优秀文艺作品成为进行美感教育的重要手段是不容忽视的客观事实。但是我们也认为,现实世界的美同样是给人们以美感教育的不可缺少的重要内容。甚至在某个时期,或在某些领域,它们可以成为更重要的美感教育内容。例如像雷锋这样的社会主义社会的英雄人物的性格美,就能使我们受到社会主义新人的良好品德的教育作用。

就接受美感教育的效果来说,我们认为,在美感活动中,人们受到正面的、积极的教育,获得理智的满足,增加了文艺知识,认识了现实,了解了自然,以至影响、改变了自己的世界观和精神状态等等,这是美感教育的积极效果。而且,就是在美感活动中能使人获得美的享受,能给人一种机智、勇敢、勤劳、轻松愉悦的感觉，或对人的身心健康有益，能振奋人的精神和陶冶人的性情等一切有教育意义的活动和现象，也是美感教育的效用。当然，我们提倡利用思想倾向性强的、高尚的、进步的、有利于社会主义建设、有正面教育意义的现实美和艺术美来进行美感教育。

关于美感教育问题，我们既不同意把美感作用和教育作用看作两回事，甚至把娱乐看作文艺的唯一功能，而无视它的教育作用，也不同意把美感教育作用强调到不适当的程度，似乎只有它才是治国救民的上策。这两种绝对化的认识都是错误的。美感教育只是对人们进行全面的综合教育的组成部分之一。它虽然是不可缺少的，但是既不能代替政治思想教育和文化知识教育，也不能代替德育和体育。

第一节　美感教育作用

我们现在就要从文学艺术的美感教育作用讲起。

毛泽东同志的《在延安文艺座谈会上的讲话》，曾经这样谈到文艺作品的作用："……文艺就把这种日常的现象集中起来，把其中的矛盾和斗争典型化，造成文学作品或艺术作品，就能使人民群众惊醒起来，感奋起来，推动人民群众走向团结和斗争，实行改造自己的环境。如果没有这样的文艺，那么这个任务就不能完成，或者不能有力地迅速地完成。"[1]这里谈的显然是文艺作品的美感教育作用。毫无疑问，我们革命的文艺作品是要有这种美感教育作用的。但是一般艺术美的美感教育作用和一般现实美的美感教育作用又如何呢？美的事物都会有一定的美感教育作用，然而艺术美、自然美和社会美各不相同，它们的美感教育意义当然也有所不同，也还有

---

[1]《毛泽东选集》：第818页。

程度深浅的不同、作用大小的差别。不过它们都有美感教育作用当是毫无疑义的，也是不能忽视的。

关于艺术的美感教育的重要意义，原是很早就为人们所注意了的。当然，这既与文艺反映生活的特点分不开，也与文艺反映内容的广泛性有关系。在文艺作品中，作者的思想、情感总得通过某种生动具体的形象表现出来。当人们欣赏文艺作品时，这艺术形象就会作用并影响人们的情感和理智，使人们精神振奋而情绪受到感染，陶冶人们的情操，使人们受到特殊的情感教育，有益于人们的思想感情的健康成长。正是它的这个特殊作用使它成为重要的教育方式，为各个时代、各个阶级的一些政治家、思想家所重视，所强调，并充分利用它的这个特点为自己的阶级利益服务。

关于美感教育作用的几种主要说法

人们的社会生活中，美感现象的存在是很早的。从已发掘出来的文物可以看出，我国古代的山顶洞人就已把钻了孔的砾、石、兽骨、鱼骨和海蚶壳等串起来，挂在脖子上做为装饰品。半坡遗址中也有不少骨笄、石璜、石珠、陶环等各种佩饰品。考古学家们认为，从这些器皿上的纹样和图式可以推断出当时人们的心理活动。在当时，这些日用器皿主要是为了实用的目的，即它们具有使用价值，但是还有装饰的意义，即它们还具有美感的价值，是为了使人们满足精神上的需求，获得美的享受。可以说，这里已经孕育着美感教育的因素了。

我国从周代开始，诗、乐、舞等文艺样式有了很大发展，成了人们社会生活中不可缺少的东西。当时的为政者也很注重礼乐的教育。当然，他们的目的是为了以"礼"制御人民，保持社会秩序，维护自己的统治。但是当时社会急剧变革,单靠"礼"很难实现上述目的,通过社会的实际生活,统治者意识到必须以"乐"作为教化人民的工具,即以"乐"佐"礼",甚至到了"礼非乐不履"(《逸周书》)的地步。这是因为"乐"最为人们所喜爱,能给我们以慰藉和快乐;"乐"在当时的日常生活中应用很普遍,如对劳动成果的庆贺,对自然现象崇拜的农事祈雨,对祖先宗庙的祭祀,对爱情的倾诉等都用乐。乐的应用这样广泛,可见它对人们是多么重要,而统治者便正好利用它动人情感的效能来达到自己的政治目的。在这里,与其说是统治者认识到了美感教育的重要作用,还不如说他们把美感教育当作辅助政治的工具。

在我国美学史上,占有重要地位而又对后世有较大影响的当属儒家的美学思想。儒家的学说以礼教为主,但也很重视诗教乐教的辅助作用。儒家的六经一直是对人民进行教育的主要内容,而其中的诗、书、礼、乐最为重要。无怪乎《礼记·王制》把它们列为造就人才的"四术","乐正崇四术,立四教,顺先王诗、书、礼、乐以造士。"孔子认为,世道的盛衰决定于社会的伦理关系,而伦理的好坏又决定于人的品格的善恶,因此要治理好国家首先在于培养和造就具有美好品格的人,而一个人的品格的美好与否又取决于他所受的各种教育。《论语》在谈到"成人"的修养时,也不止一次地提到诗与乐的教育,如"兴于《诗》,立于礼,成于乐。"[1]再如子路问成人,子曰:"若臧武仲之知,公绰之不欲,卞庄子之勇,冉求之艺,文之以礼乐,亦可以为成人矣。"[2]

孔子在《论语·为政》中提出:"《诗》三百,一言以蔽之,

---

[1] 《论语·泰伯》。
[2] 《论语·宪问》。

曰：'思无邪'。"这里揭示出他所认定的《诗》三百的思想性及其对于人们可能产生的教育意义。孔子还认为："诗可以兴，可以观，可以群，可以怨。"① 这实质上是指诗歌艺术中情与理的结合。诗必须具有真情实感，才能使人读来兴会淋漓，在潜移默化中受到感染和教育。《毛诗·大序》把《诗经》的作用概括为："经夫妇，成孝敬，厚人伦，美教化，移风俗。"

从孔子的诗教中，我们可以看出，他虽重"礼"但不毁情，只是认为情必须以"礼"为归趋，以使受教者通情达理。而理的标准在于合乎"礼"，以"礼"修身、齐家、治国、平天下。显然，这是把诗应用于智育、德育、美育等方面，使之合于道义的理性要求。

在《论语·八佾》中有这样的记载："子夏问曰：'巧笑倩兮，美目盼兮，素以为绚兮。'何谓也？子曰：'绘事后素。'曰：'礼后乎？'子曰：'起予者商也！始可与言《诗》已矣。'"这本来是写一个女子的容貌和打扮，可是孔子及其门徒从中悟出仁德的道理。白丝之于彩绣，如同礼之于人的修身，完成人的最后的教养。这样的应用《诗》，虽可以认为是儒家诗教的典型事例，但从另一方面说来，它也是为礼教增饰光彩的。

孔子的乐教也是与礼教有密切联系的。如，"子谓《韶》，尽美矣，又尽善也。谓《武》，尽美矣，未尽善也。"② 又如，"子在齐闻《韶》，三月不知肉味。曰：'不图为乐之至于斯也！'"③ "子与人歌而善，必使反之，而后和之。"当然，乐是这样美妙，能使孔子"不知肉味"，歌是这样动听，必使重唱，而后跟着唱，使他感到

---

① 《论语·阳货》。
② 《论语·八佾》。
③ 《论语·述而》。

"洋洋乎，盈耳哉！"①恐怕不只是由于乐曲的优雅，主要还是由于这些乐的内容是所谓"尽善""尽美"的缘故。因此，孔子重乐的目的，不单是由于乐能给人们以动听的声音，还由于它能增进个人的修养，也就是在于乐能感化人心，达到使人去恶从善、以乐治国的政治目的。所谓"移风易俗，非乐莫善"，②正是概括地说明了乐教的作用。

儒家经典的《乐记》论乐，是从"情"开始的，乐的产生是出于人的情感的需求，而乐的功能本来也是作用于人的情感，满足人们的审美欲求的。但是《乐记》中没有把音乐看作人类的"纯情感"的表现，而是一再反复强调人性是"感于物而动"的；也没有把对音乐的审美享受看作"纯感情"的享受，或只是满足感官上的快适，而是一再强调"以道治欲，则乐而不乱；以欲忘道，则惑而不乐。"③——这些比起古罗马音乐家费罗德姆的观点来要有价值有意义得多。费罗德姆认为，音乐的旋律和节奏因素具有纯形式的性质，而音乐所给予人的快感类似烹调、吃饭、饮水等带来的快感。显然，这样理解音乐的作用是不正确的。我们不应当把音乐的目的看作只是给人类带来生理上的满足或快感。音乐作为艺术的一种，它的纯感性因素只是从属性的东西，即从属于音乐的思想内容。《乐记》也是把乐作为对人们施行教化的工具，即把乐的美感享受作为施行伦理教化的媒介手段。

在先秦诸家中，墨家有过非乐的言论，道家也有过否定音乐的思想，但他们这多是从音乐的社会作用着眼的，并不是否定音乐本

---

① 《论语·泰伯》。
② 《孝经》。
③ 《乐记·乐象篇》。

身的美感作用，而是不主张享用它们。墨子认为音乐不仅对人民没有任何好处，反而使当时耽于音乐的贵族阶级逼迫人民付出了不少财力、物力和人力，因此音乐不合"实利""节用"的要求。他批评儒家"繁饰礼乐以淫人"[1]。由此可知，墨子并不是一般地否定音乐的美感作用，他所反对的只是那种"不中圣王之事""不中万民之利"[2]的音乐。其实这种观点，孟子也是有的，《孟子·梁惠王下》中就有过论述。到了荀子，对墨家的非乐又进行了反驳。荀子认为音乐的本质在于快乐，由快乐以和谐人心，"乐也者，和之不可变者也；礼也者，理之不可易者也。乐合同，礼别异。礼乐之统，管乎人心矣。穷本极变，乐之情也"。[3]当然，荀子高唱礼乐，是从他的"性恶"观出发的。他认为礼虽然可以区分贵贱上下，但是这样一来便使人们之间的关系显得冷淡了，为补救这个缺陷，使上下的感情达到和善，就可仰仗温柔敦厚的音乐了。他认为，就是要使礼乐互为表里，互相帮助，互相补充，其效益可以统率人心，使人心和善，达到治国的目的。

在西方美学史上，不少思想家也很重视艺术作品的巨大社会意义，认为艺术是构成国家和社会生活的重要内容之一，是对公众进行训练和教育的良好工具。根据文献资料的记载，毕达哥拉斯学派认为，音乐可以陶冶人的性情，并能影响和改变人的性格。

在古希腊唯心主义哲学家柏拉图的美学理论中，艺术的美感教育问题占有重要的地位。他在《理想国》里对此作了专门论述，把这一问题同对青年一代、特别是对城邦保卫者们的教育联系起来。

---

[1]《墨子·非儒下》。
[2]《墨子·非乐下》。
[3]《荀子·乐论》。

当然，由于他的唯心主义哲学体系和奴隶主贵族阶级的立场，他不可能正确地理解和解决这一问题。因此他在研究了古希腊的艺术作品之后，认为当时的诗和一般艺术对奴隶主贵族专政的国家是有害的，这有害在于：一是由于它们的内容对神和英雄的性格描写得不正确，因为神只是好的事物的原因，不是一切事物的原因；二是艺术满足了人们情感欲望的要求，使人失去理智的控制。柏拉图正是基于文艺所起的上述这一影响，才反对和轻视一般的文艺作品的。他也是很看重文艺的潜移默化的美感教育作用的，认为文艺对人的性格的形成有很大的影响。他说："应该寻找一些有本领的艺术家，把自然的优美方面描绘出来，使我们的青年们像住在风和日暖的地带一样，四周一切都对健康有益，天天耳濡目染于优美的作品，像从一种清幽境界呼吸一阵清风，来呼吸它们的好影响，使他们不知不觉地从小就培养起融美于心灵的习惯。"[①]他在《伊安篇》中，也极其生动地描绘了艺术的不可抗拒的美的魅力，但是他认为，像诗、戏剧或者绘画、音乐这样的作品，作为艺术品，可能是很有魅力的、吸引人的，但从对人的教育作用来看也可能是很坏的，应该禁止的。这就是说，作品的艺术性越高，它的美的吸引力就越大，而如果它所具有的艺术吸引力对公民教育有害的话，那么这样的艺术品就会越加危险。柏拉图在谈到音乐的美感教育时说："音乐教育比起其他教育都重要得多，是不是为这些理由？头一层，节奏与乐调有最强烈的力量浸入心灵的最深处，如果教育的方式适合，它们就会拿美来浸润心灵，使它也就因而美化；如果没有这种适合的教育，心灵也就因而丑化。其次，受过这种良好的音乐教育的人可以很敏捷地看出一切艺术作品和自然事物的丑陋，很正确地加以厌

[①] [希腊] 柏拉图：《文艺对话集》，人民文学出版社1963年版，第62页。

恶；但是一看到美的东西，他就会赞赏它们，很快乐地把它们吸收到心灵里，作为滋养，因此自己性格也变得高尚优美。"①从上所述可以看出，柏拉图是看重文艺的教育作用的，我们不能由此认为他反对"滋养快感"②，或说柏拉图几乎完全不顾艺术的审美价值。③事实上，他说的教育作用也是通过"拿美来浸润心灵"完成的。只不过他认为音乐的好坏要看歌词的好坏、乐调的动听与否，而歌词和乐调的好坏则要看是否对保卫城邦有益，即看是否违反了他原来替城邦保卫者们设计教育时所定的那些规范。因此，柏拉图主张由社会和城邦对文艺作品进行严格的监督。在《理想国》里，他没有给一般的诗和诗人留下位置，甚至像荷马这样的诗人和《伊利亚特》《奥德赛》这样著名的史诗也被他驱逐出理想国。他只准保留少数对理想国的公民教育有益的诗人和作品，如颂神的诗和赞美好人的诗歌。④

在美感教育问题上，亚里士多德从唯物主义认识论出发，认为艺术提供了对现实的真实摹仿，所以艺术有认识的功能，可以使人获得知识，认识现实本身。同时，由于文艺作品艺术地描绘现实，所以能给人以美的享受，使之获得快感。艺术还有审美的价值。他针对柏拉图认为情感是人性中"卑劣的部分""无理性的部分"的说法，提出情感是人应当有的、情感是受"求知的能力"（理性）指导的，满足情感的需要对人是有益的这些看法。至于艺术为什么能引起快感，亚里士多德认为，一方面是由求知欲产生的，另一方面是

---

① ［希腊］柏拉图：《文艺对话集》，第62—63页。
② 朱光潜：《西方美学史》上卷，人民文学出版社1963年版，第86页。
③ 汝信：《西方美学史论丛续编》，上海人民出版社1983年版，第12页。
④ 参见［希腊］柏拉图：《文艺对话集》，第36、50、87页。

由艺术的形式因素如色彩、技巧等引起的。①亚里士多德在谈到精神享受时,曾以音乐为例。他说:"精神方面的享受是大家公认为不仅含有美的因素,而且含有愉快的因素,幸福正在于这两个因素的结合,人们都承认音乐是一种最愉快的东西,无论是否伴着歌词……人们聚会娱乐时,总是要弄音乐,这是很有道理的,它的确使人心畅神怡。"②亚里士多德承认艺术产生的愉悦是合乎自然的,同时也承认艺术的教育作用。总之,亚里士多德认为,艺术起着积极的社会作用,因为人们通过艺术可以满足美、善的要求,即能成为美的、道德高尚的人,身心健康的人。

罗马诗人贺拉斯提出的"寓教于乐"的论点对后世影响很大。他明确提出,文学要起教育的效果,必须寓教诲于娱乐,不仅要内容有益,而且艺术技巧也要高超,才能引人入胜。因此他说:"诗人的愿望应该是给人益处和乐趣,他写的东西应给人以快感,同时对生活有帮助。……寓教于乐,既劝谕读者,又使他喜爱,才能符合众望。"③

从上所述,不难看出,在古代社会,无论是东方还是西方的一些思想家、政治家都很善于把教育、特别是把艺术教育的特殊功能应用在人的品格修养和社会建设上。显然,他们是很看重艺术的美感教育作用的,因为艺术美在陶冶人的性情,完善人的修养中是起着重要作用的,有时这作用是思想教育或道德教育的方式所代替不了的,的确它能影响人们的整个精神面貌。当然,衡量人的精神面貌的标准和人的修养的完美的标准,在各个时代,对不同的阶级来

---

① 参见[希腊]亚理斯多德:《诗学》,人民文学出版社1962年版,第11—12页。
② 转引自北京大学哲学系美学教研室:《西方美学家论美和美感》,商务印书馆1980年版,第45页。
③ [罗马]贺拉斯:《诗艺》,人民文学出版社1962年版,第155页。

说是不相同的。

另外,在古代社会,不少思想家在涉及美感教育问题时总是程度不同地把美与真、善等联系在一起的。儒家把尽善尽美作为衡量文艺作品的最高标准。苏格拉底把美和道德联系在一起,认为人愈认识到道德是什么,就愈懂得什么是美的、好的,因而道德也愈高尚。亚里士多德也认为,美是一种善,其所以引起快感,正因为它善。美、艺术与道德的关系之所以这样密切,是因为道德问题直接触及每个人的根本利益,而哲学观点和政治性的一般要求常常是通过道德的要求反映出来的。历史证明,在有阶级的社会里,总的说来,美感教育始终带有阶级的性质,并成为统治阶级利用的工具之一。

但是,应该注意的是,对于美感教育的作用和意义只有给予恰当的、实事求是的利用和评价才能收到有益的效果。也就是说,既不能忽视它的作用和影响,也不能过分夸大它的作用和影响。孔子也好,柏拉图也好,他们也只是主张把美感教育作为完善本阶级的政治制度和促进国家建设的辅助手段,而没有把美感教育作为治理或改革社会的唯一手段。

在西方美学史上,席勒虽然发表了不少有益的美学见解,但是对美感教育问题的看法是不正确的。他在《美育书简》中,针对当时的社会现实提出"自由"这个理想。所谓"自由"不是指政治和经济等权利的自由行使和享受,而是指人的精神上的解放和完美人格的形成。那么,怎样才能获得和达到自由呢?他认为:"让美走在自由之前……人们要在经验中解决政治问题,就必须借道于美学问题,因为只有通过美,人们才能走到自由。"[①]这就是说,改革社会,实现自由,采取革命的暴力手段是不可能真正达到目的的,只

[①]《席勒选集》第二卷,莱比锡1958年德文版,第512页。

有从日常的现实生活领域转移到美的领域中去,即采取他所说的审美教育的道路才能达到目的。他认为,要想使人得到精神上的解放并形成完美的人格,首先就要把感性的人变成理性的人,而这唯一的途径便是先使他成为审美的人。因此,要实现政治的自由,要恢复完整的人的个性,不能靠实行政治经济的革命,而只能通过美感教育的途径,或者至少是先进行美感教育,去创造政治经济改革的条件。他特别强调,只有通过美,才能达到自由。席勒始终拒绝在社会改革中采用革命的手段,认为只有通过美才能帮助人们达到真正的自由,一心想借助美育取得人类的自由。这与他的唯心主义空想主义思想有关,他认为社会矛盾的根源不是社会生活的物质条件的差异造成的,而是与国家机构和文化本身的弱点有关。他妄图通过美感教育来改变社会制度,这就显然过分夸大了美感教育在社会变革中的作用。

在我国近代史上也有过类似的意见。蔡元培曾特别强调并提倡美感教育,认为它可以"破人我之见,去利害得失之计较"[1],并认为人要脱离一切现象世界而达到实体世界,不可不用美感教育。这就是他所说的,"纯粹之美育,所以陶养吾人之感情,使有高尚纯洁之习惯,而使人我之见,利己损人之思念,以渐消沮者也。盖以美为普遍性,决无人我差别之见能参入其中。"[2]他的哲学观点是唯心主义的,认为世界有实体世界和现象世界之分,并认为道德教育、美感教育的根本目的在于谋求现象世界的幸福。他把教育分为隶属于政治和超政治的两种,主张超政治的"自由教育",而"世界观、

---

[1]《蔡元培美学文选》,北京大学出版社1983年版,第72页。
[2] 同上,第70页。

美育主义二者","为超轶政治之教育"①。蔡元培的"以美育代宗教说"、提倡道德教育和美感教育等思想和活动,这在当时反对"读经尊孔"的封建教育,反对宗教教育有一定的积极意义。但是他的社会观的根本缺陷在于,对于根源于社会物质条件的剥削、压迫和不平等的社会制度及其种种弊端,不是要通过革命来改变,而是想通过美感教育的手段来根除。这当然是不可能的。

在三十年代初,朱光潜在《谈美》(即《给青年的第十三封信》)中说:"……我坚信中国社会闹得如此之糟,不完全是制度的问题,是大半由于人心太坏","人心之坏,由于'未能免俗'。什么叫做'俗'?这无非是像蛆钻粪似的求温饱,不能以'无所为而为'的精神作高尚纯洁的企求;总而言之,'俗'无非是缺乏美感的修养。"②显然,朱光潜试图以"美感的修养"来改善"人心太坏"的状况,因此在当时的环境下,他"要求人心净化,先要求人生美化",并认为"一定要从'怡情养性'做起",因为"人都要抱有一副'无所为而为'的精神……不斤斤于利害得失,才可以有一番真正的成就。"③本来,在剥削阶级的政治制度下,这样把"美感的修养"当做救国救民的根本方法就是错误的,更何况这是在当时的社会条件下提出来的呢!那时,日本帝国主义的进攻根本改变了我国的政治状况,蒋介石集团坚持对日不抵抗、对内加紧向革命根据地大规模围攻的策略,抵抗日本帝国主义的进攻在当时已成为全国人民紧急的任务和普遍的要求。中国共产党首先主张抗日,并且领导和积极参加了全国人民的抗日运动。朱光潜对当时的这种局势是知

---

① 《蔡元培美学文选》,北京大学出版社1983年版,第5页。
② 《朱光潜美学文集》第一卷,上海文艺出版社1982年版,第446页。
③ 同上。

道的,但是他仍在《谈美》一书的开卷说:"谈美!这话太突如其来了!在这个危急存亡的年头,我还有心肝来'谈风月'么?是的,我现在谈美,正因为时机实在是太紧迫了。"①历史事实证明,朱先生当时的"谈美",讲"美感的修养",既不能阻止日本侵略者的进攻,也不能停止蒋介石对共产党的"围剿",相反地只会使人们逃避现实生活,取消革命斗争,从而有利于反动阶级的统治。美感教育虽然能影响人们的精神面貌,但是若把它作为根治社会弊病的唯一手段则无论如何是错误的。而且更重要的是,在阶级社会里,"美感的修养"是有倾向性、阶级性的,抽象的"怡情养性"或"无所为而为"是不存在的。妄想在剥削阶级统治的社会里,用抽象的美感教育或美感修养来改变"人心太坏"的状况,或把当时社会制度之"糟"归咎于"缺乏美感的修养",这都是无益而有害的。历史已经证明并将进一步证明,只有无产阶级才是最有美感修养的阶级,也只有共产主义社会才是最有美感修养和最能培养人们获得美感修养的社会。

美感教育,在社会主义新时期,在建设社会主义精神文明的活动中,在培养全面发展的社会主义新人中,显得更加突出、更加重要了。因为它是帮助人们形成共产主义世界观的一个重要方面,也是推动人们认识现实改造现实的有力武器之一。美感教育是整个共产主义教育的一个重要组成部分,它能帮助人们形成健康的审美趣味和正确的美学观点,提高人们的审美能力,培养人们高尚的精神品格和崇高的道德风尚。这是时代对美学提出的严肃而艰巨的任务。美学,特别是美感教育,必须适应和满足现实生活提出的这个合理的要求。

①《朱光潜美学文集》第一卷,上海文艺出版社1982年版,第445—446页。

美的观念——美感教育的基础

在本书论述到美的认识和美感问题时,曾提到美的观念这一关键性的重要理论术语。在论述美的观念的形成中,我们懂得了如果不理解美的观念,那就不能理解美的认识,更不能理解美感。当然,从美感教育来说,不能理解美感,也就无所谓美感教育了。在我们的理解中,美的观念是现实事物的本质和普遍性的形象的反映。或者说,美的观念是形象思维在一般意象的基础上经过概括作用的集中化并加以创造性的改造、提高而形成的。它既具有充分的种类的本质,又具有非常鲜明的具体形象。因此,美的观念不仅是美的认识和美感论中的关键概念,也是美感教育的基础。

谈美感教育当然离不开美感,美感的发生就是由于事物的美和美的观念相适合、相一致所引起的。提到美的观念,也许有人认为这是唯心主义的什么"观念"。其实相反。我们认为"观念的东西不外是移入人的头脑并在人的头脑中改造过的物质的东西而已。"[①]我们所说的美的观念也正来源于客观事物。这在美感论中都已谈过。因此,美感首先是人对美的认识,这种认识往往具有独自的特点。在日常生活中,在对事物的认识过程中,人们逐渐形成美的观念。在创作中,艺术家、作家力图把自己的美的观念表现出来。而在欣赏中,艺术美和现实美符合了审美者的美的观念,使人的美的观念得到满足,使人在理智和感情上都获得愉悦的享受,并在这享受中受到教育。因此说,在美感中即有教育作用。如果现实美和艺术美,由于主观或客观方面的种种原因不符合审美者的美的观念,那

---

① 《马克思恩格斯选集》第二卷,第217页。

就不能引起审美者的美感，当然也就无所谓收益了。

美的观念似乎和人们一般所说的美的理想是一致的，因为它们的来源是现实事物的美。但是，一般所谓美的理想显然是在表明它的强烈的主观倾向性，而我们所说的美的观念则是为了要强调它的客观真实性。由于它不是抽象的而是形象的，所以我们就不说它是概念，而说它是观念。而且我们所谓观念总是以客观现实为根源的，一般所谓理想则是从来就和一定的目的、要求、希望相联系的。

美的观念也和美的理想一样既受时代的、历史条件的制约，也与一定的社会风气、民族习俗、审美趣味有密切的关系。而在阶级社会里，统治阶级的美的观念，特别是社会美的观念和标准，往往被当作最完美的理想而强加给整个社会成员，统治阶级竭力通过美感教育向人们灌输他们的思想和理想，强迫人们接受他们的美的观念。如欧洲"骑士精神"，生活在欧洲中世纪的封建社会中的骑士阶层发展了自己的特殊文化——骑士文化，创造了赞扬骑士功勋、记述骑士历险事迹和歌颂骑士爱情的骑士文学。一些人，特别是有些青年，常以自己的"骑士精神""骑士荣誉"炫耀于人。如果说这在当时还有某些可取之处的话，那么随着社会的进展，时间的推移，而仍有人以"骑士精神"待人接物，那他就成为堂吉诃德了。又如日本的"武士道精神"，这是由幕府时代封建贵族豢养的子弟兵——武士而来的。这些武士所应尽的义务和职责有：效忠君父，服从长上，而且能为君父长上牺牲自己的身家性命。虽然武士制度早已废除，但是日本的历代统治阶级仍然提倡"武士道精神"，毒化人民，使之甘愿充当他们巩固统治地位和实行侵略的工具。在抗日战争的战场上，不是有不少这样执迷不悟、忠于天皇的武士落得惨败的下场吗？

关于社会美中的性格美的观念的形成，应该说起作用、有影响的因素是很多的，除了生活中的许多条件，如个人的文化素养、生活经历、性格特点以外，所属阶级的世界观、道德观等因素在这里都有很重要的作用。如果所有这些因素基本上都是肯定的、积极的、正确的，那么集中到最根本的一点，就能造就人们认为高尚的人的性格美。

在我国古代，孔子就很注重人格美及其培养形成。在《论语》中有这样的记载，孔子的弟子仲由问孔子，怎样做才算是一个有修养的完美的人？孔子回答道：如果有臧武仲的聪明才智，有孟公绰的廉洁克制，有卞庄子的勇猛无畏，有冉求的多才多艺，再有"礼"和"乐"的修养文饰，就可以成为一个完美的人了[1]。孔子还说过，一个人的修养开始于"诗"，建立于"礼"，完成于"乐"[2]。从这些论述中我们可以看出，孔子把人的性格美的观念看作是一个人的思想品格的教养、道德的完善和文艺修养等多方面因素的统一。实际上，这些多方面的教育内容，用我们今天常说的话说，就是一个人要有德、智、体、美四个方面的教育和修养。当然，孔子"成人"的标准是基于"礼"的，他注重个人的品格修养也决不是为了修养而修养、为了审美而审美，他的最终目的是要为其政治建设服务。孔子对人的性格美的观念，是密切地同他的阶级的政治标准、道德规范相联系的。孟子提出"充实之谓美"[3]。他说的"充实"的内容就是"善"和"信"，而"善"和"信"在他看来都是好的品德。因此，他认为一个人的性格的美应该是真与善的统一，这种好品德达到了圆满完备，他就成为美的人了。这就是他对人格美

---

[1]《论语·宪问》。
[2]《论语·泰伯》。
[3]《孟子·尽心下》。

的概念。

新中国成立后,早在《中国人民政治协商会议共同纲领》中,就把"爱祖国、爱人民、爱劳动、爱科学、爱护公共财物"作为全体国民的公德而法定下来,这"五爱"以后又成了我国宪法的内容之一。但是应该说,这只是新社会对公民的最基本的要求,是做一个新中国的公民的最起码的条件,还不能成为高级的社会美,只是形成人格美的一些因素。光有这些,还不能构成更高的美的观念。我们提倡的雷锋精神,虽然也有"五爱"的内容,但是远远不止于此,它是可以形成新社会的社会美的。

总之,如前所说,美的观念毕竟有客观现实的根源,因此也要求有客观的真实性。人们的形象思维活动的最初成果所得到的是形象的观念,经过概括作用的集中化它又成为特定的意象,这就是美的观念。美的观念可以说是智性作用在形象思维方式上的高度创造性的收获,这就像科学真理是智性作用在抽象思维方式上的高度创造性的收获一样。虽然人的主观意识总要受社会风气和阶级趣味的制约,但是健康的社会倾向、先进的阶级思想不仅不妨碍人们正确地反映现实,而且有利于人们掌握真实的美的观念,有利于人们正当地进行美感教育。

美的观念的满足中即有教育作用

美的观念虽然是形象的,但并不是经常确定而鲜明的,也许由于人们记忆的衰退或其他心理的原因,它往往是淡薄而模糊的。这有如相片一样,会因经久而褪色或变形。这样的美的观念是不能使人们得到满足的。人们渴望得到满足,这也是人们追求美的原因。

美的观念的满足,一般有这样两种情况:一是人们遇见客观的美的事物正好符合自己的美的观念,因而突然感到满足。例如青年男女的一见倾心,好像前世姻缘,相互早已熟悉似的。大家熟知的如《红楼梦》中的贾宝玉和林黛玉,《叶甫盖尼·奥涅金》中的奥涅金和达吉雅娜等,都是这种情况。再如导演挑选演员,无论是电影或戏剧都有这种情况,导演为一个主要角色找不到合适的演员而东奔西跑,忽然在一个偶然的机会看到一个人符合角色的外貌、体型、气质等便喜出望外。电影《人生》的导演在与一个不适合演黄亚萍的女演员谈话时,她那明亮的大眼睛流露出的天真、羞涩和温顺使他感到这正是他要找的女主人公巧珍。这个演员可以说是使导演的美的观念得到了满足,使那不确定的东西得到了明确的反映。特别喜欢山水的人,有时遇见一片风景,便顿觉悦目赏心,足以大慰夙愿。除了实际的人物和风景之外,有些杰出的艺术作品也能使美的观念得到满足,令人心旷神怡。其实,就是社会美也是如此。如"义务兵的好母亲——赵珍妮"的事迹报道以后,引起了强烈的反响。究其原因,不能不说与社会主义时代的人们的社会美的观念有关。因为她不仅具有中国母亲的传统美德——爱丈夫、爱孩子、尊敬公婆,而且还有着爱新中国、爱军队。她是一位普通的新中国的农村妇女,在儿子参军后当种种家庭不幸袭来的时候,她把悲痛压在心底,坚持克服困难,为国家、为军队、为儿女自觉地作出了光荣的牺牲。这是多么可贵的革命情操啊!这位母亲身上凝聚了我国劳动人民美好的品质和性格,使人们从中受到教育和启发。但是,这只有在社会主义的中国才能有这种崇高的美,也只有具备社会主义思想品德的人才能深刻理解这种美并切实从中得到教益。

另一种情况是,凭想象和联想把有关美的观念的一些现象或情节集中起来,附丽于淡薄的或模糊的美的观念,也即按美的观念的要求结合起来,如艺术意境或典型形象的创造活动。在这样的艺术创造活动过程中，美的观念得到充实，得到满足，因而人们也能同样得到身心的愉悦。这种例子在艺术创作和艺术欣赏中都是有的，鲁迅在《我怎么做起小说来》中说，"所写的事迹，大抵有一点见过或听到过的缘由，但决不全用这事实，只是采取一端，加以改造，或生发开去，到足以几乎完全发表我的意思为止。"又说，"一气写下去，这人物就逐渐活动起来，尽了他的任务。"① 在这里，作者把"见过或听到过"的事"加以改造，或生发开去"，既创造了典型形象，又"几乎完全"表达了作者的"意思"。老舍创造《骆驼祥子》的例子也可以说明这点。作者在与朋友的闲谈中听到一个车夫买了车，又卖掉，如此三起三落的事。他又听说，有一个车夫被军队抓去后乘军队移动之际偷偷牵回了三匹骆驼。车夫与骆驼，这就是小说的故事核心。作者说，"从春到夏，我心里老在盘算，怎样把那一点简单的故事扩大，成为一篇十多万字的小说"。② 作者凭借生活阅历和对社会生活的观察，逐渐确定了祥子的地位，然后以他为主，再描述其他与之有关的人和事，最后写成一本最使作者"自己满意的作品"。当然，读者也陶醉在他所创造的作品中。和艺术创作的情况相同的，还有由于偶然的触发而耽于沉思的幻想，也能使美的观念得到适当的满足而感到愉悦。

自然，美感活动的产生，除了美的观念的满足这一具有特点的主要情况之外，也还有其他的不同情况。有时美的景象较易接受，引起心灵的愉悦也较为自然，秋夜月光的美引起的美感是悦目惬意的，也有所启发而使人浮想联翩。李白的《静夜思》就明白地表现

---

① 鲁迅：《南腔北调集》。《鲁迅全集》第四卷，人民文学出版社1957年版，第394页。

② 《收获》1979年第1期。

了这种情况。还有某些艺术作品,既不表现重大的政治题材,也不涉及敏感的道德问题,作者用诗意盎然的动人的笔调描绘了淳朴、善良、勤劳、勇敢的人民的生活,或描绘了千姿百态、五色缤纷的自然环境,也给人以美感的满足。另外还有美的意境较复杂,不是一目了然的情况,如阅读一部杰出的长篇小说,只是随着情节的不断发展,人物形象的逐渐生动突出,意境的逐渐清晰圆满,而令人心醉神迷。有些小说尽管开头很吸引人,但是读者如果不继续下去也不能获得美感享受,这显然不是如一具雕像或一幅绘画那样能使人较快看清,顿时就能受到感动的。

由于美的观念的满足是理智的满足,也就是使人能得到新的思想上的启发或深刻地领悟,并在美的形象上得到感受,留下深刻的印象,所以能使人心身欢悦,如所谓"夫子言之,于我心有戚戚焉。"[①]这样获得了满足,就是受到了教育。优秀的文艺作品是人们对现实的艺术掌握的成果,这就决定了它具有重要的美感教育作用。应该说,文艺的教育作用就是通过美的感动来完成的。一位工读学校的老师在给学生读中篇小说《高山下的花环》时,他感动得泪如泉涌,读不下去了,别人一个个接上来继续念,台上台下泣成一片,热血沸腾。第二天,有个偷了八百元钱的学生主动把钱交了出来,愧恨交加地说"烈士死前还想用抚恤金还账。我偷钱,还能算人吗!"由于作者塑造的人物个性鲜明,真实、生动、感人至深、发人深省、催人前进,所以作品起到了寓教育于艺术美的效果。《北京晚报》发表了"一分钟小说",字数虽少,却有读头,有不少引起了读者的兴趣。《人民中国》日文版1984年3月号曾以《生活之窗》为总题,选登了十二篇"一分钟小说",在日本读者中也引起了强烈

[①]《孟子·梁惠王上》。

的反响。神户的一位读者说:"我简直像被吸引住了似的,屏着呼吸一口气地读完了特辑中的所有作品。小说生动地描写了人们的生活感情,表现出一种襟怀坦白的幽默。"一位教师说:"读后能直接感受到人们的心情和最近的社会动态。小说表现了高尚的道德观,又不强加于人,而是用打动人心的模范行动,自由而又合理地表达思想。"一位图书馆工作人员说:"小说生活气息浓厚,有独特的味道。通过描写一般人的日常生活,来表达作者想说的话。启发读者同自身的日常生活结合起来,觉得就像发生在自己身边的事情一样而深深地印在脑海中。"鲁迅认为,艺术能启示人生的真理,它"直语"事实法则,有如"直示"以具体感性的实物,使人昭然"直解","与人生会",于是读者觉得"灵府朗然"或"兴感怡悦"。[①]文学艺术的这种美感教育作用诉之于感情,更适合于教育广泛的群众,具有更为深刻而真挚的教育作用。

应该说,所有杰出的文艺作品都是能够给人以美感享受的。一个时代有一个时代的文学艺术,作品应当反映出时代的精神面貌,塑造出时代的英雄人物。应当提倡作家、艺术家精心塑造具有时代气息的新作品,揭示人物之间的心灵美,歌颂感人肺腑的英雄事迹和社会主义新风尚。这些体现着新的情意的艺术形象,更能使今天的读者感到兴趣。这些有血有肉的人物,真实地表现出我们时代的风貌。人们从对这些作品的欣赏中当能受到更切实的教育。这些文艺作品也是我们进行美感教育的更好的工具之一。

[①] 参阅鲁迅:《摩罗诗力说》,《鲁迅全集》第一卷,人民文学出版社1957年版,第203页。

第二节　美感教育的特点

由于现实生活中美感对象的丰富多彩，人们对美的感受情况也千变万化，每个人从中所获得的教益和启示也各不相同，所以对于美感教育的特点，要想归纳为简单的几条，是比较困难的。换而言之，一是由于它的内容和形式的繁杂，我们对此难免挂一漏万；二是即便能列出一些特点，但它们彼此间是互有联系的，我们决不能对各个特点孤立地加以看待。我们只是试从下列几个方面来叙述它的一些特点，而且主要从艺术的美感教育作用来谈的。

寓教育于愉悦，愉悦中受教育

美感教育既不同于有益的说教、正确的报告以及哲学讲义、科学论文的学习，也不同于某些有趣的文娱活动或表演。这是因为，上述这些或者虽然能使人受到思想的、知识的、道德的各方面的教育，但它们不是以美感教育的形式进行的，而是采取有约束的、甚至是带有强制性的方式进行的，或者虽然有一般的娱乐作用，能使人轻松愉快，但这多是感官上的快适，而达不到理智的满足、精神的愉悦。只有美感教育能给人以真正的深刻的美的享受，既能动之以情，又能晓之以理。显然，也就是寓教育于愉悦之中。

周恩来同志在一次座谈会上说："有人问我：文艺的教育作用和娱乐作用是否是统一的？是辩证的统一。群众看戏，看电影是要从中得到娱乐和休息，你通过典型化的形象表演，教育寓于其中，寓于娱乐之中。"①在这段话里,周恩来同志深入浅出地说明了美感教育的根本问题:"通过典型化"所创造的艺术形象是美的,它给人的美感教育能达到情与理的结合。

"寓教于乐"的道理,早就为古今中外的思想家们所重视。在我国古代,孔子提出的所谓"兴观群怨"的原则②,就很清楚地阐述了诗的感染与教育相结合的美感作用。在西方,一般都认为是贺拉斯最早提出"寓教于乐"的。诚然,贺拉斯曾比较明确地直接地说到,诗人的作品应该"寓教于乐,既劝谕读者,又使他喜爱,才能符合众望。"③事实上,这种见解早在他之前的德谟克利特的"大的快乐来自对美的作品的瞻仰"中④,在柏拉图的艺术美可以"浸润心灵"而使人的性格变得高尚优美的议论中⑤,在亚里士多德的"净化"说中⑥,都有所触及和论述,且有很好的意见。他们既没有把文艺作品看做是人的"纯粹情感"的表现,也没有把对文艺作品的欣赏看做是"纯粹情感"的审美享受,而是把这享受与一定的目的、教益联系起来。这实际上是认为,文艺的各种职能是通过或借助美感作用来完成的。由此看来,美感教育也是一种提高人们的思想认识和道德情操的教育,具有一种独特的思想教育作用。在我国古代的文艺理论中,经常强调文艺的这种陶情淑性、移风易俗的作用。

---

① 《周恩来论文艺》,人民文学出版社1979年版,第92页。
② 参见《论语·阳货》。
③ [罗马]贺拉斯:《诗艺》,人民文学出版社1962年版,第155页。
④ 参见北京大学哲学系外国哲学史教研室:《古希腊罗马哲学》,三联书店1957年版,第115页。
⑤ 参见[希腊]柏拉图:《文艺对话集》,人民文学出版社1963年版,第62—63页。
⑥ 参见北京大学哲学系美学教研室:《西方美学家论美和美感》,商务印书馆1980年版,第45页。

美感教育是通过对美的认识、理解而起作用的,也就是使人在美的观念的满足中感到愉快,得到精神的享受,同时也就在这愉悦中受到教育的。如对于艺术作品,人们通过对鲜明生动的艺术形象的欣赏引起情感愉悦,获得精神上的满足,即领会了作品中所显示的真理和作者所寄托的思想感情,因而也可以说是在愉悦中受到教育。法国画家米勒关于农民生活和劳动题材的一些绘画就很具艺术的感染力。他的著名的《拾穗》所描绘的是一个田间的普通劳动场面:秋收后,田里的谷物装上了车。而三个农妇弯着腰在仔细地寻找掉在田里的麦穗以增加一点食物。左边的农妇,由于终日劳动难以直腰,不得不把左手放在腰后,以减轻身体的痛苦。画家所经常描绘的农民是朴实的、勤劳的,但他们的形象含着沉思和忧愁。米勒在这些精彩的画幅中,表现了沉重的、痛苦的、贫困的农民生活,这也是画家对当时社会制度的揭露。米勒是以纯朴、同情的眼光来看待农村生活的。他认为,人是生活的主人公,表现农民的持续顽强的劳动,揭示农民的丰富的、复杂的精神世界,是自己创作的方向。对于米勒表现农民生活的画幅,有两种不同的反应和评价:一是那些"高等市民"对于让村妇占据画面的主要位置感到无法忍受,他们把米勒称作"危险的美术家";另一则是广大正直的群众从这些作品里看到了艺术的真实力量,感受到了鼓舞和增添了勇气。俄国民主主义画家列宾,在其著名的《伏尔加河上的纤夫》中,既表现了纤夫被苦役折磨得筋疲力尽的情况,又表现了隐藏在他们身上的精神的美。这位画家全神贯注地刻画了每一个形象,表现了各个人的不同特征。列宾从人民身上发现了积极的本质。

文艺是以具体的艺术形象来反映现实生活的本质和面貌的,而人们在阅读文艺作品时的欣赏活动是由作品的具体的、鲜明的艺术形象所唤起的。艺术家在创造典型形象的时候,要选择和概括现实生活中的最能反映事物的本质的现象。因此说，艺术形象是以具体感性的形式来反映现实生活的规律性，揭示一定的社会本质的。苏联著名的雕刻家穆希娜在1937年完成的纪念性群像《工人和女庄员》，是为装饰巴黎世界博览会的苏联馆而制作的。工人和农妇分别举着象征国徽的锤子和镰刀，满怀激情，勇往直前，追求着幸福的未来。这座塑像此后一直成为崇尚和平、爱好自由和劳动的苏联人民的象征。这的确是个创举，不仅题材新颖，创造了新人，而且形象生动，且作品本身含有丰富的意义。

读者、观众、听众通过鲜明的、具体的、给人以美感的艺术形象来认识生活及其本质，不仅得到思想上的启示，而且也得到美的享受，留下了深刻的印象，真正达到了赏心悦目的效果。我们认为，要认识这种真实和本质，就不能离开思维而只靠感性的直观，又由于文艺的特点，这种思维又不能脱离形象而单独进行。因此，人们在欣赏文艺作品时，无论是通过视觉还是通过听觉，都离不开自己的想象活动。只有当欣赏者的思维活动伴随着作品的具体形象而进行时，他才有欣赏的兴趣，才能体验到作者对生活的感受，理解并接受作者所要表达的思想感情，产生作品所给予的精神的、美的享受，起到心畅神怡的美感教育作用。当然，这指的是一般优秀作品的情况。但也有某些作品，作者所要表现的思想感情不一定被读者、观众所理解、所接受，而是读者、观众按自己的思想感情来理解和接受它的，如人们常说到的托尔斯泰的某些作品就是这样。

总之，从艺术家、作家的创作来说是寓教育于愉悦的；而从欣赏的角度来说，审美者是在愉悦中受到教育的。

在现实生活中，美的接受者、欣赏者不只是识字的、有文化修养的人。就是不识字的和文化水平不高的人，也一样地要看戏、看画、听音乐、听别人读诗歌、读小说等，而在经济条件许可的情况下，也愿意云游祖国的名山大川，欣赏大自然的雄壮的和秀丽的景色。人们之所以要把一部分时间用在阅读、欣赏文艺作品和游览上，不是或不只是为了消遣、娱乐，而是因为它们能给人以美的享受，能满足人们的精神需要，它们不仅能影响审美者的感情，而且也影响人们的理智、思想。

虽然按照一般常理说来，每个有正常思维能力和感情的人都是能够欣赏美并获得美感教育的，但事实上事情并非如此简单。人作为审美主体的人来讲，审美能力并不是天生就有的，而是要经过多方面不断培养和提高而形成的。虽然在日常生活中，人们常用"美"这个字来形容自己满意的事物或说明自己的感受，但严格说来，这并不一定是美学上所说的美的事物或美的感受。另外，这里还需要把那些只是为了消遣、娱乐，或是为了猎奇而接触文艺作品和自然美的情况除开。因为要认真领会作家、艺术家的任何一部真正的作品，都是必须付出相当的精力和代价的。欣赏艺术杰作，不仅要求审美者掌握很多知识，懂得很多东西，而且要耗费不少努力，那种不肯思考或只凭直觉的习气是不能使人获得真正的美的享受，也不会受到相应的教育的。而从客体来说，也不是人们所接触到的每一件文艺作品或大自然的一草一木都能引起美感，达到美感教育的效果的。人们需要欣赏那些比简单的娱乐具有更丰富的社会内容的文艺作品。列宁曾经说过："我们的工人和农民确实应该享受比马戏更好的东西。他们有权利享受真正的、伟大的艺术。"[①]因为如前所述，有意义的说教、正确的论文或报告，以及某些有趣的娱乐或游艺，都不能使人得到真正的、深刻的审美享受。它们或是只能用于理智，或是只作用于感官，而不能怡情悦性。

[①] 列宁：《列宁论文学与艺术》。人民文学出版社1983年版，第438页。

另外，人们也不满足于一般的现实生活中的美。尽管它比文艺作品有不可比拟的生动丰富的内容，但人们还是要求那种"比普通的实际生活更高、更强烈、更有集中性、更典型、更理想，因此就更带普遍性"[1]的艺术美。人们从文艺作品中获得激情和知识来丰富自己的精神世界，陶冶自己的个性。当然，也并不是任何文艺作品都能给欣赏者以美的享受，而只有那些内容健康、情趣高尚、含有积极思想意义而又具有艺术性的作品，才能引起人们的审美感受并使人们受到教益。在瑞士巴塞尔市的一座建筑物的墙上，画着一个几十平方米大的手指纹，是一个叫赛格尔的画家画的。据说这是他在一次美术竞赛获胜后兴致勃勃地画下的自己的无名指指纹。很难想象，这种个别的生理现象能给人以什么有益的东西，能引起什么美感。列宁曾经这样谈到抽象派的艺术："我不能把表现派、未来派、立体派和其他各派的作品，当作艺术天才的最高表现。我不懂它们。它们不能使我感到丝毫愉快。"[2]

虽然在历史上，当统治阶级还处在上升时期时一般都重视和强调美感教育作用，如封建阶级是这样，资产阶级也是这样，但一个阶级到了没落时期，它就不会重视美感教育作用了，而往往把"文艺作品"作为刺激官能和麻醉精神的工具。马克思说："资本主义生产就同某些精神生产部门如艺术和诗歌相敌对。"[3]文艺作品的全部商品化，这是当今资本主义国家的严重倾向之一。另一个较为普遍的倾向是，追求官能刺激，使色情电影和音乐泛滥成灾。很难设想，像这样的"文艺作品"能有什么积极的、健康的美感教育可言。

---

[1]《毛泽东选集》，第818页。
[2]列宁：《列宁论文学与艺术》，第1分册，第296页。
[3]《马克思恩格斯全集》第二十六卷，第1分册，第296页。

既然美感教育的特点之一是寓教育于愉悦之中，既然人们是在愉悦中受到教育的，那就不能认为美感只是感觉的快适或直觉的创造，也不能把人们对艺术美、现实美的感知区分为明显的感性的欣赏阶段和理性的判断阶段。关于前者，我们在美感论中已经谈到，这里只结合美感教育的特点谈谈后一个问题。

首先，这样的区分无疑会把人们对艺术美、现实美的审美感知与认识论中的感性阶段混同起来。不错，从认识论来看，当人们要认识一个事物时，首先要通过生动的直观——感觉、知觉、表象，感性地了解这事物的现象、各个片面以及它的外部联系。这是认识的感性阶段。在这个阶段，人们还没有把握住事物的本质，还没有从生动的直观到达抽象的思维。从感性认识能动地发展到理性认识，这是认识论的辩证法。但是，不能把人们对艺术美、现实美的认识活动简单地归结为感性的欣赏阶段和理性的判断阶段。这是因为：第一，当人们接触到作家、艺术家所塑造的具体的艺术形象时，这艺术形象是经过作者典型化了的。它形象地表现了事物的本质，欣赏者接触这艺术形象时就要深入地理解它的本质，这样才能有深刻的认识，并得到理智上的满足、精神上的愉悦。这也就是美感的教育。艺术形象不仅以可以感知的具体性形成艺术的感染力，而且也必须通过欣赏者的想象活动来理解、来思维。只有这样，才能理解这形象的本质和它所蕴含、所表现的意义。而人们只有经过这样的思维活动，才能获得美的享受，在愉悦中受到教育。第二，文艺作品所给予人们的教育作用是通过美感作用来实现的。文艺作品之所以能给人们以美感享受，是因为艺术形象的具体性和艺术家的想象力使人们直接感到生活中完满的、和谐的和人们所要追求的东西是符合人的美的观念的。审美者的欣赏活动是不脱离感性基础的理性活动，是结合着感性基础的思维活动，它不是抽象的，而是形象的。尽管人们的审美感知同认识的感性阶段有密切的关系，但是如果离开了人的感性认识，审美感知就不存在了。但是，决不能把人们对文艺作品的审美感知与感性知觉混同起来。感性知觉只能给人们以快感，这只是感官的快适，审美感知虽然也有感官的快适，但更主要的是理智的满足，精神的愉悦。前者只是悦目，后者除悦目外还要赏心。审美感知是受理性制约的，因此它才能使人达到感情的愉快、理智的满足，在愉悦中受到教育。

其次，前面谈到过，人们所接触的文艺作品毕竟是作家、艺术家形象思维的结果，而不是自然界或现实生活本身，作品中的艺术形象也不是简单地、机械地再现某种现实现象，而是经过了作者的加工制作，把已认识的东西再构思、再创造的结果。作家、艺术家在创作之前，直接感受现实生活的活动是生动的直观，而当他在创作时已是运用形象思维了，也可以说是寓教育（思想）于艺术感染之中了。当作品形成后，审美者对作者所塑造的艺术形象的感受、欣赏尽管是具体的，可感的，但这具体的可感的艺术形象对欣赏者来说是经过作者的思想而丰富了的对现实的反映。欣赏者接受它就是在愉悦中受教育。因此，不能认为对这样的艺术形象的欣赏仅只是感官的快适。

最后，从人们欣赏过程的实际情况来看，如在阅读杰出的文学作品时，读者不知不觉地就被吸引住了，全神为之贯注，看到精彩处便拍案叫绝，或兴高采烈，或发指，或流泪……在观看故事影片或戏剧时也有这种现象发生。欣赏绘画作品，审美者可以根据画面上的形象，用自己的想象来补充它、丰富它，从而得到愉悦。在这些情况中，很难分清哪是欣赏阶段，哪是判断阶段。也不能够说，在欣赏阶段审美者只接触艺术品的具体生动的形象，而到了理性阶段才理解这形象的意义。

潜移默化，受教育于不知不觉之中

美感教育可以影响人们的整个精神面貌。这影响既不是通过硬性灌输，也不是通过纪律约束来令人接受的，而是经过熏陶、感染所产生的结果。人们在欣赏文艺作品时，无论是通过视觉还是通过听觉，都要求作品的具体形象在自己的想象活动中栩栩如生，这样他才有欣赏的兴趣，才能体会作品所给予的艺术美的享受。这时，他正是在不知不觉地、自然而然地认识作品中所表现事物的本质、真理，也可以说他接受了作者所表达的思想感情，因而他在潜移默化之中受到了教育。

梁启超在《论小说与群治之关系》中谈到小说支配人道的四种力量。前两种是"熏"和"浸"。他说，熏"如入云烟中而为其所烘，如近墨朱处而为其所染"。他还说，"人之读一小说也，不知不觉之间，而眼识为之迷漾，而脑筋为之摇扬，而神经为之营注；今日变一二焉，明日变一二焉；刹那刹那，相断相续；久之而此小说之境界，遂入其灵台而据之"，"浸也者，入而与之俱化者也。"他并举例说，"读《红楼》竟者，必有余恋有余悲，读《水浒》竟者，必有余快有余怒，何也？浸之力使然也。"[①]他这一段论述对于美感教育的潜移默化作用说得很透彻。熏陶也好，浸润也好，它们的第一个共同特点是渐渐地对人起作用，第二个特点是使人在不知不觉中受到感染。的确，对于美感教育的这个特点，每一个真正的美的欣赏者都是有着深切的体会的。

季米特洛夫在谈到自己从丰富多彩的文艺作品中所受到的教育

[①] 梁启超：《论小说与群治之关系》，《饮冰室文集》卷十。

时说:"我还记得,在我青年时代,是文学中的什么东西给了我特别强烈的印象。是什么榜样影响了我作为战士的性格?我必须坦率地说,这是车尔尼雪夫斯基的书《怎么办?》。我在保加利亚参加工人运动的日子里培养起来的那种坚持力和我在莱比锡法庭上支持到底的那种坚持力、信心和坚定精神——这一切都无疑地同我在青年时期读过的车尔尼雪夫斯基的艺术作品有关系。"①

这里所说的"特别强烈的印象""影响"就是文艺作品长期潜移默化所形成的,以至过了二三十年仍能给读者以鼓舞和力量。

文艺是人们对现实的审美掌握的最高形式。作家、艺术家运用形象思维所创造出来的艺术形象从不离开具体的生动的现实,它可以通过读者、观众、听众直接感知的完整的个别形象来感受。任何一个艺术形象都有现实生活的具体性,这就决定了真正的文艺作品的感染力和它对人的情感的作用。欣赏者正是通过想象活动来接受文艺作品的。审美者在欣赏过程中,不知不觉地、自然而然地接受了作品所要表达的思想感情,并被它鼓舞、激动,从而引起潜移默化的美感教育作用。

当然,要想能有益地欣赏文艺作品,还须具有先进的世界观。因为世界观同人们的整个精神面貌(阶级观点、道德情操、艺术趣味、心理状态等等)是联系着的,优秀的文艺作品正反映了人民群众和先进人物的精神面貌,向人们展示了他们的感情和思想、性格和行为、生活和工作。如果欣赏者的世界观是不健康的、落后的,他就不可能理解作品中所反映的人民的生活情景和精神面貌,也就不可能对作品产生美感,更不可能从作品中受到正面的积极的教

---

① [保]季米特洛夫:《论文学、艺术和文化》,人民文学出版社1982年版,第50页。

育。反之，欣赏者的世界观如果是进步的、正确的，或有一定的进步、正确因素，并和作品中的人民群众在思想感情上是相通的，那么他在欣赏中就一定会自然而然地受到鼓舞，受到教育。我们在这里主要谈的是文艺的美感教育作用，因为这种作用较之其他美感教育作用是更为显著而有力的。在文艺作品欣赏中，世界观的作用也很显著，因为欣赏者不应该追求或满足于一般的快乐，而应该追求高尚的快乐，而这是与世界观的进步与否有关系的。至于社会美的美感教育作用，世界观的因素更是起决定作用的。而自然美的美感教育作用比起艺术美和社会美的美感教育作用来，则不那么显著而有力，人们在欣赏自然美的过程中，世界观的影响则是很少的，或相对说来是较弱的。

谈到美感教育的潜移默化作用，还应该指出这样一点：进步的优秀的文艺作品能对审美者起健康的有益的潜移默化作用；那些有害的不健康的文艺作品，如不加以辨别，不给读者以正确的引导，长期下去，它们便会从消极的反面的方面给人以影响，就会造成严重的危害。现实生活中这样的事例是不胜枚举的。有些青少年就是由于看了内容反动的作品和一些黄色小说的手抄本，或一些虽有严肃的社会思想内容但其中夹杂了不健康的东西的外国文艺作品和电影，不能正确对待，满脑子胡思乱想，以至走上堕落、犯罪的道路。毛泽东同志早就指出过："有些政治上根本反动的东西，也可能有某种艺术性。内容愈反动的作品而又愈带艺术性，就愈能毒害人民，就愈应该排斥。"①对于文艺作品中的消极方面决不能忽视，否则它们也会"潜移默化"，腐蚀人的灵魂，不利于青少年一代的成长，也不利于四化建设。这也是我们一再强调进步的世界观对美感

---

① 《毛泽东选集》，第871页。

教育的意义的原因。

倾心赏美，就是乐意受教

对于大自然的美，对于社会生活中的美，人物性格的美，对于艺术的美，每一个有正常的思维和感情的并且真心实意地在审美的人都是能够欣赏的，而且也是会得到快乐的。因为这种美感享受不仅悦耳娱目，还能称心快意。事实上，人们只要一心向往着赏美，就必定要对美有所认识，这就既加深了对美的感受，又达到了心情的舒畅、理智的满足。

在现实生活中常有这样的现象：有些人不止一次地到美术馆去欣赏绘画、雕塑或其他展览，甚至仔细品评；有些人对一些优秀的小说不止一遍地阅读，甚至废寝忘食；有些人对一些美妙的、动人心弦的乐曲不止一次地聆听，甚至想方设法去翻录；有些人不止一次地云游景色宜人的山川、名胜，甚至流连忘返……所有这些"不止一次"意味着什么呢？这些都可以说是倾心赏美的最好例证。它们说明：第一，对美的事物或现象的欣赏是完全自觉自愿的，这里没有丝毫的强迫命令、行政干预。人们有时对美的欣赏虽然是由于受了旁人的启发或引导，但这是为了更好的理解美、欣赏美，是在自愿接受的前提下进行的（没有这个基础就很难谈到倾心赏美）。第二，更重要的是，只有在自愿的基础上才有赏美的真诚的心，也才能有所收益。

人们对优秀的文艺作品的反复欣赏，对自然美的尽情享受，对社会美的感动激奋，都可以说是乐意受教的具体表现。现实美和艺术美都具有丰富性和鲜明性，人们对美的认识和理解不同于对抽象的科学真理的认识和理解。无论怎样高深的科学真理，一旦被人们理解了、认识了，就可以说是这一定理或规律被理解定了，认识定了。然而对于文艺作品，对于美的欣赏并不是一次就能欣赏完的，人的美的观念是经常渴求获得满足的。前面曾提到列宁特别喜欢听贝多芬的《热情奏鸣曲》。这首乐曲写于1804年到1806年间。它以鲜明生动而富于戏剧性的音乐形象和深刻的内容表现了十九世纪初欧洲人民反封建、反侵略的英雄气概，以丰富的感情和完美的形式表现了人民必胜的信念。列宁正是因为非常珍视贝多芬作品中的英勇斗争的精神和激昂饱满的感情而非常喜爱它。列宁还对车尔尼雪夫斯基的小说《怎么办？》非常欣赏。他曾说："这才是真正的文学，这种文学能教导人，引导人，鼓舞人。我在一个夏天里把《怎么办？》读了五遍，每一次都在这个作品里发现一些新的令人激动的思想。"[①]的确，贝多芬的音乐、比才的歌剧《卡门》、车尔尼雪夫斯基等杰出作家的作品都不止一次地给了这位伟大的无产阶级革命战士以许多新的令人激动的思想。对于这些作品，列宁是有很深刻的领悟的。这就是倾心赏美的结果。

在现实生活中，艺术美的社会教育占有特殊的地位。文艺所特有的美感教育作用使得一些优秀的文艺作品能超越时代的局限，成为各个时代、各个民族的共同的精神财富。艺术美有着永久的魅力。

我们知道，虽然一切文艺作品都是社会生活的反映，但并不是所有反映了生活的作品都具有永久的生命力，都能为后人所传诵、所感动的。只有那些具有文艺的真实性的作品，即那些真实地反映了现实生活的本质、规律，真实地描绘了现实生活的各种关系，准确地传达了社会生活的最主要的一些特征的作品，才被人们认定为真正美的作品，才能流传下来，被不同时代、不同阶级或阶层的人

---

① ［德］蔡特金：《回忆列宁》，人民出版社1957年版，第251页。

们所接受、所喜爱。文艺的真正的美既是优秀文艺作品的生命力，也是使作品对读者具有吸引力、说服力、感染力的基本条件。

马克思对古希腊艺术的魅力的解释有助于我们正确理解一切优秀文艺作品的永久魅力问题。根据马克思的意见，希腊艺术不仅是人类童年时代的艺术，而且更重要的是人类童年时代的正常的儿童的艺术，不仅是人类历史上永不复返的阶段的艺术，而且更重要的是人类童年发展得最完美的地方的艺术。这应该是古希腊艺术对我们产生永久魅力的根本原因，也是古希腊艺术所具有的特殊性质，显然，古希腊艺术之所以具有永久魅力，正是由于它是从古希腊人的现实生活中来的，而且是由于艺术的美是客观的，美的艺术总有一定的普遍性和永久性。正是这样，它才能为数千年后的人们所欣赏，它的魅力才能被后世的人们所领略。马克思对古希腊艺术作品、列宁对俄国的佳作、毛泽东对我国一些优秀的古典诗词和小说等的反复阅读及时常引用，就说明了他们十分看重并欣赏这些艺术作品的美。

的确，阅读文学作品，到美术馆去参观，到剧院去看戏，到名川大山去旅游，赞赏人们高尚的行为美等等，这是人们自愿倾心赏美的具体表现，也是人们乐意受教的具体表现。但是，我们也应该注意到，有时人们的游山玩水，观看文艺演出，阅读小说等等活动，并不能称作倾心赏美，因为他们只是为了消遣，或只是为了惬意。这样看看，玩玩，谈谈，虽然也颇感畅快，但是由于不愿多花心思了解它们的意义，只是把它们作为单纯的娱乐品来对待，这就似乎虽有美感而未受到教育，而在实际上，则是既然未受到教育，也就没有获得真正的美感。美感不应该只是感性的快适、虚伪的幻影，而更应该是理智的满足。没有理智的满足，所谓美感也是不真实的。不过，在这里有两种情况应该注意到：一是有些对象本身并不具备美的条件，当然不能唤起美感；二是虽然审美对象是有美学价值的，但是因为审美主体本身的各种条件、原因而未能领悟美的魅力，当然也不能得到启迪、知识和力量。关于前者，既然对象不是美的对象，当然也就没有倾心赏美的问题了。关于后者，如交响乐、芭蕾舞等艺术样式过去在我国对于大多数人来说几乎是陌生的，人们当然很难欣赏它们，而我国的京戏和一些地方戏剧对于外国的大多数人来说也很难于领悟到美的魅力，然而通过介绍、引导和培养，这些不足之处是会有所弥补。只要是真正的优美的文艺作品，而人们又不是为了赶时髦，为了装门面，为了消遣、解闷而接触它们，而是要倾心赏美，那终究是能够得到理智的满足的。美的迷宫，对于那些倾心赏美而又具有一定审美能力的人是永远畅通无阻的。

第三节　美感教育的意义

在了解美感教育的基础和美感教育的特点之后，就不难明白为什么美感教育能够影响人们的整个精神面貌了。

美感教育影响人们的精神面貌，首先是通过人们对美的享受来起作用的。我们知道，对美的欣赏不可能是无思想的、无内容的"纯粹美"的享受。现实生活中的美感必然与现实生活有这样或那样的联系，与此相应，也必然与人们的生活知识、道德观念相联系。美感教育的目的就是要促使人们在智力上、道德上以及体格上的全面发展，逐步提高人们的精神生活方面的修养，使社会道德风尚逐渐完善。美感教育同智育、德育、体育和政治思想教育是密不可分地联系在一起的。正常的、健康的美感教育必定与智育、德育、体育相结合。

美育与智育、德育、体育的关系

从心理学的角度来看，美感、理智和道德感这些人类的高级精神活动都是由社会生活的需要引起的，它们是人们的社会关系和社会生活状况的反应与反映。它们都是与一定的社会准则、一定的社会需求相联系的。另外，这种精神活动也对人们的社会生活起着这样或那样的作用和影响。这些高级精神活动都是人所特有的。

我们认为，这些高级的精神活动，美感也好，道德感也好，经常都根源于对所见、所感、所闻的情景、事物、现象的分析、思索、评价。在这些精神活动的体验中是渗透着理智的因素的，这些活动的产生也是与生活中的某一规范或准则相联系的。

本书前面已经谈过，美是具体形象的真理，社会美实际上也就是善。这善所指的范围在于社会生活中的具体人物、情景和事件，而不是指一般的道德规范。因而美感教育同时兼有智育和德育的作用，也就是说它除了有情感教育的作用之外，还由于它本身的特点而具有思想和道德品质教育的作用，具有传授知识、增进品行等教育的作用。

我国古代的儒家是很重视诗教和乐教的。这诗教与乐教的特点又是和知识教育、道德修养等结合的。孔子说："诗，可以兴，可以观，可以群，可以怨。迩之事父，远之事君；多识于草木鸟兽之名。"[①]孔子在这里提出了"兴观群怨"的原则，并说明了美感教育的广泛意义和重要作用。诗可以使人惊醒起来，感奋起来；可以使人得到知识，受到教育；可以使人交融情思，有利团结；可以使人

[①]《论语·阳货》。

表现讽刺、忿怨。因此诗既能使人明了社会上的种种"事父""事君"的道理,又可以使人认识自然,增加知识。但是,所有这些作用都是在美感作用下发生的。这些原则虽是指诗而言的,但这个道理同样适用于其他的文学和艺术。

亚里士多德在谈到音乐的作用时曾说:"音乐应该学习,并不只是为着某一目的,而是同时为着几个目的,那就是(1)教育,(2)净化,(3)精神享受,也就是紧张劳动后的安静和休息。"①当然,这几个目的不是单独达到的,而是"同时"去达到的。另外,这几个目的也不只是就音乐而言的。如对于悲剧,亚里士多德也认为,它有认识作用,也能教导人了解生活,但这些都是通过陶冶人的情感来实现的。这对人的身心健康、对培养社会道德都有良好的影响。

文艺作品只有真实地反映了现实生活,表现了形象的真理,才具有吸引力、说服力,才能使读者在感情上得到交流,从而可望对读者发挥它的美感教育作用。这正如马克思对英国批判现实主义作家狄更斯和萨克莱等的评价:"他们在自己的卓越的、描写生动的书籍中向世界揭示的政治和社会真理,比一切职业政客、政论家和道德家加在一起所揭示的还要多。"②恩格斯在给玛·哈克奈斯的信中,曾说巴尔扎克在《人间喜剧》里"给我们提供了一部法国'社会',特别是巴黎'上流社会'的卓越的现实主义历史",并说,"我从这里,甚至在经济细节方面(如革命以后动产和不动产的重新分配)所学到的东西,也要比从当时所有职业的历史学家、经济学家

---

① 伍蠡甫:《西方文论选》上卷,上海文艺出版社1963年版,第95页。
② 《马克思恩格斯全集》第十卷,第686页。

和统计学家那里学到的全部东西还要多。"①而列宁在谈到托尔斯泰时,也说他"在自己的作品里异常突出地体现了整个第一次俄国革命的历史特点,它的力量和它的弱点。"②我国的古典文学名著《红楼梦》《儒林外史》等,也都从不同的方面对中国封建社会的生活作了深刻的描绘,对社会上的各种关系和矛盾作了充分的揭露。我们举了这些例子,并不是说可以把文艺作品当做各种专门知识的教科书来读,而是想说明作家之所以这样真实地、生动地描写社会生活,就在于为了塑造典型的现象,使读者获得美感享受,在这同时既帮助读者认识生活、了解社会,也教育读者应该如何对待生活,树立健康的、正确的人生观。不少人在参加过交响音乐欣赏会后就有很多感触。有的人说:"通过交响音乐欣赏,能提高人的精神境界,能培养人的高尚情操和美感,能开阔眼界,提高思想、文化方面的修养。这正是我们当今年轻人所需要的。"还有的人说:"贝多芬的作品给了我生活的勇气和同命运斗争的力量,使我看到了充满阳光的未来。"③这说明人的求知欲、认识兴趣的满足和对真理的探求等等理智活动在欣赏文艺作品中的作用。

不仅在文艺作品的欣赏中美感与理智有密切的关系,就是对自然美的欣赏也有认识作用。对于被人们誉为"天下第一奇景"的石林,欣赏者不仅为它奇峰迭起、异石遍地的壮观景色所吸引,而且也想了解这神奇美妙的天然公园形成的原因。对于由大量天然石乳景物组成的壮丽神奇的岩溶洞穴,人们不仅为这大自然艺术之宫的琳琅满目多彩多姿的石乳、石笋、石柱、石幔、石花而神往,而且

---

① 《马克思恩格斯选集》第四卷,第462—463页。
② 《列宁全集》第十六卷,第322页。
③ 罗宗镕:《何伤知音稀》,《人民音乐》1983年第11期,第40页。

也想探听形成这蔚为奇观的究竟。其他如山间的瀑布、天空的彩霞等等，人们对它们的欣赏和对它们的认识都有密切的联系。根据我们对美感的理解，我们认为，没有对事物的了解、认识是不可能获得真正的美感享受和教育的，对社会美和艺术美来说特别是这样。

同样，美育与德育也有着密切的关系。我们在前面曾经引用《论语》中记载的孔子的这些话："子谓《韶》，'尽美矣，又尽善也。'谓《武》，'尽美矣，未尽善也。'"①《韶》是舜时的乐曲名，因为舜像尧一样实行禅让制度，此乃美德，所以是尽美尽善；而《武》是武王时的乐曲名，它虽然美，但武王是以征伐取天下的，所以未尽善。孔子认为，用来施行乐教的只能是又美又善的《韶》，而不是只美不善的《武》。子贡说过："见其礼而知其政，闻其乐而知其德。"②所谓"移风易俗，莫善于乐"③。这都是说的乐教与社会风尚的关系。可见我国古代的思想家是非常重视美育与德育的关系的。其实，各个历史时期的政治家和思想家都是这样的。

美育与德育的关系也明显地表现在社会美，特别是人物的性格美上。道德既表现为人们共同生活和人们行为的准则与规范，同时也表现出人们的精神面貌的特质。道德的性质是由经济制度和社会制度决定的。德育的目的在于向人们提出应当遵循的行为准则，也就是规范人们的行动。它通过各种形式的教育和社会舆论的力量，使人们逐渐形成一定的信念、习惯，用来约束人们的行为，意在防患于未然。总的来说，在道德规范中反映了阶级的、人民群众的利益。我们经常说的心灵美，这既包括思想品质的因素，也含有道德

---

① 《论语·八佾》。
② 《孟子·公孙丑上》。
③ 《孝经》。

品质的成分。前面我们说过,美是具体形象的真理,社会美实际上也就是善。从美育与德育的主要关系来看,它们在根本上是一致的。亚里士多德曾说:"美是一种善,其所以引起快感正因为它是善。"①对于社会美来说,这话有一定的道理。而且这所谓善,是在社会生活中的具体人物、情景和事件之中,不是指一般抽象的道德规范。刘胡兰、雷锋、张志新等这样的人物性格美是众所周知的。他们崇高的思想行为显然对我们能起到良好的品德教育作用,但是我们决不能把他们的英雄业绩只看作是道德高尚的表现,只用道德规范是涵盖不了这样的性格美的。这样的无产阶级英雄人物是共产主义道德原则的体现者,更是共产主义世界观的坚强战士。他们的光辉形象和英雄事迹之所以具有极大的感染力,正是由于其英雄形象的生动性和鲜明性容易激起我们的共鸣。因此,美感教育作用也就是一种提高读者的思想认识和道德情操的作用。这些英雄人物的行动、事迹成为新社会人们行为的规范,告诉我们什么是应该做的,什么是不应该做的,应该提倡什么,应该反对什么。人们有了这样的精神支柱,就会有理想、有道德,有为实现伟大共产主义理想的无穷的力量。

伟大的共产主义战士雷锋体现了真正的社会美,具有无产阶级战士的性格美。周恩来同志曾将雷锋精神概括为"憎爱分明的阶级立场,言行一致的革命精神,公而忘私的共产主义风格,奋不顾身的无产阶级斗志。"这一概括是十分正确的,这对于培养人们的高尚情操、造就社会主义新人将继续产生巨大的影响。在雷锋身上,美和善在根本上是一致的。他的一言一行充分地表现出无产阶级战士

---

① 北京大学哲学系美学教研室:《西方美学家论美和美感》,商务印书馆1980年版,第41页。

的阶级性，也鲜明地体现出历史发展的必然性。这无论是从阶级的主观方面还是从历史发展的趋向来说，都是符合美的规律，也是合乎一定的道德规范的。正是这样，所以雷锋的性格美能激起人们的美感，也使人们从而获得教育。

美育与体育也是密切相关的。体育运动对古希腊艺术，特别是对雕刻艺术有着重大的意义。由于希腊人的身体发育成长是正常的，有着健康的人体美，所以才给后人留下了表现健壮优美体格的雕像。

体育运动对人体美的塑造有着明显的作用，可以使人的全身全部的骨骼和肌肉都得到均衡、协调的发展。因此，人体美的研究是既关系到体育也关系到美学的。应该是通过体育活动有意识地美化人体，使之成为健壮而有力的、匀称而秀丽的体型。总之，健与美的形态是人类运动实践的结果。

体育运动不仅能塑造形体的外在美，而且能培养人的性格美，如勇敢、坚定、果断等，同时还能使人具有谦虚、礼让、克己、团结等高尚的道德情操。至于与音乐相配合的运动项目，它把健美的体态、悦耳的音乐和优美的造型集中在一起，就更能使体育项目富有美的魅力，使体育运动既有健身价值，又有审美价值，从而在人们的审美过程中激发人们对体育运动的热爱。

总之，美育与智育、德育、体育相辅相成，相得益彰。毛泽东同志在1917年写的《体之研究》中说过，体育的效用在于"强筋骨，增知识，调感情，强意志"，又说"体者，载知识之车而寓道德之舍也。"[①]体育活动的广泛开展，对于人们道德的修养、知识的长进、美好心灵的培育，都有不可忽视的重要作用。我们所需要的社会主义现代化建设人才，应该德、智、体、美全面发展。

---

① 转引自荣高棠：《关怀·鼓舞·力量》，《新体育》1984年第1期，第10—11页。

在我们的社会，美育与德育、智育、体育是有机地结合在一起的。在现实生活中，在艺术作品中，都涉及真、善、美的问题。例如：青年一代如何正确处理恋爱、婚姻、工作和理想等问题；家庭、社会如何教育培养子女，如何帮助失足青少年；老干部如何发扬党的光荣传统，扶正压邪，主动选贤让贤；社会主义制度下尊老爱幼的社会道德；如何处理好历史上遗留下来的民族问题；对社会上各种形式的不正之风怎样做到有力的抵制、揭露和批判；等等事实证明，在艺术作品中，这些题材要想处理得好，要具有感人的魅力，就必须以热爱党、热爱社会主义制度为出发点，通过典型环境中典型人物的活动反映出时代的本质。

美感教育的重点——情感教育

既然美感教育能影响人们的精神面貌，那么我们就要充分利用美感教育的特殊功能——情感教育来移风易俗，为改造社会、建设社会和美化社会尽力。

美感教育除了兼有某些智育和德育的作用之外，还具有一般的智育和德育所没有的特殊功能，这就是情感教育。列宁说过，"没有'人的感情'，就从来没有也不可能有人对于真理的追求。"[1]这里所说的"感情"是就它的一般意义而言的，即人对客观事物的一种态度。这种态度是在智育、德育和美育中普遍存在的。由于情感是人的活动进行得是否顺利、现实事物和现象是否符合人的需要和兴趣的标志，所以它在调节人们的一切活动中占有重要的地位。虽然美感与道德感同属于情感中的特殊类别，即高级情感，但是美感是

---

[1]《列宁全集》第二十卷，第255页。

对现实美和艺术作品的美的感动过程中所产生的激情状态。它是对现实美和艺术美的能动的感受，又是能满足人的精神享受的激情。因此美感不仅是思想教育、道德教育的真正手段，而且是情感教育的真正手段。事物的美应当是人们感到快乐和受到鼓舞的真正源泉。在学校的教学中，有的老师利用形象化的教学法配合一般知识的教育，学生面对这些生动的教具（或为图片、幻灯，或为电影），情绪就有不同程度的感动或激动。这虽不完全是美感的教育，但通过这个简单的事例可以看出情感活动的作用。情感教育也有助于人们的记忆力、理解力的加强。经历过大的激动人心的场面的人，几乎一生都不会忘记这种场面，每当回忆起这种场面时仍然会激动不止。例如对于1976年"四五"前后天安门前的场面，人们一谈论起来就无不热血沸腾，情绪激动。那悲壮的气氛反映了人民的心声，这是时代的呐喊，它为粉碎"四人帮"打下了坚实的群众基础。

利用人们的真情实感来达到文艺的感染和教育的作用，在古代美学理论中早已有之。孔子的乐与人格修养的关系、以乐治国的理论正是如此。《乐记》中论乐就是"情"开始的，乐的产生是出于人的情感的需求，乐的功能也是作用于人的情感，满足人们的欲望的。柏拉图认为，音乐可以浸润人的心灵深处，并能使自己的品质也变得高尚优美。亚里士多德认为，悲剧的作用在于唤起悲悯与畏惧之情，使情感得到陶冶。他还认为音乐可以使人激动，受到净化，因而心里感到一种轻松舒畅的愉快。朗吉弩斯也谈道："和谐的乐调不仅对于人是一种很自然的工具，能说服人，使人愉快，而且还有一种惊人的力量，能表达强烈的感情。"[①]的确，文艺作品就是

[①] 北京大学哲学系美学教研室：《西方美学家论美和美感》，商务印书馆1980年版，第49页。

直接地对读者的情感发生作用的，在情感发生作用的同时也就使读者受到了教益。

人们情感上的反应是美感教育的一个重要特点。这就是说，人们通过对文艺作品或其他现实美的人物、事件、情景的欣赏，既能理解有关事物的本质、真理，掌握生活的趋向、原则，又能衷心喜悦，乃至灵魂陶醉。齐白石老人画花卉、草虫，把它们饱满的生命力表现出来，用那神奇的水墨技巧表现了这些生命更高于现实的实际事物，也表现了作者对生活的热爱。而人们在欣赏这些作品时，也就陶醉在这艺术美里面了。这就是打动感情的教育，它往往深切真挚，使人铭之肺腑。当然，如果感情的体验没有触及思想认识和道德意识，那么这种情感的反应将是非常贫乏的、短暂的、不深刻的。只有对那更切实地理解了、认识了的事物，才能感受得更深刻。在智育和德育中，虽然也不能完全离开情感，但是这种情感是在认识和教育之后产生的，例如人在认识活动或科学实验中有新的发现就会产生喜悦，而在不能做出判断或得到结果时则会产生犹豫。也就是说，智育和德育直接向人们灌输知识、观点、行为准则、道德规范等，并以此来达到教育的目的。

情感教育是人所特有的。虽然某些动物也有初级的情感的反应，但是它的本质内容与人的情感是不同的。动物不可能有任何复杂的情感。从心理学的角度来看，情感的产生是伴随着人的认识活动和意志行动而出现的。它是在人类社会历史发展过程中形成的。情感在人们的生活中起着十分重要的作用。情感教育是人的精神需要，是仅仅为人所独有的。对美好事物的感受，对文艺作品的喜爱，对道德品质的体验，这都是只有人才具有的某种独特色彩的感受、喜爱和体验。人的精神面貌的变化（包括对美的享受），取决于人对各种不同的社会现实（人们的行为、人们之间的关系等）的反应如何。假若离开了社会的生存条件，人们的这种情感便不会产生。因此，我们既不同意达尔文所说的美感并不是人类专有的特点、动物也有情感的话，也不同意普列汉诺夫关于人的心理本性和生理本性使人能够有审美的概念①这一笼统的提法。

美感教育需要正确的引导、积极的培养

按说每一个有正常思维和感情的人，都能够欣赏现实美和艺术美，并能从这美中获得享受和教益。但是在现实生活中，是否每一欣赏者都能深刻地领会、享受到美的魅力，这则是另一回事。每个人的具体情况不同（如文化修养、个人经历、生活习俗等差异），便造成人们对美的感受和理解的不同，对美的魅力的领会和享受也不同，因此人们所受到的美感教育也就有深浅的区别。同时，由于实际的物质生活等原因，如各个阶级的思想准则、道德规范、审美标准等的不同，也会影响人们对美的感受的差别。如对于一些优秀的文艺作品的美，对于无产阶级的英雄人物的心灵美，对于祖国的锦绣河山的美……人们往往就会由于上述原因而产生不同的或不同程度的感受和印象。人们即使同样地置身于某一作品所创造的意境之中，都能感到作品的诗情画意，都能为优美的旋律而神游，但是他们的审美感知和艺术享受也不会完全相同，至少也会有一些细微的差异。再如同一个读者，在不同的条件下，即使对于同一部文艺作品或现实美的感受也是不尽相同的。列宁就曾谈到，他每读一次车尔尼雪夫斯基的《怎么办？》，都在这部作品里发现一些新的令人

---

① 参见《普列汉诺夫美学论文集》，曹葆华译，人民出版社1983年版，第311—313，又331—351页。

激动的思想。这里既有美的享受,又有思想上的启迪。

对于造成美感教育的差异性的原因,我们还可以进一步作如下分析。

每个欣赏者在接受现实美和艺术美时,都不是消极的而是以它们为依据,经过自己的积极的思维活动——想象、联想以至幻想来接受的。每个欣赏者的思维活动又是根据他自己的阶级立场、政治观点,联系自己的思想感情,结合自己的生活经验(直接的和间接的),凭借自己的文艺修养和文化素养等等,花费一定的精力来进行的。这些条件对每个欣赏者说来不可能相同,这必然影响他们对美的欣赏所产生的感受和体验。

对于欣赏者之间的上述差异性,应该辩证地看待。这种差异的存在是不可能避免的,文艺评论的任务只是在于缩小这种差异的距离,把人们对文艺作品的欣赏纳入正确的轨道,提高人们的欣赏水平,使人们更加深刻地理解艺术作品的美,使优秀的进步的文艺作品能够对人们起积极的思想影响。

马克思说:"如果你想得到艺术的享受,你本身就必须是一个有艺术修养的人。"[①]这说明,每个人尽管都有欣赏艺术美的思维能力,但要成为一个有艺术修养的人,还必须从很多方面作出努力。当然,不只是对艺术美的欣赏要这样,对于自然美、社会美的欣赏也应该如此。不下一定的功夫,没有一定的修养,想轻而易举地获得应有的美感教育是不可能的。因此,考茨基的下面这个说法是错误的:"欣赏艺术的能力并不是文化修养的结果。它是人生来具有的。"[②]

那么,怎样才能成为一个在艺术上有修养的人呢?

[①] 马克思:《1844年经济学—哲学手稿》,人民出版社1979年版,第108—109页。
[②] 转引自《文艺理论译丛1》,中国文艺联合出版公司1983年版,第68页。

首先，欣赏者要有先进的世界观。世界观同人们的整个精神世界——阶级观点、心理状态、道德情操、艺术趣味、审美能力等等是联系着的。而优秀的文艺作品正是反映了人民群众和先进人物的精神面貌，向我们展示了他们的感情和思想、性格和行为、生活和工作。如果没有正确的思想和先进的世界观作指导，欣赏者就不可能领会文艺作品的艺术美，也不可能接受文艺作品所表达的思想倾向，更不可能正确地对待古代的、外国的一切优秀文艺作品和当前资本主义国家的一些流行作品。我们不能忘记我国是社会主义国家，需要以共产主义思想、道德来教育人民，使全国各族人民成为有理想、有道德、有文化、守纪律的人，成为有审美能力的人。没有这样一个基本的原则，我们就会辨不清方向，分不清是非。

其次，要培养人们的审美趣味，扩大人们的欣赏视野，从而提高人们的文艺修养水平，使之获得美感教育。要想欣赏音乐，需要有会听音乐的耳朵；要想判别形态的美，就需要有锐利和敏感的眼睛；要想接触中外古今一切优秀的伟大的名著，就需要阅读它们，借以锻炼自己的形象思维能力。只有这样，欣赏者才能提高审美趣味，加强审美感受，从而有益于身心健康。

再次，为了提高人们的鉴赏能力，为了正确引导人们的审美趣味，就需要具有某种专长的人在欣赏方面给人们以指导、帮助。专门家的意见是可以影响甚至改变人们的观点和兴趣的，有许多专门家是能够指导人们培养正确的欣赏观点的。对一些艺术作品进行具体的分析、讲解，就会有助于人们加深对作品的认识、理解和感受。

美感教育能对人们起到怡情悦性而陶情淑性以至移风易俗的作用，是改造社会的一种重要力量。但是，这只有在正确的思想引导下才能起到应有的作用。我们既要充分估计它的作用，也要避免唯美主义的倾向，不能把艺术美、自然美只当作闲情逸致的享受物来对待，也不能只重形式而不问内容，为欣赏而欣赏的"纯粹美感"是错误的。当然，我们也反对那种抹煞文艺特征、取消美感的所谓以政治性代替艺术性、代替美感的错误论调。

在当前和今后一个时期，对于美感教育的施行和接受，我们切不可忘记这样两点：第一，我们的时代在不断前进，社会在不断变革，因而人们的思想（当然包括审美思想）也有着新的需求。最大限度地满足人们的这种精神需要和享受是美感教育的主要任务。第二，我国是共产党领导下的社会主义国家，我们坚信马克思主义，因而我们的一切教育（当然包括美感教育）都要有利于四项基本原则的贯彻执行，我们要用健康的、向上的、有益于广大劳动人民的思想来教育人民。只有把这两点有机地融合在一起，美感教育才能发挥更大的效力。

总之，在广大人民群众中，特别是在青少年中大力提倡和施行美感教育，这不仅是一项具有重大战略意义的长远任务，而且在当前具有极大的迫切性。通过美感教育，不仅要使人们在紧张的劳动之余获得有高尚情趣的精神上的享受，而且要给人们以积极进取、奋发图强的精神，以激发广大人民群众的社会主义积极性，加快社会主义现代化建设的步伐，夺取更大的胜利。

此文是蔡仪主编的《美学原理》（湖南人民出版社1985年）的第九章《美感教育》。

附录一

蔡仪学术年表

1943年
《新艺术论》，重庆商务印书馆。

1946年
《文学论初步》，生活书店。
《新美学》，上海群益出版社。

1953年
《中国新文学史讲话》，新文艺出版社。

1956年
《论美学上的唯物主义与唯心主义的根本分歧——批判吕荧的美是观念之说的反动性和危害性》，《北京大学学报》人文科学，1956年第4期。
《评〈论食利者的美学〉》，《人民日报》，1956年12月1日。

1957年

《歪曲决不是批评——写在〈李泽厚的美学特点〉前面》,此文发表于1957年,后收入《唯心主义批判集》人民文学出版社。

《吕荧对"新美学"美是典型之说是怎样批评的?——我的美学思想和我的批评者之二》,《学术月刊》,1957年第9期。

《朱光潜的美学思想为什么是主观唯心主义的?——我的美学思想和我的批评者之三》,《学术月刊》,1957年第12期。

《朱光潜美学思想的本来面目》,《学术月刊》,1957年第12期。

1958年

《现实主义艺术论》,作家出版社。

《唯心主义美学批判集》,人民文学出版社。

《朱光潜美学思想旧货的新装》,《学术月刊》,1958年第2期。

《李泽厚的美学特点》,1958年6月。

《再谈〈李泽厚的美学特点〉》,1958年7月。

1959年

《现实主义艺术的典型创造——三论现实主义问题》,《文学评论》,1959年第3期。

《现实主义艺术与美感教育作用——四论现实主义问题》,《文学评论》,1959年第5期。

《吕荧对"新美学"美是典型之说是怎样批评的?》,《美学问题讨论集》(第三集),文艺报编辑部,作家出版社。

《朱光潜的美学思想为什么是主观唯心主义的?》,《美学问题讨论集》(第三集),文艺报编辑部,作家出版社。

《批评不要歪曲》,《美学问题讨论集》(第三集),文艺报编辑部,作家出版社。

1960年

《朱光潜先生旧观点的新说明》,《新建设》,1960年4月。

《论刘三姐》,《文学评论》,1960年第5期。

《论朱光潜美学的"实践观点"》,1960年7月5日。后收入《美学论著初编》(下),上海文艺出版社。

1962年

《文学艺术中的典型人物问题》,《文学评论》,1962年第6期。

1978年

《批判反形象思维论》,《文学评论》,1978年第1期。

《实践也是检验艺术美的唯一标准》,《文学评论》,1978年第6期。

1979年

《文学概论》,人民文学出版社。

《马克思究竟怎样论美》,《美学论丛》(第1辑),中国社会科学出版社。

1980年

《一部具有社会主义倾向的小说要有"对现实关系的真实描写"》,《扬州师院学报》(社会科学版),1980年第1期。

1981年

《探讨集》,人民文学出版社。

1982年

《文学艺术是社会的上层建筑——论马克思主义基本原理中的一个问题》,《中国社会科学院研究生院学报》,1982年第2期。

《美感简说》,《华中师院学报》(哲学社会科学版),1982年第2期。

《马克思思想的发展及其成熟的主要标志——〈经济学——哲学手稿〉再探(上篇)》,《文艺研究》,1982年第3期。

《论当前唯物史观基本原理的问题——朱光潜的〈研究美学史的观点和方法〉的剖析》,《社会科学》,1982年第3期。

《论当前唯物史观基本原理的问题——朱光潜的〈研究美学史的观点和方法〉的剖析(续上期)》,《社会科学》,1982年第4期。

《论人本主义、人道主义和"自然人化"说——〈经济学—哲学手稿〉再探(下篇)》,《文艺研究》,1982年第4期。

《美学原理提纲》,广西人民出版社。

《美学论著初编》,上海文艺出版社。

《蔡仪美学论文选》,湖南人民出版社。

1983年

《社会美论(上)》,《求索》,1983年第3期。

《社会美论(下)》,《求索》,1983年第4期。

《〈经济学—哲学手稿〉的基本概念也是马克思主义的吗?》,《江汉论坛》,1983年第6期。

《关于〈经济学—哲学手稿〉讨论中的三个问题》,《学术月刊》,1983年第8期。

1984年

《美学知识丛书》,漓江出版社。

1985年

《新美学(改写本)》(第一卷),中国社会科学出版社。

《美学原理》,湖南人民出版社。

《马克思主义文艺思想论集》,中国文联出版公司。
《蔡仪美学讲演集》,长江文艺出版社。

1986年
《端正学风,贯彻实事求是的原则——兼论当前马克思主义哲学问题》,《河北学刊》,1986年第6期。

1987年
《形象思维的历史渊源和当前问题——一论形象思维问题》,《河北学刊》,1987年第5期。
《形象思维的逻辑规律》,《求索》,1987年第5期。
《美学讲坛》第一辑,广西人民出版社。

1988年
《〈西方美育史话〉序》,《文艺理论与批评》,1988年第6期。

1989年
《我的两点意见》,《文艺理论与批评》,1989年第5期。

1990年
《"六经注我"学风对马克思主义的糟踏》,《文艺理论与批评》,1990年第1期。
《美感特殊形态的两对范畴》,《文艺研究》,1990年第5期。

1991年
《评李泽厚的政治宣言〈答问录〉》,《文艺理论与批评》,1991年第5期。
《新美学(改写本)》(第二卷),中国社会科学出版社。

1992年

《艺术的典型形象》,《文艺理论与批评》,1992年第4期。

《云岗石窟的雕刻》,《美术研究》,1992年第4期。

《如何把美学研究推向前进(一九九一年)》,《文学评论》,1992年第3期。

1994年

《论马克思主义哲学的反映论问题》,《文艺理论与批评》,1994年第3期。

1995年

《新美学(改写本)》(第三卷),中国社会科学出版社。

2002年

《蔡仪文集》,中国文联出版社。

中国现代美学大家文库

《美在境界——王国维美学文选》
《美育与人生——蔡元培美学文选》
《美是情趣与意象的契合——朱光潜美学文选》
《美从何处寻——宗白华美学文选》
《美即典型——蔡仪美学文选》
《从美感两重性到情本体——李泽厚美学文录》
《从美的理念到美的实践——汝信美学文选》
《美在创造中——蒋孔阳美学文选》
《实践本体论美学思想——刘纲纪美学文选》
《体验人生价值美——胡经之美学文选》
《美是和谐——周来祥美学文选》
《美的哲学——叶秀山美学文选》
《审美是自由的生存方式——杨春时美学文选》
《实践存在论美学——朱立元美学文选》
《生态美学——曾繁仁美学文选》

图书在版编目（CIP）数据

美即典型：蔡仪美学文选 / 蔡仪著. —济南：山东文艺出版社，2020.1

ISBN 978-7-5329-5972-3

Ⅰ.①美… Ⅱ.①蔡… Ⅲ.①美学—文集 Ⅳ.①B83-53

中国版本图书馆CIP数据核字（2019）第247819号

美即典型
——蔡仪美学文选

蔡　仪　著

主管单位	山东出版传媒股份有限公司
出版发行	山东文艺出版社
社　　址	山东省济南市英雄山路189号
邮　　编	250002
网　　址	www.sdwypress.com
读者服务	0531-82098776（总编室）
	0531-82098775（市场营销部）
电子邮箱	sdwy@sdpress.com.cn
印　　刷	山东临沂新华印刷物流集团有限责任公司
开　　本	890毫米×1240毫米　1/32
印　　张	11
字　　数	264千
版　　次	2020年1月第1版
印　　次	2020年1月第1次印刷
书　　号	ISBN 978-7-5329-5972-3
定　　价	75.00元

版权专有，侵权必究。如有图书质量问题，请与出版社联系调换。